● 应用型本科规划教材

Introduction to Computer Science and Technology

计算机技术导论

（第三版）

主编　赵一鸣

编著　赵一鸣　胡旭昶

周国兵　孙　霞

ZHEJIANG UNIVERSITY PRESS
浙江大学出版社

图书在版编目（CIP）数据

计算机技术导论 / 赵一鸣主编.—杭州：浙江大学
出版社，2007.8（2021.7 重印）
ISBN 978-7-308-05524-6

Ⅰ.计...　Ⅱ.赵...　Ⅲ.电子计算机－高等学校－教材
Ⅳ. TP3

中国版本图书馆 CIP 数据核字（2007）第 137317 号

计算机技术导论

赵一鸣　主　编

责任编辑　石国华
封面设计　刘依群
出版发行　浙江大学出版社
　　　　　（杭州市天目山路 148 号　邮政编码 310007）
　　　　　（网址：http://www.zjupress.com）
排　　版　杭州星云光电图文制作有限公司
印　　刷　杭州杭新印务有限公司
开　　本　787mm×1092mm　1/16
印　　张　15.25
字　　数　394 千
版 印 次　2013 年 9 月第 3 版　2021 年 7 月第 6 次印刷
书　　号　ISBN 978-7-308-05524-6
定　　价　45.00 元

浙江大学出版社发行中心联系方式　（0571）88925591；http://zjdxcbs.tmall.com

第三版修订说明

　　《计算机技术导论》是专门为独立学院应用型本科 IT 专业学生编写的教材,被列入 2007 年浙江省计算机应用基础省级精品课程教学改革重点。在教学内容改革中,注重从整体上体现独立学院层次定位需求和课程体系对本课程的要求,参考了《ACM/IEEE－CS2001—2013 (草案)》、《中国高等院校计算机基础教育课程体系 2004》、《中国高等职业教育计算机教育课程体系》,力图能有所特色。

　　本教材从 2007 年第 1 版到现在已历经 6 年,使用过程中受到了许多同类院校老师和同学的肯定,取得了较好的教学效果。6 年间计算机技术也有了迅猛发展,计算机学科的知识领域也有了很大的变化。因此在本教材重印之际很有必要做一次全面的修订,一方面修正过去的错误,另一方面也需要补充新的知识。

　　在本次修订中教材框架、章节安排基本保持过去的特色,主要做了如下修改:

　　第一章计算机学科介绍,借鉴了 ACM/IEEE－CS 最新颁布的 CC2013 计算教程(草案),对最新的计算机知识领域进行了介绍。这有利于读者了解最新计算机学科的核心知识和特点,做到研究有目标、学习有方法,不至于在知识的海洋中迷茫。第二章数据的表示,主要修改了一些错误,内容上增加了一些新媒体表示格式介绍。第三章计算机硬件系统,主要补充了近三年出现在我们生活中的新硬件的特点和用法,比如新的 CPU,移动设备,固态硬盘,3D 打印等。希望对计算机能从基本原理到组成以及最新的应用有一个全面的了解。第四章操作系统,增加了 Windows7,Android 最新的 PC 和移动操作系统的介绍。第五章计算机软件系统,增加了计算机问题求解的内容。第六章主要增加了对网络安全知识的介绍。第七章文字处理、计算机软件介绍,主要对国产优秀文字处理软件 WPS Office 作了介绍,使读者了解新一代文字处理软件界面,同时也介绍一些新的文字处理功能,如网盘、网络存储、在线模版等。在计算软件中,重点修改了 MATLAB 使用中的一些不清楚、含糊的地方,以使同学们和读者能更好、更简洁地掌握这个非常好的计算软件,使之能成为大学的后续课程学习中的一个有力的工具。

　　本次修订获得宁波大学科学技术学院浙江省 2009 年度计算机科学与技术重点建设专业、浙江省"十二五"计算机应用技术重点学科的资助。相关章节依然由过去有关人员完成,赵一鸣教授主持修订最后统稿。由于编者水平有限,疏漏和错误在所难免,敬请广大读者批评指正。

编　者

2013 年盛夏

前　言

　　1998 年秋在重庆大学参加全国高校计算教育研究会会议，大会邀请了 Vice Pres. IEEE Computer Society Chair James H. Cross 介绍 CC2001 计算教程的基本想法。作为大会的主题之一，这个报告引起了与会同行极大的反响。相比之下，我国计算机专业的课程体系存在差距很大。以计算机导论（Introductions to Computer）来看，我国的教学内容主要是办公软件操作，即现称为计算机文化基础的内容，并非国际认同的计算机导论内容。

　　计算机导论是为计算机专业的学生设计的入门课程，随着 CC2001 正式发布，国内许多学者针对不同层次的要求，对这门课程的教学内容进行了研究和探索。独立学院是我国高等教育的一个独立层次，多年来一直沿用母体学校的教学计划和教材，很难做到因材施教。为适应这种情况，我们编写了这本《计算机技术导论》。

　　本书共分七章，第一章主要介绍了计算机的发展历史，计算机学科的知识领域，计算机的学科形态和方法，学习计算机科学与技术应该注意的问题，计算机职业道德等。第二章主要介绍了事物的数据表示，计数制及转换。第三章较为详细地介绍了计算机的组成及工作原理，介绍了最新流行的硬件及衡量指标。第四章主要介绍了操作系统的分类、操作系统的功能、各个操作系统之间异同点、以及如何正确理解操作系统。第五章主要介绍了计算机的软件系统，包括软件的分类和发展，程序设计语言与数据结构基本算法，数据库与数据库管理系统，软件工程等。第六章主要介绍了计算机网络，包括网络协议和网络模型，网络的分类，网络接入和互联设备，IP 地址与域名系统等。最后一章介绍了常用的应用软件，主要介绍了汉字输入、文字处理软件和计算软件，并以 Microsoft Word2000，Excel2000 以及 Matlab 为代表，介绍同类软件的基本功能和使用，使广大同学掌握大学学习所必需的工具。由于各个学校的课时等安排的不同的，因此第一章的本分内容可以选讲。

　　本书的编写得到宁波大学科技学院的大力支持。全书由赵一鸣教授策划和确定编写内容和风格，第一章、第七章由赵一鸣教授编写，第二章、第六章、第七章由胡旭昶老师编写，第三章由周国兵老师编写，第五章由孙霞老师编写，最后全书由赵一鸣教授统稿修改。宁波大学信息学院的陈叶芳老师，薛春阳也提供过很好的素材。

　　由于对计算机导论教学内容看法各异，每个学校的要求也不尽相同，本书涉及的内容广泛，加之作者水平有限，时间仓促，因此书中难免存在错误与不妥，恳请广大读者批评指正。

目　　录

计算机学科介绍

　　每一个学习专业知识的人都应该在进入这个领域时,对这个学科有所了解。只有全面地了解这个学科,它的过去、现在、未来,它的研究对象,它的知识领域,它所赖以的基础知识,它所需要的思维方式、思想方法以及人格的塑造对自身在这个学科的发展影响,等等,才能在知识的海洋中不迷失方向,才能做出正确的选择。本章我们试图给大家描述这些问题。

1.1　计算机概述

1.1.1　计算机发展简史

　　计算机的历史与计算是密不可分的。计算是人类思维活动,它是人类在社会发展的过程中形成并发展的。在不同的历史阶段,人们创造了各种不同的计算工具,以适应当时社会的发展。

　　手是人类最早使用的天然计算工具,成语"屈指可数"以及十进制数的广泛使用可算为印证。资料表明,人类早期还借助于小石块、绳结等进行计数和计算。英语中的"计算"一词"Calculus",其词根的含义就是小石块。我国易经上有"上古结绳而治",即所谓"结绳计数"的记载。早在春秋战国时期(公元前 770—前 221 年)就已有了竹子制作的算筹。人们利用算筹横竖不同的摆法来表示不同的数,这从中国数字一、二、三和罗马数字 Ⅰ、Ⅱ、Ⅲ、Ⅳ、Ⅴ 等就可以看到算筹的痕迹。唐代末期创造出算盘。公元 1274 年,我国宋代数学家杨辉所著的《乘除通变算宝》一书中,就有珠算歌诀的记载,人们借助于珠算口诀,可在算盘上进行加、减、乘、除等运算。

　　对数概念的创立,使得对数计算尺问世。1632 年,英国数学家奥特雷德(W. Oughtred)把对数刻在木尺上,根据对数的性质,制成世界上最早的计算尺。17 世纪,西欧一些国家开始出现资本主义经济,大量的复杂的计算需要,推动了机械计算机的研制。同时,已经比较发达的钟表制造业,提供了机械计算机的主要元件——齿轮。这样,在 1642 年,法国哲学家、数学家巴斯卡(B. Pascal)发明了现代台式计算机的雏形——加减法计算机。巴斯卡计算机利用齿轮互相咬合,在进行加减法时,能自动进位或借位。1673 年,德国数学家莱布尼兹(G. W. Leibniz)在研究了巴斯卡计算机后,设计制成了一台能进行加减乘除四则运算的分级计算机。

　　1822 年,现代计算机的先驱者,英国数学家巴贝治(C. Babbage)把程序控制的思想引入计算机,设计制成一台用穿孔卡片控制的差分机。这台差分机能计算一些多项式的值。他还在1834 年进一步完成一个分析机的设计方案,其中包含了现代计算机的主要设计思想。

第一个采用电器元件来制造计算机的是德国年轻工程师朱斯(K. Zuse)。1941年,他设计制造出世界上第一台通用程序控制计算机Z-3。1944年,在IBM公司支持下,由美国哈佛大学艾肯(H. Aiken)设计制造出Mark 1。这些机电计算机的主要元件是继电器,Mark 1就用了三干多个继电器,故有继电器计算机之称。

早期的计算工具的发展,从巴贝治到艾肯等人的努力,特别是20世纪30、40年代的机电计算机的研制,为电子计算机的诞生开辟了道路。终于,在1946年2月,世界上第一台电子计算机诞生了。

1.1.2　世界第一台电子计算机ENIAC

世界公认的第一台电子计算机ENIAC(Electronic Numerical Integrator and Calculator),音译"埃尼克",直译为"电子数值积分与计算器",是由美国宾夕法尼亚大学物理学家莫克利(John Mauchly)和总工程师埃克特(J. Presper Eckert)领导的科研小组建造的。

图1.1　ENIAC计算机(中间左边的莫克利,右边的是埃克特)

ENIAC是人类首次采用电子管为主要基本元件的,真正能自动运行的电子计算机。它是一个由18800个电子管、6000个开关、7000个电阻、10000个电容组成的,占地170平方米,重达30吨,耗电140千瓦的"庞然大物"。ENIAC每秒可进行5000次加法或减法运算,把计算一条弹道的时间缩短为30秒。从1946年2月交付使用,到1955年10月最后切断电源,ENIAC服役长达9年。ENIAC存储容量小,不能存储程序,自动计算的步骤是依靠外部的开关、继电器和插线来设置。

1.1.3　冯·诺伊曼、图灵与现代计算机

现代计算机的主要原理特征是存储程序和由程序控制自动执行。它的理论模型——可计算理论,是20世纪30年代由英国数学家艾伦·图灵(Alan Turing,1912—1954)提出的。显然ENIAC并不具有现代计算机的原理特征。事实上,世界上第一台具有存储程序功能的计算机叫EDVAC(Electronic Discrete Variable Automatic Computer),音译为"埃德瓦克",直译为"电子离散变量自动计算机"。它是由曾担任ENIAC小组顾问的匈牙利籍科学家冯·诺伊曼(John Von Neumann)与莫尔学院科研小组合作设计的。EDVAC从1946年开始设计,于1952年面世。与ENIAC相比,它的关键性的改进有两点:一是采用了二进制代码表示数据与指令;另一个就是使用了"程序存储"的概念,即把要执行的指令和数据按照顺序编成程序储存

到计算机内部让它自动执行。这就解决了程序的"内部存贮"和"自动执行"的问题,从而大大地提高了计算机的效率。

EDVAC 由运算器、逻辑控制装置、存储器、输入部件和输出部件五部分组成。它使用二进制并实现了程序存储,把包括数据和程序的指令以二进制代码的形式存入到计算机的存储器中,保证了计算机能够按照事先存入的程序自动进行运算。冯·诺伊曼提出的存储程序和程序控制的理论,及他首先规定的计算机硬件基本结构和组成的思想,构成了现代计算机的理论基础。

60 多年来,尽管计算机技术的发展日新月异,但从原理上讲现在所有的计算机系统都没有脱离冯·诺伊

图 1.2　冯·诺伊曼及其研制的计算机

曼的结构。冯·诺伊曼曾多次说过:"现代计算机的设计思想来源于图灵。"因此,英国科学家图灵是国际计算机学术界公认的"计算机科学之父"。鉴于图灵对计算机的伟大贡献,美国计算机协会(ACM)专门设立了图灵奖,成为计算机学术界的最高成就奖。从 1966 年至 2011 年已有 58 位世界各国第一流的计算机科学家获得此项殊荣,其中 2000 年华人科学家姚期智成为目前唯一华人获奖者。

1.2　计算机的发展阶段与分类

1.2.1　计算机发展的年代划分

年代的划分反映了计算机发展历史上的重大技术进步,代表了计算机的纵向发展。目前公认的是传统的按构成计算机硬件的电子逻辑器件来分代。

1. 第一代计算机——电子管计算机(从 ENIAC 问世至 20 世纪 50 年代后期)

第一代计算机的代表产品是 UNIVAC-Ⅰ(Universal Automatic Computer),它于 1951 年 6 月制成并正式交付美国人口统计局使用,是世界上第一台商品化的、批量生产的电子计算机。第一代计算机的主要特征是使用电子管作为开关逻辑器件,用光屏管或汞延时电路作存储器外,输入输出主要采用穿孔纸带或卡片。软件还处于初始阶段,使用机器语言或汇编语言编写程序,几乎没有系统软件。计算机体积笨重、功耗大、运算速度低、存储容量小,可靠性低,维护使用困难,价格也很昂贵。这一代计算机主要用于科学计算。

2. 第二代计算机——晶体管计算机(20 世纪 50 年代中期至 60 年代中期)

1948 年,美国贝尔实验室发明了晶体管。1955 年,第一台全晶体管计算机 UNIVAC-Ⅱ 的问世,标志着第二代计算机的开始。这一时期计算机的主要特征是使用晶体管元件作电子器件,开始使用磁芯和磁鼓作存储器,产生了 FORTRAN(1957)、COBOL(1960)、ALGOL60、PL/1 等高级程序设计语言和批量处理系统。和第一代计算机相比,晶体管计算机体积小,耗电少,成本低,逻辑功能强,使用方便,可靠性高,运算速度提高到每秒几十万次基本运算,内存容量扩大到几十万字。

3.第三代计算机——中小规模集成电路计算机(20世纪60年代中期至70年代初期)

1958年夏,美国德克萨斯公司制成了第一个半导体集成电路。集成电路是在几平方毫米的基片上,集中了几十个或上百个电子元器件组成的逻辑电路。第三代集成电路计算机的基本电子元件是小规模集成电路(Small Scale Integration,SSI)和中规模集成电路(Medium Scale Integration,MSI),磁芯存储器进一步发展,并开始采用性能更好的半导体存储器,外存储器有磁盘和磁带等。运算速度提高到每秒几十万次到几百万次基本运算。这个时候操作系统正式形成,并出现多种高级程序设计语言,如人机对话式的BASIC语言等。值得注意的是,这一时期由于计算机与通讯技术的结合,出现了实时联机系统和分时联机系统,形成了计算机网络的雏形。

4.第四代计算机——大规模和超大规模集成电路计算机(20世纪70年代初期至现在)

随着集成技术的进步,大规模集成电路(Large Scale Integration,LSI)、超大规模集成电路(Very Large Scale Integration,VLSL)以及极大规模集成电路(Ultra LSI)出现,电子计算机的发展进入第四代。这一代计算机的体积进一步缩小,性能进一步提高,机器的性能价格比大幅度跃升。普遍使用半导体存储器作内存储器,集成度每三年翻两番。发展了并行处理技术和多机系统,产品更新速度加快。软件配置空前丰富,软件系统化、程序设计自动化,是软件方面的主要特点。在研制出运算速度达每秒几亿次甚至百亿次的巨型计算机的同时,微型计算机的产生、发展和迅速普及是这个时代的一个重要特征。计算机的应用已经涉及人类生活和国民经济的各个领域,已经在办公自动化、数据库管理、图形图像、语音识别、专家系统等众多领域中大显身手,并且进入了家庭。

1.2.2　微型计算机

从20世纪70年代到现在的几十年间,随着技术的进步,计算机的类型也逐步由超型机、大型机、中型机、小型机、微型机分化为超型机和微型机两个极端。尤其是微型机功能不断增强,广泛应用在社会生产的各个领域,因此有必要专门介绍一下微型机。

1.微型机的分类

以微处理器为核心,加上用大规模集成电路做成的RAM和ROM存储器芯片、输入输出接口芯片等组成的计算机称为微型计算机,简称微型机或微机。微处理器则是利用大规模集成电路技术把运算器和控制器制作在一块芯片上的器件,也称中央处理单元或中央处理器(简称CPU)。由微型计算机硬件、软件系统、外部设备、电源等组成的计算机系统称为微型计算机系统。

微型机的种类很多、型号各异,有多种分类方法。常见的分类方法有以下四种:

(1)按字长分:8位机、16位机、32位机和64位机。

(2)按结构分:单片机、单板机、多芯片机与多板机。

所谓单片机是把微型计算机的运算器、控制器、内存储器和输入输出接口电路等做在一块集成电路芯片上,这样的集成电路芯片叫做单片计算机,简称单片机。单片机往往用于家电产品上,作程序控制使用。单板机是把组成微型计算机的若干块集成电路芯片及一些辅助电路安装在一块印刷电路板上,这样的微型计算机叫做单板计算机,简称单板机。单板机主要用于工业过程控制。

(3)按用途分:可分为工业控制机与数据处理机等。

(4)按CPU芯片分:可分为Intel系列机(80286、80386、80486、Pentium、PⅡ、PⅢ、PⅣ、双

核酷睿等)与非 Intel 系列机(AMD、PowerPC 等)。

2. 微型计算机的发展

以微处理器为核心的微型计算机属于第四代计算机。微型计算机以微处理器的型号为标志。微处理器的发展从 1971 年 Intel 公司用 PMOS 工艺制成世界上第一代 4 位微处理器 4004 算起,迄今已发展了四代产品。1973 年 12 月,8080 的研制成功,标志着第二代微处理器的开始。这一时期最具代表的机型是美国 APPLE 公司生产的 Apple II 微型计算机。1978 年 Intel 公司生产了第三代微处理器的代表产品 8086 和 8088(1979 年),这一时期的代表产品是美国 IBM 公司推出的 IBM PC/XT,该机具有硬盘、软驱等现代微机的基本硬件。

1985 年,Intel 公司推出了 32 位字长的微处理器 80386,标志了第四代微处理器的开始,接着,又研制成功 80486(1989 年 4 月)和 Pentium(奔腾,1993 年 3 月)微处理机。Motorola 公司也在 1986 年后相继推出了性能相当于 80386 和 80486 的微处理器 M68030 和 M68040。1995 年 11 月,性能更加优越的 P6(Pentium Pro,中文名为高能奔腾)微处理器问世,随后又推出含有 MMX(多媒体扩展指令集)功能的 Pentium 处理器 P55C,1998 又相继推出了 Pentium II、III、IV,2010 推出的是 Intel Core 64 位双核处理器,目前最新的是 Intel Core i7 4770K,是酷睿的第四代产品。

微处理器是大规模超大规模集成电路的产物,80486 微处理器芯片内集成了 120 万个晶体管,Pentium 芯片内的晶体管数量为 310 万~1 亿个,P6 处理器芯片内集成了大约 550 万个晶体管,时钟频率达到 180MHz,Intel Core 64 位双核处理器,芯片内集成了大约 1.51 亿个电晶体,时钟频率达到 2.33~2.5G,而最新的 Intel Core i7 4770K 四核处理器,集成了大约 7.31 亿个晶体管,时钟频率 3.5~3.9G。

分析计算机的发展历程,我们可以看出大约每隔 5~8 年,计算机的速度提高 10 倍,其体积减小到原来的 1/10,成本降低到原来的 1/10。

1.3　计算机的特点与应用

1.3.1　计算机的特点

计算机是能高速、精确、自动地进行科学计算及信息处理的设备。它与过去的计算工具相比,有以下几个主要特点:

1. 运算速度快

计算机能以极高的速度进行运算和逻辑判断,这是电子计算机最显著的特点。从本质上讲,计算机是通过一系列非常简单的算术运算、逻辑运算及逻辑判断来解决各种复杂的问题的。由于计算机运算速度快,使得许多过去无法快速处理好的问题能得以及时解决。如天气预报问题,要迅速分析处理大量的气象数据资料,才能做出及时的预报。如用一般的计算工具,至少要花一二个星期,以致达不到预报的目的,而用一台微型计算机只需几分钟就能完成了。

2. 计算精度高

计算机具有过去计算工具无法比拟的计算精度,一般可达到十几位,甚至几十位、几百位以上的有效数字的精度。计算机的计算精度可由实际需要而定,这是因为在计算机中是用二进制表示数,采用的二进制位数越多越精确,人们可以用增加位数的方法来提高精确度。1949年,美国人瑞特威斯纳(Reitwiesner)用 ENIAC 把圆周率 π 算到小数 2037 位,打破了商克斯(W. Shanks)花了十五年时间,在 1873 年创下的小数 707 位的记录。1973 年,有人用计算机进一步把 π 算到小数 100 万位。这样的计算精度是任何其他计算工具所不可能达到的。

3. 记忆能力强

计算机有主存储器(又称内存储器或内存)和辅助存储器(又称外存储器或外存)构成的存储系统,具有存储和"记忆"大量信息的能力,能存储输入的程序和数据,保留计算相处理的结果。存储器的存储容量通常用能存储的字节数表示,一个字节(Byte,简写为 B)是指 8 位(bit)二进制代码。现在一般微型计算机的主存储器的存储量可达几百兆字节(简写 MB),而辅助存储器的存储容量更是惊人的海量达到上百 GB 乃至几百 GB,能轻而易举地储存几万册图书。

4. 可靠的逻辑判断能力

具有逻辑判断能力是计算机的另一个重要的特点,是计算机能实现信息处理自动化的重要原因。计算机能根据判断的结果自动地确定下一步该做什么,从而使计算机解决各种不同的问题,具有很强的通用性。1976 年,美国数学家阿皮尔(K. Apple)和海肯(W. Haken),用计算机进行了上百亿次的逻辑判断,通过证明了一千九百多个定理,解决了一百多年来未能解决的著名难题——四色问题。

5. 可靠性高,通用性强

随着微电子技术和计算机科学技术的发展,现代计算机连续无故障运行时间可达几万、几十万小时以上,也就是说,它能连续几个月、甚至几年工作而不出差错,具有极高的可靠性。如安装在宇宙飞船、人造卫星上的计算机,能长时间可靠地运行,以控制宇宙飞船和人造卫星的工作。由于计算机具有上述几个方面的特点,且有很强的通用性,因此获得了极其广泛的应用。

1.3.2　计算机的性能指标

评价计算机的综合性能是一个复杂的问题,早期只用字长、运算速度和存储容量三大指标来衡量。实际使用证明,只考虑这三个指标是很不够的。计算机的主要技术性能指标有:

1. 主频

主频即 CPU 内部时钟的频率。它在很大程度上决定了计算机的运行速度。主频的单位早期采用 MHz,近些年采用 GHz,如 486DX/66 的主频为 66MHz,Pentium/100 的主频为 100MHz,PⅡ/233 的主频为 233MHz,PⅢ 的主频在 450M～1GHz 之间,而最新的 Intel Core i7 4770K 四核处理器其主频可达 3.9G 以上。

2. 字长

字长是指计算机的运算部件能同时处理的二进制数据的位数,它与计算机的功能和用途有很大的关系。字长决定了计算机的运算精度,字长越长,计算机的运算精度就越高。因此,高性能的计算机,其字长较长,而性能较差的计算机字长相对要短一些。其次,字长决定了指令直接寻址的能力。一般机器的字长都是字节的 1、2、4、8 倍。微型计算机的字长为 8 位、16 位、32 位和 64 位,如早期的机器为 16 位机,486 与 Pentium 机是 32 位机,目前 Core i5 以上的机器都支持 64 位字长。

3. 内存容量

内存储器中能存储的信息总字节(byte)数称为内存容量。1K＝1024byte,1M＝1024K 等等。Pentium 型微机的内存容量在 128MB 以上,目前 64 位机内存都在 4～16G 以上。内存容量越大,处理数据的范围就越广,运算速度一般也越快。

4. 存取周期

把信息代码存入存储器,称为"写",把信息代码从存储器中取出,称为"读"。存储器进行一次"读"或"写"操作所需的时间,称为存储器的访问时间(或读写时间)。连续启动两次独立的"读"或"写"操作(如连续的两次"读"操作)所需的最短时间,称为存取周期。微型机的内存储器目前都由大规模集成电路制成,其存取周期很短,如标准的 SDRAM(Synchronous DRAM,译为同步动态随机存储器)内存的读写周期约为 $10～15ns$(纳秒,10^{-9} 秒)左右,目前流行的 DDR3 其内存的读写周期一般都在 6ns 以下。

5. 运算速度

运算速度是一项综合性的性能指标。衡量计算机运算速度的单位是 MIPS(每秒百万条指令)。因为每种指令的类型不同,执行不同指令所需的时间也不一样。过去以执行浮点加法指令作标准来计算运算速度,现在用一种等效速度或平均速度来衡量。等效速度是由各种指令平均执行时间以及相对应的指令运行比例计算得出来的,即用加权平均法求得。

衡量一台计算机系统的性能指标很多,除上面列举的五项主要指标外,还应考虑机器的兼容性(包括数据和文件的兼容,程序兼容,系统兼容和设备兼容),系统的可靠性(平均无故障工作时间 MTBF),系统的可维护性(平均修复时间 MTTR),机器允许配置的外部设备的最大数目,计算机系统的图形处理能力,数据库管理系统及网络功能等。性能/价格比是一项综合性评价计算机性能的指标。

1.3.3　计算机的应用领域

计算机的应用已渗透到人类社会生活的各个领域,不仅在科学研究和工业、农业、林业、医学等自然科学领域得到广泛的应用,而且已进入社会科学各领域及人们的日常生活,计算机已成为未来信息社会的强大支柱。据统计,计算机已应用于 5000 多个领域,并且还在不断扩大。计算机的应用范围,按其应用特点,可以划分为以下几个方面:

1. 科学计算

计算机最早应用于科学计算方面,这主要是指计算机应用于完成科学研究和工程技术中所提出的数学问题(数值计算)。在科学研究和工程设计中,有各类复杂的数学计算问题,

比如核反应方程式、卫星轨道、材料结构受力分析等的计算,飞机、汽车、船舶、桥梁等的设计,这些问题计算工作量很大,用一般的计算工具,靠人工来计算是不可想象的,用高速、大型计算机,就能快速、及时、准确地获得计算结果。早期的计算机主要用于科学计算方面,随着计算机技术的发展和应用的普及,科学计算方面的比重在逐年下降,但至今仍是一个主要的应用方面。对用于科学计算方面的计算机,要求其速度快、精度高,存储容量相对也要大。

2. 信息处理

信息处理是指计算机对信息及时记录、整理、统计、加工成需要的形式。所谓信息,是人们在从事工业、农业、军事、商业、管理、文化教育、医学卫生、科学研究等活动中的数字、符号、文字、语言、图形、图像等的总称。当今社会已从工业社会进入信息社会,人们必须及时搜集、分拆、加工、处理大量信息,是信息社会的特征之一。由于计算机具有高速运算、海量存储及逻辑判断的能力,使得它成为信息处理的有力工具,广泛用于数据处理、企业管理、事务管理、情报检索以及办公室自动化等信息处理方面。例如,利用计算机对石油勘探中大量的地质资料进

行分析、处理，能更精确地了解油层结构，提高钻井位置的准确性。对图书情报资料的计算机自动检索，使人们在信息爆炸的今天，能方便及时地得到所需的资料。银行业务的电脑化，使人们能持信用卡上街购物、外出旅行。近来，计算机在企业管理、办公室自动化方面的应用也日益广泛普及。目前，信息处理已成为计算机应用的一个最主要方面。

3.过程控制

过程控制是涉及面很广的一门学科，工业、农业、科学技术、国防，以至我们日常生活等各个领域都应用着过程控制。特别是微型计算机诞生以后，过程控制有了强有力的工具，使过程控制进入了以计算机为主要控制设备的新阶段，从而也产生了计算机控制技术的新学科。用于控制的计算机，其输入信息往往是电压、温度、位移等模拟量，所以要先将这些模拟量转换成数字量，然后再由计算机进行处理或计算。计算机处理的结果是数字量，一般要将它们转换成模拟量才能去控制对象。因此，在计算机控制系统中，需有专门的数字—模拟转换设备和模拟—数字转换设备（称为 D/A 转换和 A/D 转换）。由于过程控制一般都是实时控制，所以对计算机速度的要求不高，但要求可靠性高，否则将生产出不合格的产品，甚至造成重大的设备或人身事故。把计算机用于生产过程的实时控制，可大大提高生产自动化水平，提高劳动生产率和产品质量，降低生产成本，缩短生产周期。

4.计算机辅助系统

计算机辅助系统有：计算机辅助设计（CAD）、计算机辅助制造（CAM）、虚拟装配（VR）、计算机辅助测试（CAT）、计算机辅助教学（CAI）、计算机集成制造（CIMS）等系统。

由于计算机有快速的数值计算、较强的数据处理和模拟的能力，为了提高设计质量，缩短产品的设计周期，飞机、船舶、建筑工程、大规模集成电路等的设计制造部门利用计算机进行辅助设计和辅助制造，使 CAD/CAM 在各种产品的设计制造中占据着越来越重要的地位。例如，在大规模、超大规模集成电路的设计和生产过程中，要经过版图设计、照相制版、光刻、扩散、内部连接等许多道复杂的工序，这是人工难以解决的，借助于 CAD 和 CAM，就可以较好地完成任务。

计算机辅助设计（CAD），是指利用计算机来帮助设计人员进行设计工作。它的应用大致可以分为两大方面，一类是产品设计，如飞机、汽车、船舶、机械、电子产品以及大规模集成电路等机械、电子类产品的设计；另一类是工程设计，如土木、建筑、水利、矿山、铁路、石油、化工等各种类型的工程设计。计算机辅助设计系统除配有一般外部设备外，还应配备图形输入设备（如数字化仪）和图形输出设备（如绘图仪），以及图形语言、图形软件等。设计人员可借助这些专用软件和输入输出设备把设计要求或方案输入计算机，通过相应的应用程序进行计算处理后把结果显示出来，设计人员可用光笔或鼠标器进行修改，直到满意为止。

计算机辅助制造（CAM），是指利用计算机进行生产设备的管理、控制与操作，从而提高产品质量，降低成本，缩短生产周期，并且还能大大改善制造人员的工作条件。

计算机辅助测试（CAT），是指利用计算机来进行复杂而大量的测试工作。

计算机辅助教学（CAI），是指利用计算机帮助学习的自学习系统，将教学内容、教学方法以及学习情况等存储在计算机中，使学生能够轻松自如地从中学到所需要的知识。

5.计算机通信

计算机通信是近几年迅速发展起来的一个重要的计算机应用领域。早期的计算机通信是计算机之间的直接通信，把两台或多台计算机直接连接起来，主要的联机活动是传送数据（发送/接收信息和传送文件）。后来使用调制解调器，通过电话线，配以适当的通信软件，在计算机之间进行通信,通信的内容除了传送数据外,还进行实时会谈,联机研究和一些联机事务。

计算机网络技术的发展,促进了计算机通信应用业务的开展。目前,完善计算机网络系统和加强国际间信息交流已成为世界各国经济发展、科技进步的战略措施之一,因而世界各国都特别重视计算机通信的应用。多媒体技术的发展,给计算机通信注入了新的内容,使计算机通信由单纯的文字数据通信扩展到音频、视频和活动图像的通信。国际互联网 Internet 的迅速普及,使诸如网上会议、网上医疗、网上理财、网上商业等网上通信活动进入了人们的生活。进入 21 世纪,随着宽带接入网络的广泛使用,计算机通信将进入高速发展的阶段。

6. 智能模拟、虚拟现实

智能模拟,即人工智能(Artificial Intelligence, AI),是计算机模拟人类的智能活动:判断、理解、学习、图像识别、问题求解等。它涉及计算机科学、控制论、信息论、仿生学、神经生理学和心理学等诸多学科。有关智能模拟的研究已取得不少成果,有的已走向应用。例如能模拟高水平医学专家进行疾病诊疗的专家系统、具有一定"思维能力"的智能机器人等等。

虚拟现实 VR(Virtual Reality)是近几年来信息技术迅速发展的产物,它是一门在计算机图形学、计算机仿真技术、人机接口技术、多媒体技术和传感技术的基础上发展起来的交叉学科。它是一种可以创建和体验虚拟世界的计算机系统,其基本方法和目标是集成并利用高性能的计算机软、硬件及各类传感器创建一个使参与者处于一个身临其境的、具有完善的交互作用能力、能帮助和启发构思的信息环境。目前已有不少成功的应用,如虚拟手术系统、虚拟作战环境等。

1.4　未来计算机及我国计算机的发展

1.4.1　计算机的发展趋势

从第一台计算机问世以来的 60 多年间,计算机以令人惊叹的速度飞速发展。它的应用已遍及人类社会生活的各个领域。进入新世纪,新计算机技术的发展可用"MODN"来概括,即 Multimedia Computing(多媒体计算机)、Open System(开放系统)、Downsizing(缩小化)和 Network Computing(网络计算)四大技术。而计算机将向"巨"(巨型化)、"微"(微小化)、"网"(计算机网络化)、"智"(计算机智能化)、"多"(多媒体计算机)的方向发展。

1. 巨型化

巨型化是指发展高速、大存储量和强功能的巨型计算机。这不仅是诸如天文、气象、地质;核反应、生物制药等尖端科学的需要,也是为了能让计算机具有学习和推理的复杂功能,记忆和处理海量知识信息所必需的。现在,运算速度每秒万亿次的巨型机已投入使用,百万亿次的巨型机在研制中。典型的有美国的"蓝色基因(Blue Gene/L)",中国的"曙光 4000A"等。

2. 微型化

微型化是利用微电子技术和超大规模集成电路技术的发展,将计算机的体积进一步缩小,价格进一步降低。现在,液晶显示、便携式笔记本电脑、平板电脑技术已经成熟,体积、重量、价格大大降低,获得了广泛的使用,是计算机发展的一个重要方向。

3. 网络化

从单机走向联网,是计算机应用发展的必然结果。所谓计算机网络(Computer Network)

是指用现代通讯技术和计算机技术把分布在不同地点的计算机互连起来,组成一个规模大、功能强的可以互相传输信息的综合信息处理系统。网络化的目的是使网络中的软、硬件和数据等资源,能被网络上的用户共享。现在网络正在向方便、快捷发展,光纤和宽带接入已成为主流,电子商务、虚拟商城、网上银行、远程医疗、网上学校都成为现实。新一代的互联网——物联网已经走入社会生活。计算机网络将在社会生产中起着越来越重要的作用,也必将得到进一步的发展。

4. 智能化

计算机智能化是指使计算机具有模拟人的感觉和思维过程的能力,即使计算机成为智能计算机。这也是目前正在研制的新一代计算机要实现的目标。智能化的研究包括模式识别、物形分析、自然语言的生成和理解、博弈、定理自动证明、自动程序设计、专家系统、学习系统和智能机器人等。目前,已研制出多种具有人的部分智能的"机器人",可以代替人在一些危险的工作岗位上工作。

5. 多媒体化

多媒体技术也是当前计算机领域引人注目的高新技术之一。多媒体计算机是利用计算机技术、通讯技术和大众传播技术来综合处理多种媒体信息的计算机。所谓多媒体信息指文本、视频、图像、图形、声音、感觉等。多媒体技术使多种信息建立了有机的联系,集成为一个系统,且具有交互性。多媒体计算机正朝着人类接受和处理信息的最自然的方式发展。

1.4.2　未来的计算机

早在 1982 年,日本曾实施了一个未来计算机的研制计划,称之为 Fifth Generation Computer System(FGCS),即第五代计算机。第五代机的主要目标,是使计算机具有人的某些智能。例如,它能听、能说、能识别文字、图形和不同的物体,并且具备一定的学习和推理能力等等。尽管这一计划未能如期实现,但它为计算机的发展提出了一个目标和思路。后来许多国家纷纷开展了对新型计算机的研究,先后出现了神经网络计算机、第六代计算机、生物计算机等提法。现在,人们已较少使用第五代计算机等称呼,而把这类新型计算机总称为未来型计算机(Future Generation Computer System,FGCS)或新一代计算机(New Generation Computer)。

1. 知识信息处理系统

日本所研制的新一代计算机称之为知识信息处理系统(KIPS),是一个智能计算机。它不是按事先安排的程序来解决问题,而是能根据用户提出的问题,自动选择内置在机中知识库的规则,通过推理来解答问题。因此,实现 KIPS 必须解决支持逻辑推理的推理机,支持知识库及其查询的知识库机,以及包括用自然语言同计算机对话的具有真实感的图形人—机界面等。这种智能计算机突破了经典的冯·诺伊曼结构。随着智能计算机研制工作的深入,采用并行结构的各种计算机如向量计算机、阵列计算机、数据流计算机等不断涌现,为研制高级并行推理机、知识库查询机、以及与它们配套的核心逻辑语言创造了条件。事实上,现在的多媒体计算机正向这一目标靠近,计算机在听、说、识别、真实感图形的方面都有突破性的进展。

2. 神经网络计算机

如果说 KIPS 是从外部功能及形象方面来模拟人脑的思维方式,则近 10 年来展开的对人工神经网络(Artificial Neural Network,ANN)的研究,便是从内部基本结构来模拟人脑神经系统的又一新的尝试。所谓神经网络计算机,就是用简单的数据处理单元模拟人脑的神经元,并利用神经元结点的分布式存储和相互关联,来模拟人脑活动的一种新型信息处理系统。它的主要特点是,大规模分布式并行处理,自适应能力,以及高度的容错能力。

目前对 ANN 的研究,在日、美和西欧各国都取得了许多进展。它在解决非确定性推理、克服数据不完整性方面所表现的能力,都较传统的智能系统更具有优势。

3. 量子计算机

量子计算机是未来计算机研究的热点。量子计算机利用粒子的量子力学状态来表示信息,可以实现目前电子计算机无法进行的复杂计算。2000 年,德、美科学家联合研制出五量子位的核磁共振量子计算机,并成功地通过实验运算。

4. 光子计算机(Photon Computer)

利用光子代替电子、光互连代替导线互连的全光数字计算机也是未来发展的方向。以光硬件代替电子硬件,以光运算代替电运算,其运算速度比普通电脑快上千倍。

5. 生物计算机(DNA 计算机)

DNA 计算机将是计算机发展的方向之一。遗传物质 DNA 分子是一条双螺“长链”,链上布满了“珍珠”即核苷酸。DNA 分子计算机就是用这些“珍珠”的排列来表示各种信息。当计算机计算时,几种生物酶则充当加、减、乘、除。DNA 计算机通过生物化学反应得出计算的结果。DNA 分子计算机最大的优点在于其惊人的存储容量和运算速度。1 立方米的 DNA 溶液,可存储 1 万亿亿的二进制数据。十几个小时的 DNA 计算,相当于所有电脑问世以来的总运算量。未来计算机的芯片和磁盘都用 DNA 溶液来代替,其强大的功能将令人惊讶。

DNA 计算消耗的能量非常小,只有电子计算机的十亿分之一。预计 10 到 20 年后,DNA 计算机将进入实用阶段。

1.4.3　我国计算机的发展

1. 计算机的研制与生产

我国的计算机产业起步于 20 世纪 50 年代中期,从 20 世纪 50 年代中期至 70 年代末,我国的计算机科技工作者,面对国外的封锁,依靠自力更生、奋发图强的精神,从元器件、零部件的研制开始,研制出一代又一代的计算机,为我国的国防建设、重大工程、科学研究作出了重大的贡献。

1957 年下半年,由中国科学院计算所和北京有线电厂根据苏联提供的设计图纸,共同承担计算机研制工作。1958 年 6 月,研制成功了我国第一台小型计算机——103 型电子管通用型计算机,同年 8 月 1 日正式公开表演运算。该型号计算机共生产 36 台。随后又研制了 104 型大型通用电子计算机,104 机字长 39 位,每秒运行 1 万次,主存容量为 2048 字节,共有 4200 多个电子管和 4000 个晶体二极管,1959 年新中国成立十周年前夕通过试运算,共生产了 7 台。104 机的主要技术指标均超过了当时日本的计算机,与英国同期已开发的最快的计算机相比也毫不逊色,也为我国经济国防建设解决了不少难题。

1960 年我国第一台自行设计的通用电子计算机问世,随之我国也开始研制和生产第二代计算机。1965 年试制成功第一台晶体管计算机——DJS5 小型机,共生产 16 台,并送日本参展。在第二代计算机产品中,我国研制成功了 DJS5 机、121 机、109 机等 5 种晶体管计算机,它们的运算速度约为每秒 10~20 万次。

我国于 1965 年就开始做第三代计算机的研制准备工作,1973 年完成了集成电路的大型电子计算机 150 型机和 655 型百万次集成电路计算机。150 机字长 48 位,运算速度达到每秒 100 万次,主存为 130KB,主要用于石油、地质、气象和军事部门。

从 1973 年开始了计算机系列化的研制,1974 年,研制成功 DJS-130 机,又先后研制出 131、132、135、140、152 等共 13 个机型的 100 系列机;1973—1981 年,相继研制成功 210、220、240、260 等 4 个型号的 200 系列机;1976 年后,先后研制成功 183、184、185、186 等 5 种机型的 180 系列机。100、180 和 200 三种系列机在全国有十多个计算机工厂进行批量生产。

1983 年,我国研制成功 757 大型向量流水机,每秒向量运算 1000 万次。同期,每秒向量运算一亿次的银河 I 号投入运行,使我国跨进了研制超级计算机的行列。1992 年向量运算十亿次的银河 II 号投入运行,1997 年我国的银河 IV 号机投入运行,速度为每秒 130 亿次。该机的系统综合技术达到国际先进水平。为我国核能利用、核武器模拟、空间技术、新型飞机结构模拟试验、石油地质勘探和气象早期预报等重大科学技术中的计算创造了非常有利的条件。

我国微型机的核心技术与部件的研制起步较晚,但发展迅速。1977 年 4 月,我国研制成功第一台微型计算机 DJS-050 机,这是由清华大学、安徽无线电厂和原电子工业部电子技术推广应用研究所共同研制开发的。从此揭开了中国微型计算机的发展历史,我国的计算机发展开始进入第四代计算机时期。

20 世纪 90 年代以来,计算机市场上出现的长城、联想、东海、浪潮、同创、方正、长江、实达等集团公司的微机,四通的文字处理机,国光、长岛的终端和很多公司的兼容机,形成了全方位的全面出击势头。尤其是中科院计算所从 2001 年开始从事的龙芯系列通用处理器研制,先后完成 32 位的龙芯 1 号、64 位的龙芯 2C、2E/2F、2G、四核龙芯 3A 和八核龙芯 3B 等多款高性能通用 CPU,目前八核龙芯 3B 主频已达到 1G 的水平。龙芯在架构设计和工艺上也处于国内领先地位。

2. 计算机软件的研制与开发

我国的软件研制与计算机研究同步发展,主要经历了三个发展阶段:第一阶段为自主研制阶段,研究主要针对国外对我国的科技封锁,此期间我国自行设计和研制出的软件,保证了重大国防工程的完成;第二阶段为移植和汉化国外软件阶段,20 世纪 70 年代末 80 年代中期,软件开发的重点在于移植、汉化和中文信息处理技术的研究;第三阶段指的是 20 世纪 80 年代后期至今,软件作为独立的产业分离于硬件,形成了我国软件产业。国产软件的市场占有率达 32%。

我国在应用软件、中文信息处理软件、专用软件和翻译软件等领域具有一定的优势,特别是在财务软件、教育软件、防杀病毒工具软件和翻译软件等领域具有很高的市场占有率。涌现出 CCDOS、中文之星、Richwin(中文利方)、五笔汉字输入、WPS、系列杀毒软件和翻译软件等一批优秀应用软件,包括汉字通信、汉字情报检索和汉字精密照排的汉字处理系统(我国的 748 工程),特别是激光照排系统新技术被中国计算机界称为"中国告别铅和火的技术革命"。

特别值得一提的是国产开放式系统 COSIX,这是我国自主品牌的中文 UNIX 操作系统。该系统的开发一直得到国家的重视和大力支持,目前已有 COSIX V1. X 和 COSIX V2. X 两个版本,1998 年 1 月 13 日通过国家验收,顺利完成"九五"攻关任务,被称为中国第一个国产操作系统。1998 年 9 月 10 日,中软总公司与美国康柏公司正式签订了合作协议,携手共同开发 True64 位 COSIX 64 操作系统。1999 年 11 月 2 日第一个正式版本问世。

2000 年以来,国产操作系统主要是基于 Linux 开发的,但也有一些是自主开发的。主要的产品有红旗 Linux(Red Flag Linux)、银河麒麟(Kylin OS)、中标普华 Linux 等。这些操作系统都有很好的表现。要看到软件业的发展越来越引起国家的重视,自 1995 年以来,我国已建成 14 个国家级软件开发基地,已有多所高校成立软件学院,培养专门的软件人才。2012 年我国软件产业共实现收入 2.47 万亿元,软件产业占电子信息产业收入比重由"十一五"末的 18.2% 提高到 22.7%,软硬件比例日趋合理,发展十分迅速。

1.5　计算机学科与知识领域

追溯与展望计算机的发展,我们看到随着这个多才多艺的机器的出现,整个世界发生了深刻的变化,全世界每年都有众多学子进入这个学科学习,对计算机技术研究和探索形成了热潮。60 年来计算机技术的进步、研究成果的积累、理论的提升,人们对计算机学科的学科形态、核心知识内容、知识领域的认识越来越深刻,逐步形成了独立的计算机科学与技术学科。那么,什么是计算机科学与技术呢? 即它的意义、内容、和方法是什么? 对它的全面了解将有助于大家更好的学习和进入这个领域。

1.5.1　计算机学科

随着计算机的发展,计算机专业教育受到了高度的重视,出现了许多的专业名称,如计算机技术、计算机科学、计算机工程以及计算机应用等。它们有区别吗? 要回答这个问题,首先必须搞清楚什么是科学、技术、工程。科学是关于自然、社会和思维的发展与变化的知识体系;技术是泛指根据生产实践经验和科学原理而发展形成的各种工艺操作方法、技能和技巧;工程是指将科学原理应用到工农业生产部门中去,而形成的各门学科的总称。因此科学、技术、工程是有区别的。

正因为如此,长期以来国内外一直对计算机科学与技术是属于科学还是工程范畴存在着争议,计算机界也一直争论不休。反映在专业课程设置、核心课程确定上“仁者见仁,智者见智”,强调科学的不重视技术与工程实践;强调应用的轻视理论,在教与学的过程中过分注重计算机的实际操作的应用,就如懂电的强调电,懂硬件的强调硬件,懂数学的强调数学,懂软件的强调编程。

针对这一问题,美国计算机器协会(ACM)和国际电气、电子工程师学会计算机学会(IEEE/CS)组织了一个由 20 多位资深计算机专家(其中有不少是“图灵”奖的获得者)组成的联合小组,从 1985 年起用了五年的时间对计算机科学、计算机工程领域的相关问题进行了翔实的论证与分析,最后他们得出的结论是:计算机科学和计算机工程之间在本质上没有区别,两者是一回事。为什么会这样呢,这是由计算机学科的特点所决定的。

事实上,代表计算机科学的各个分支学科的理论、技术理论和方法与代表计算机工程的各分支的学科的工程开发方法和技术、技巧、技艺通常即有理论特征,又有技术特征,甚至还具有工程特征,三者相互之间的界限往往难于区分。从本质上讲,它们是从不同的角度和层面对各种问题的是否可计算,即能行性及其求解方法和过程的描述,是通过对各种问题反映其能行性的内在规律的描述折射出求解方法和求解过程的。它们的方法论的理论基础都是以离散数学为代表的构造性数学。

基于上述认识,近年来科学界倾向于将计算机科学、计算机技术、计算机工程统一为一个学科,称之为计算科学。对计算科学比较一致的定义是:计算科学是对描述和变换信息的算法过程,包括其理论、分析、设计、效率分析、实现和应用的系统研究。全部计算科学的基本问题是,什么能自动进行,什么不能自动进行。本学科来源于对数理逻辑、计算模型、算法理论、自动计算机的研究,形成于 20 世纪 30 年代后期。

那什么是计算机应用? 计算机应用是一个范畴很大的领域,广义地讲凡是和计算机使用相关联的领域都可纳入计算机应用的范畴。但是从基本的和核心的角度来看,支持计算科学向各个学科渗透、应用和发展的是一些最基本的共性理论、方法和技术。因此,首先我们应当将操作和应用区分开来,操作是对现有软件的理解和使用,而应用又可分为具体应用和基本应用。将计算机与各行各业的具体事务结合起来的应用,如信息系统、电子商务等,称为计算机具体应用;而研究计算机应用具体领域的共性理论、方法和技术的学问,称之为计算机的基本应用,属于计算科学的范畴。我们通常所说的计算机应用,是指计算机的基本应用,而不是计算机的具体应用,更不是计算机的操作。

概括起来,一般认为计算机科学与技术是研究计算机设计与制造并利用计算机进行信息获取、表示、存贮、处理、控制的理论、原则、方法和技术的学科。

1.5.2　计算机学科的知识领域

60 多年来计算机学科已形成一个完整的理论及应用体系,具有自身明显的专业特征和研究领域,那么到底有哪些知识是本学科核心的知识? 随着技术进步哪些知识在不断地更新和发展,是需要我们大家研究和学习的呢? 为此 ACM 和 IEEE/CS 每 10 年都邀请全世界计算机学科领域的优秀专家,研究发布一个称作为"Computer Science Curricula(简称:计算教程),如 2001 年发布的最终版简称为"CC2001"的报告,以指导全世界计算机教育。中国计算机学会教育分会多年来也一直跟踪这个教程,组织专家进行全面的讨论、论证。从 CC-1991 教程开始到最新的 CC2013(草案)可以看出,计算机的学科领域发生巨大的变化,从最初的 9 个知识领域扩大到现在的 18 个知识领域,内容扩大了一倍。CC2013 认为目前计算机学科的知识领域可分为十八个主科目(核心知识体),它们分别是:

1. 离散结构(DS)　　　　　7. 人机交互(HC)　　　　　13. 信息保证与安全(IAS)
2. 程序设计语言(PL)　　　 8. 图形学与可视化计算(GV) 14. 基于平台的开发(PBD)
3. 算法与复杂性(AL)　　　 9. 信息管理(IM)　　　　　 15. 并行与分布计算(PD)
4. 体系结构与组织(AR)　　 10. 智能系统(IS)　　　　　 16. 计算科学与数值方法(CN)
5. 操作系统(OS)　　　　　 11. 软件开发基础(SDF)　　　17 系统基础(SF)
6. 计算机网络与通信(NC)　 12. 软件工程(SE)　　　　　 18. 社会和职业专题(SP)

其详细的知识点内容见表 1.1。

表 1.1　计算机学科科目

DS 离散结构	PL4 基础类型系统	PL16 语言语用学	AR 计算机体系结构与组织
DS1 函数、关系、集合	PL5 程序表示方法	PL17 逻辑程序设计	
DS2 基本逻辑	PL6 语言翻译与执行	AL 算法与复杂性	AR1 数字逻辑数字系统
DS3 证明技术	PL7 语法分析	AL1 算法分析基础	AR2 数据机器码表示
DS4 计算基础	PL8 编译器语义分析	AL2 算法策略	AR3 汇编级机器组织
DS5 图和树	PL9 代码生成	AL3 基本数据结构算法	AR4 存储系统组织和结构存储器结构及体系
DS6 离散概率	PL10 运行时系统	AL4 自动机,可计算性理论基础	
PL 程序设计语言	PL11 静态分析	AL5 高级计算复杂性	
PL1 面向对象程序设计	PL12 高级程序语言设计	AL6 高级自动机理论及可计算性	AR5 接口与通讯
PL2 函数式程序设计	PL13 并发性与并行性		AR6 功能组织
PL3 事件驱动和反应性式程序语言设计	PL14 类型系统	AL7 高级数据结构、算法及分析	AR7 多处理器和其他系统结构
	PL15 形式语义学		

AR8 性能提高技术	GV 图形与可视化	SDF3 基本数据结构	PD4 并行算法、分析与编程
OS 操作系统	GV1 图形学基本概念	SDF4 开发方法	PD5 并行体系结构
OS1 操作系统要览	GV2 基本图形绘制方法	SE 软件工程	PD6 并行性能
OS2 操作系统原理	GV3 几何建模	SE1 软件过程	PD7 分布式系统
OS3 并发性	GV4 高级绘制技术	SE2 软件项目管理	PD8 形式模型与语义
OS4 调度和分配	GV5 计算机动画	SE3 软件工具和环境	CN 计算科学数值方法
OS5 存储管理	GV6 可视化	SE4 需求工程	CN1 计算基本原理
OS6 安全与保护	IM 信息管理	SE5 软件设计	CN2 建模与仿真
OS7 虚拟机	IM1 信息管理概念	SE6 软件结构	CN3 数据处理
OS8 设备管理	IM2 数据库系统	SE7 软件确认	CN4 可视化交互
OS9 文件系统	IM3 数据建模	SE8 软件进化	CN5 数据信息与知识
OS10 实时与嵌入系统	IM4 关系数据库	SE9 形式化方法	SF 系统基础
OS11 容错	IM5 数据库查询语言	SE10 软件可靠性	SF1 计算范例
OS12 系统运行评价	IM6 事务处理	IAS 信息保证与安全	SF2 跨层通信
NC 网络与通讯	IM7 分布式数据库	IAS1 基本知识	SF3 状态到状态的转换 状态机
NC1 网络计算导论	IM8 物理数据库设计	IAS2 网络安全	SF4 并行性的系统支持
NC2 可靠数据传输技术	IM9 数据挖掘	IAS3 密码学	SF5 性能
NC3 路由与转发	IM10 信息存储与信息检索	IAS4 风险管理	SF6 资源分配与调度
NC4 局域网	IS 智能系统	IAS5 安全策略与管理	SF7 近似性
NC5 资源分配	IS1 智能系统基础	IAS6 数字取证	SF8 虚拟化与隔离性
NC6 无线与移动计算	IS2 基本搜索策略	IAS7 安全结构和系统 管理	SF9 使用冗余技术的可靠性
HC 人机交互	IS3 知识表示与推理	IAS8 安全软件设计与 工程	SP 社会与职业实践
HC1 人机交互基础	IS4 基础机器学习	PBD 基于平台的开发	SP1 信息技术的社会环境
HC2 人机交互设计	IS5 高级搜索	PBD1 基于平台的开发 介绍	SP2 分析工具
HC3 交互式系统编程	IS6 高级知识表示推理	PBD2 网络平台	SP3 职业责任
HC4 以人为中心的人机 交互设计与测试	IS7 不确定性推理	PBD3 移动平台	SP4 知识产权
HC5 无鼠标接口的人机 交互设计	IS8 智能代理	PBD4 工业平台	SP5 隐私与公民自由
HC6 协作和通信的人机交互	IS9 自然语言处理技术	PBD5 游戏平台	SP6 职业交流
HC7 人机交互统计方法	IS10 高级机器学习	PD 并行与分布计算	SP7 可持续性
HC8 人为因素与安全	IS11 机器人学	PD1 并行性基础	SP8 信息技术史
HC9 面向设计人机交互	IS12 感知能力与计算机 视觉	PD2 并行分解	SP9 与信息技术相关的 经济问题
HC10 混合、增强与虚拟 现实	SDF 软件开发基础	PD3 通信与协同	SP10 安全策略、法律与 计算机犯罪
	SDF1 算法与设计		
	SDF2 程序设计基本结构		

1.6　如何学好计算机科学

　　初入大学校门的计算科学专业的学生,兴奋中也带有一种迷茫,不知道如何学好计算机科学。尤其是从往日对这个无所不能机器的初步了解、掌握,进入到对大量复杂的概念、算法、实现的学习时,往往有"人生识字糊涂始"的感觉,感觉不是在学计算机,感觉学习的内容、提供的模型计算机都那么的"老",感觉离社会的现实需求很远等,这是很自然的。如前所述,计算机专业或计算机应用专业学习的并不是计算机的具体应用,而是基本应用,每个计算机专业的学生不但要学会计算机的使用,更重要的是掌握它的原理、理论、方法。不但要知道它是如何工作的,而且要开发和设计计算机的新的应用。各高校计算机专业的学科方向虽然不尽相同,但本科阶段关键是掌握计算机的基本概念、基本原理、基本理论、基本方法、基本技术,完成理论到实践过渡,成为具有科学研究与实际应用初步训练的计算机专门人才。

那么要学好计算机科学与技术,在开始进入这个领域之前,应该从那几方面把握自己呢?我们认为:

1. 提升理性思维,学会数学的抽象、表达、推理的能力

我们知道数学是计算学科的基础,这不仅仅是说计算机学科所需的数学基础知识,还包括数学的抽象思维、逻辑推理的思维方式,即思维方式的数学化。

所谓思维方式的数学化是指从普通人的思维方式转向数学家工作的思维方式。在科学界,数学家的思维方式与其他学科的学者很不相同。他们认识客观事物,对客观事物的观察和分析,一般并不直接关心事物的物理、化学、生物学等特性,而是通过对事物的抽象,运用特殊的符号或语言系统,研究事物在空间中的数量关系、位置关系、结构关系和变换规律,研究具有共同抽象概念、性质的一类事物的某些内在规律,以此指导人们从一个侧面去认识事物。

逻辑是严格数学论证和科学论证的主要工具,而数理逻辑则是从数学的角度为数学研究乃至科学研究提供了科学推理的逻辑基础。数学对客观事物规律的描述是建立在严格而又抽象的符号推演的基础之上的,只有经过严格的数学训练,才能实现思维方式的数学化。为了更好说明这一思想,我们举几个例子。

例 1.1 给定 n 根火柴棍,由两人依次交替从中拾取若干根。如果规定每人每次拾取的火柴棍最少 1 根,至多 m 根,谁拾得最后一根为输者,那么,有没有一种方法来判别这种比赛从一开始就是胜负早已"命中注定"的呢?

分析 我们先来看一看 $m=3$ 的情形。设参加比赛的两人为 A 和 B,每次 A 先拾火柴棍。A 为了战胜对手 B,必须在自己走了最后一步之后,留给 B 1 根火柴。而由于 B 每次可以拾 1 根,或拾 2 根,或拾 3 根火柴,因此,A 要确保自己获胜,必须设法在走了倒数第二步之后,留给对手 5 根火柴[理由是 $1+4(A、B$ 一次所拾火柴之和$)$],即无论 B 拾 1 根,或者拾 2 根,还是拾 3 根火柴,A 所拾火柴数与 B 所拾火柴数之和为一常数 4。这样,不管 B 的最后第二步是拾 1 根,或者拾 2 根,还是拾 3 根火柴,只要 A 不拾错,最后一根火柴还是留给了 B。依次推导下去,A 只要在走了最后第三步之后,留给 B 的火柴根数为 9 根,A 只要在走了最后第四步之后,留给 B 的火柴根数为 13 根,…,如此推导,A 就能够保证在不走错今后每一步的情况下,战胜 B。

按照上面的分析,由于 B 与 A 的地位是对等的,A 的"如意算盘"(或叫策略),B 也可同样效仿。于是,给定比赛开始前的火柴棍总数,确定了谁先行第一步,那么,究竟谁胜谁负显然是一种客观存在,是一种"命中注定"。进一步,如果我们今天考虑的是任意给定的 n 和 m,m 不一定等于 3,那么,用计算机来编制程序就必须导出通式,这必然要用到数学。大家可以思考一下,根据上面的分析,能否较快地写出判断自己能够获胜的计算通式,并确定如何应对的计算公式?

例 1.2 设 P 是 n 个实数构成的集合,给定一个实数 m,求 P 中所有满足其元素的和数等

于 m 的子集合。这就是著名的子集和数问题。进一步,设 P 中的 n 个数均为大于 1 的正整数,再求所有满足上面条件的子集中其元素的连乘积最小的子集合。

分析　第一问可以有很多种解法,比较简洁的一种形式如下:

设 $P=\{a_1,a_2,\cdots,a_n\}$, $a_i\in\mathbf{R}$(实数集), $1\leqslant i\leqslant n$,求

$$Q=\{S\mid S\subseteq P\ \&\ \sum_{x\in S}x=m,m\in\mathbf{R}\}。$$

有了第一问的求解计算公式,很容易给出第二问的求解计算公式,这就是:

设 $P=\{a_1,a_2,\cdots,a_n\}$, $a_i\in\mathbf{I}$(正整数集), $1\leqslant i\leqslant n$,

由 $Q=\{S\mid S\subseteq P\ \&\ \sum_{x\in S}x=m,m\in\mathbf{R}\}$,得

$$W=\{T\mid T\in\mathbf{Q}\ \&\ (\forall T'\in\mathbf{Q},\prod_{x\in T}x\leqslant\prod_{y\in T'}y)\}。$$

根据上面给出的计算方法,我们很容易设计求解第一问的程序,只需在程序设计中遵从计算方法的思想就能很顺利地完成。不过要注意,同是上面对第一问给出的解法,却可以设计不同的算法。但是,如果我们在设计求解第二问的程序时依然采用计算方法的思想,先计算 Q,然后,逐个计算 W 中的 T,再将每一个 T 与它的 T 进行比较,求出其元素的连乘积最小的 T,那么,这样设计的程序当 P 是一个很大的集合时,程序运行的效率将是很低的。事实上,采用求解第二问的分支定界算法,可以设计求解第二问的一个效率很高的程序,而类似这样的程序是以高效率的算法为基础的,将会用到更多的数学知识。

2. 学习数学的严密推理、论证的方法

数学研究中常常要对被研究的对象考察其存在性、唯一性和稳定性。存在性、唯一性和稳定性是数学研究中普遍关注的问题。一个方程是否有解,一个有向图中是否存在一个回路等内容涉及存在性问题;一个方程(组)在有解的情况下解是否唯一,一个函数的极值和零点是否唯一,一个图中给定两个顶点之间的最短路径是否唯一等涉及唯一性问题;一个曲面是否存在奇点等内容涉及稳定性问题。其实对计算科学来说也应该关心这个问题,例如研究算法,存在性就表现为一个问题是否算法可解;唯一性表现为已知的算法是否是最优算法;而稳定性则是指设计的算法当问题的规模由小变大时,算法所需的时间和空间是否呈稳步增长状态,当输入的数据处于最好和最坏情况下,算法计算分别所需的时间之间和所需的空间之间是否相差较小,也就是算法的平均性态是否比较好。因此,数学为计算模型、算法和程序的设计提供严格的理论基础和计算方法。

但数学和计算科学在使用数学语言表述和研究问题时,两者存在很大区别。区别之一是计算科学理论的构造性特征;区别之二是计算科学理论中几乎所有符号在现实世界中都有具体对象,如程序中的一个变量,或者是计算机的某个部件;纯粹数学高度抽象的数学符号甚至难以在现实世界中找到具体的应用,如有一些定理、结论,给不出一个实例,难于同现实世界建立对应。

大家在学习数学基础课程的时候,应当经常进行联想、类比和体会。体会数学的具体研究思想和内容之间的一致性,联想、类比是对现有的结果、内容和可能存在的问题作各种深入的分析、体会与探讨,真正做到透过数学概念(定义)、基本方法和基本结论(定理)理解这些内容的基本思想,能够用自然语言或形式化的语言重新进行完整的叙述。这样做对培养读者思维方式数学化是有帮助的。

为更好地说明上述观点,再看一个十分重要的例子。

例 1.3 图灵机的停机问题。试设计一个算法,对任意给定的图灵机 T 和任意给定的输入 $(x_1, x_2, \cdots, x_n)$(输入到带上的 x_i 和 x_j 之间用空格分开,$i, j \leqslant n$),使之能够判定 T 是否停机?

分析 对这样的问题可能许多人会去考虑如何设计这样一个判定程序,但最终总是不能设计出来。这样一个看来毫无特别之处的问题怎么就设计不出算法呢? 计算机不是万能的吗? 实际上这个问题是不可解的,根本就不存在这样的判定算法。这个问题已经从理论上用数学方法被严格地证明为不可解。

因此如果我们在学习计算科学时,对不可解的计算科学问题缺乏基本的了解和估计,不知道如何来确定什么样的问题是可解的,什么样的问题是不可解的,结果在今后的工作中难免不做出浪费资源的事情。尤其是随着科学技术的发展,具有计算密集特点(如受控核聚变、全球气候中长期预测等)和数据密集特点(如事务处理和综合决策支持系统等)的大规模复杂科学问题的计算任务将会越来越多。这类科学问题的计算成本是很高的,需要投入巨大的人力、财力和物力,如果没有把握,是不能匆忙上马的。曾获图灵奖的世界著名计算科学大师戴克斯特拉(E. W. Dijkstra)对此深有体会,他曾经说过:"我一生从事计算机软件的研究与开发工作,曾经犯过不少错误。由于对数理逻辑了解不够,许多在数学家看来已经解决的问题,而我还在想方设法去努力解决。大师的错误我们今天当然不能再犯了。"

很明显,要想从根本上真正理解计算机的局限,还得依靠数学,因为,只有数学,才能将这个问题讲得清楚、透彻,让读者体会和感受到计算机能力的边界。这并不是教师或计算科学工作者特别偏爱数学,而是因为计算科学的许多问题从观察者的角度看都具有两个基本特点:一是对问题的处理每一步都必须是能行而又准确的,二是用自然语言或其他方式表达处理的过程常常是不方便的,有时甚至是笨拙的、含混不清的。

由此可以看出学习数学,特别是学习以离散数学为代表的构造性数学对计算科学专业工作者的重要性。近几十年来计算机专业的教学实践已经一再证实了这样一个规律:学生数学基础比较好,高年级的专业基础课和专业课程的教学常常可以加速;反之,不仅不能加速,甚至反而影响教学进度。计算科学与数学的天然联系和数学的学习具有能够培养思维方式数学化的作用这两个基本事实,使几乎所有著名计算机科学系的计算科学专业在教学中选择通过数学教学途径来实现学生思维方式的数学化。

3. 计算机专业的学生如何学习数学

如前所述,学习数学基础课程是实现思维方式数学化的有效途径。然而由于计算机处理能力上的离散特性,以及受专业学制年限的制约,对于计算科学专业的本科学生,还不能也没有必要像普通数学专业的学生那样学习大多数基础数学专业的数学课程。按照计算科学专业数学教育的两个目的,教学的重点应是离散数学和少量理论计算机科学的内容。但是,计算科学专业后续课程中广泛出现各种应用数学知识的情况和事实上对学习离散数学与理论计算科学必须具有较好的数学修养的要求,使我们的教学不可能直接从一年级就进入构造性数学的教学环节,实现思维方式数学化的步骤必须分两个阶段来完成。

第一阶段,通过对空间解析几何、数学分析、高等代数、常微分方程、概率统计、计算方法等数学课程的学习,使学生熟悉和习惯于使用数学语言和符号系统对研究的数学对象进行严格的分析、表述、计算和推演,为学习后续课程打下坚实的数学基础,初步实现思维方式的数学化,初步达到数学上的某种成熟性。

第二阶段,数学学习转向以计算科学为背景的离散数学和理论计算机科学的学习,特别是通过对数理逻辑的系统学习,使学生将思维方式逐步上升为系统的理性思维方式,进一步实现思维方式的数学化,最终使学生达到良好的数学上的某种成熟性。

那么同学们自己如何操作?

第一阶段重要的是诸如数学分析中的极限理论、闭区间上连续函数的性质、导数与不定积分的关系、定积分理论、级数理论,高等代数中多项式理论、矩阵理论、线性空间与线性变换、二次形理论,常微分方程中常系数线性方程理论、微分方程一般理论、定性理论等若干数学课程中有深度的内容上下工夫,使学生学会和初步掌握使用数学语言或符号系统处理问题的基本方法,熟悉和习惯于这种抽象的符号表示与演算形式,初步学会抽象思维方法。

第二阶段数学的教学内容是以计算科学为背景的离散数学和理论计算机科学,目标是进一步实现思维方式的数学化,最终使学生达到良好的数学上的某种成熟性,同时,在计算科学基础理论方面初步打下良好的基础。在这一阶段的教学中,学生要特别注意根据教师的引导,借助计算科学的背景,在近世代数、集合论、图论、数理逻辑、可计算性理论、形式语言与自动机理论等课程中将理论、抽象、设计三个过程,若干学科的核心概念与典型方法贯穿在教学过程的始终,并在某些课程如集合论、数理逻辑的教学中真正理解并能够有针对性地对一些内容赋予哲学解释。

4.重视哲学、逻辑思想的指导

在我们的教学计划中哲学课程也占有一定的比例,同学们在学习时要注意应用哲学的思想、思维方法指导自己的学习,要勤于思考、善于思考联想,一切科学理论只有在赋予哲学解释之后才能获得升华。要注意在课本和教学中介绍的并反复出现的具有哲学意义的典型方法,通过这些典型实例加深对学科的认识。典型方法与典型实例是属于方法论的内容,目前在计算科学中所归纳的有下列几种典型的方法和典型实例。

有六类典型方法,它们是内涵与外延的方法,以递归、归纳和迭代技术形式为代表的构造性方法,公理化方法,快速原型方法,演化方法以及展开与归约方法。

内涵与外延是哲学的两个基本的概念。所谓内涵是指一个概念所反映的事物的本质属性的总和,也就是概念的内容。外延是指概念所界定的所有对象的集合,即所有满足概念定义属性的对象的集合。内涵与外延的方法广泛出现在计算科学的许多分支学科中。这是一个能够对无穷对象的集合作分类处理的方法。

例 1.4　奇数与偶数的定义。

奇数与偶数的外延定义:

$$(1,3,5,7,9,\cdots)$$
$$(2,4,6,8,10,\cdots)$$

奇数与偶数的内涵定义:

$$\{x\,|\,x\in \mathbf{N}\ \&\ (x\bmod 2)=1\}$$
$$\{x\,|\,x\in \mathbf{N}\ \&\ (x\bmod 2)=0\}$$

因此,为了对被研究的客观世界的对象作概念上的抽象,我们需要内涵与外延的方法。事实上在计算机应用开发中也经常要用到这种方法。例如构造通用专家系统,即开发专家系统工具(外壳)的思想是一种内涵与外延的方法;操作系统中的虚拟存储技术,体系结构研究中的(并行)虚拟机器技术等本质上也是一种内涵与外延的方法。

构造性方法是整个计算科学学科最本质的方法,这是一种能够对论域为无穷的客观事物按其有限构造特征进行处理的方法。以下是递归方法的例子:

例 1.5　斐波那契序列,设有一个数的集合 $S=(0,1,1,2,3,5,8,13,21,34,\cdots)$,对任意给

定的正整数 x,试设计一个判别 x 是否在 S 中的算法。

分析 由于给定的集合 S 是一个无穷集合,计算机无法储存。直接使用上述集合也无法设计出判别算法。我们注意到 S 中的元素恰好形成一个斐波那契序列,这样可以利用斐波那契序列数来递归表示 S 中的所有元素。这样实际上就不需要贮存全部元素,这样问题就有解了。斐波那契序列得出递归表示如下:

$$f_0 = 0, f_1 = 1, f_n = f_{n-1} + f_{n-2}, n \geqslant 2;$$

由上式可以看出,任何一个斐波那契序列中的数都是排在它前面且紧挨着它的两个斐波那契序列数的和。这样的递归表示就将无穷多个斐波那契序列数用有穷表示完全确定。

判断算法设计:从 f_0, f_1 出发,不停地求后面的斐波那契序列数。每得到一个斐波那契序列数,就同给定的待判别数进行比较,直到相等时输出"真",或者当得到一个斐波那契序列数大于这个待判别数时输出"假",算法结束。

以上所举的这些例子其本质在哲学意义上是一致的。构造性方法以递归、归纳和迭代技术形式为其代表形式之一。除了众所周知的递归函数论(或可计算性理论)中使用递归定义和归纳证明技术,方程求根和函数计算中使用迭代技术外,在程序设计语言的文法定义和自然演绎逻辑系统的构造中,在关系数据理论模型和对象模型的研究中,以及在编译方法、软件工程、计算机原理、算法设计和程序设计中均大量使用了递归、归纳和迭代等构造性方法。构造性方法为计算科学中大量问题的能行性研究奠定了坚实的科学方法论和技术的基础。

下面,我们介绍快速原型方法和演化方法。快速原型方法也是计算科学的一个典型方法。快速原型的思想最初出现在软件工程的研究中,其主要内涵是:在软件的开发中,随着程序代码量的日渐庞大,开发费用和周期的不断增长,人们迫切需要对软件开发中引入的新思想、新原理和采用的新方法、新技术的可行性进行验证,通过验证过程提出改进意见,为实际产品的工程技术开发提供原理性的指导。此时,Prolog 语言刚刚出现,研究人员惊喜地发现,该语言特别适合充当快速原型实验的验证工具。对于软件开发中系统设计的一种新的构思,采用 Prolog 语言只对涉及新构思的内容"去粗取精"地开发原理性的验证程序,在证实了新构思确实可行之后,再按照规范的、工程化的要求进行软件的开发,并且在系统的开发中,基本上按照快速原型验证开发中设计的程序设计思想进行细化。这样做,不仅可以避免大型软件系统的开发出现原理性的错误,而且能够提高大型软件开发的速度和质量。由此不难看出,快速原型方法事实上是一种低成本系统原理验证性实验方法。

演化方法也是计算科学的典型方法。所谓演化(Evoluation)方法,在一些文献中也叫进化方法。演化方法的主要思想是,针对具体的问题,首先找到解决该问题的办法(或算法、程序、电路等),然后通过各种有效的技术方法改进解决问题的办法(或算法、程序、电路等),近年来在演化算法基础上发展起来的演化计算是该方法最具代表性的研究领域之一。例如,算法设计与分析中的代数化简方法,程序设计方法学中的程序变换方法,电路设计与分析中首先通过对电路对应的布尔函数进行化简,然后简化电路设计的方法,软件维护与升级等都是演化方法的具体应用实例。演化方法在使用时常常与其他典型方法联系在一起。例如,与快速原型和展开方法合用,可以开发一类特殊软件的程序自动生成系统,如人机界面自动生成系统。

最后一种典型方法就是所谓的展开与归约方法。展开与归约是一对技术概念,是在处理实际事务的过程中对两个相向的处理活动所作的一般化的方法学概括。展开的内涵是从一个较为抽象的目标(对象)出发,通过一系列的过程操作或变换,将抽象的目标(对象)转换为具体的细节描述。例如,在程序设计方法学中,从一个程序的规范出发,运用程序推导技术,可以将一个程序一步一步地自动设计出来,这样就实现了对该程序的展开。归约方法可以视为展开过程的逆过程。因此,"自顶向下"的程序设计方法是一种展开方法,从一个电路系统布尔函数表达式出发到对应的电路系统的实际完成所进行的工作方法也是一种展开方法。"自底向上"的语法分析方法,语义约化方法都是归约方法的实例。读者今后在学习计算科学许多后续课程时,将会遇到和发现更多具体的展开与归约方法。

5. 学好重点核心课程

如前所述,每个学科都有自己的核心概念,而这些核心概念一般都体现在具体的课程中,这些课程就构成本学科的核心课程,它可以是基础课,也可以是专业基础课,也可以是专业课,它构成本专业教学计划核心。由于各个学校各个专业培养目标的不同,核心课程的构成也不一样,每个进入计算机专业的学生,应该注意把握这些核心课程,只有这样才能使自己的学习把握重点。

计算机专业的核心课程有哪些呢?我们在前面介绍过计算机的十四个知识领域,它们就构成了计算机学科的核心知识。如果作一个大致的分类,则可以包括:构造性数学基础(数理逻辑、代数系统、图论、集合论等);计算的数学理论(计算理论、高等逻辑、形式语言与自动机、形式语义学等);计算机组成原理、器件与体系结构(计算机原理与设计、体系结构等);计算机应用基础(算法基础、程序设计、数据结构、数据库基础、微机原理接口技术等);计算机基本应用技术(数值计算、图形学与图像处理、网络、多媒体、计算可视化与虚拟现实、人工智能等);软件基础(高级语言、数据结构、程序设计、变异原理、数据库原理、操作系统原理、软件工程等);新一代计算机体系结构与软件开发方法学(并行与分布式计算机系统、智能计算机系统、软件开发方法学等)。

6. 重视实验课程、明确实验课在计算机学科中的地位,提高专业实践技能

实验课程可分为三类:一类是验证性实验,主要是验证所学知识的正确性,这类实验一般都安排在每门课程的教学中,是由老师设计的针对某个小问题的实验。第二类实验就是综合实验,这类实验有的是针对一门课程的全部内容的,比如在计算图形学教学中,最后一个综合实验就是让同学们设计一个绘图板,这个实验要用到图形学的基本算法点、线、面以及裁剪、填充、颜色等多方面的知识,是对学生本门课程学习的综合提高和考核,它也是实际问题的抽象和简化。有的是一类课程的综合实验,比如网络设计与网站开发实验,就需要用到网络类很多课程的知识。第三类实验就是实践技能培养实验,这类实验主要是毕业设计、毕业实习等环节。

对于一个学习计算机科学的学生,实验课程是必不可少的环节,要给予充分的重视。实验是从理论到实践、从学习到应用的桥梁,也是走向社会,学会解决问题的练习。

1.7　计算机学科特点及基础

1.7.1　计算科学的学科形态与核心概念

每一个学科都有其自身的知识组织结构、学科形态、核心概念和基本工作流程方式。所谓学科形态,是指从事该领域工作的文化方式,即知识体系的表示风格、特点及处理问题的方式等。核心概念是贯穿整个学科领域最基本、最重要的思想、原则、方法、技术过程的知识体现。这些也就构成了这个学科的特点。

1. 学科形态

理论、抽象和设计是计算科学三个基本的学科形态。理论关心的是以形式化方式揭示对象的性质和相互之间的关系。计算科学的理论形态表现在它的数学基础理论和计算科学理论，表现在它广泛采用的数学研究方法、研究内容的构造性数学特征（这些与数学学科的形态有着明显的区别）。它通过对客观现象和规律的数学化、形式化描述，对能行问题及其求解过程进行刻画。一般包含以下四个步骤：

(1)对研究对象的概念抽象（定义）；

(2)假设对象的基本性质和对象之间可能存在的关系（定理）；

(3)确定这些性质和关系是否正确（证明）；

(4)解释结果（与计算机系统或研究对象形成对应）。

抽象关心的是以实验方式揭示对象的性质和相互之间的关系。计算科学的抽象形态，或称模型化，表现在广泛采用实验物理学的研究方法。通过对客观现象和规律的抽象，对客观现象和规律进行描述和刻画。通常采用以下四个步骤：

(1)确定可能世界（环境）并形成假设；

(2)构造模型并做出预言；

(3)设计实验并收集数据；

(4)分析结果。

这个学科形态主要出现在计算科学中与硬件设计和实验有关的研究之中。当计算科学理论比较深奥，理解较为困难时，不少科研人员在大致了解理论、方法和技术的情况下，基于经验和技能常以这种学科形态方式开展工作。

计算科学的第三种形态就是设计，设计关心的是以生产方式对这些性质和关系的一些特定的实现，完成具体而有用的任务，即是对计算科学理论的工程化实现。在计算科学中与硬件、软件、应用有关实现中就广泛的应用这种学科形态。当计算科学理论（包括技术理论）已解决某一问题后，研究人员在正确理解理论、方法和技术的情况下，以这种学科形态方式开展工作十分有效。这种采用工程科学（如建筑工程）的研究方法，包含以下四个步骤：

(1)叙述要求；

(2)给定技术条件；

(3)设计并实现该系统或装置；

(4)测试和分析该系统。

对现实世界中被研究的对象进行抽象，建立必要的基本概念，运用数学工具和方法对其进行基础和应用基础研究，研究（对象）概念的基本性质、概念与概念之间的关系，揭示对象发展变化的内在规律，为实验设计和工程设计实现提供方法和技术，并开展实验和工程设计与实现工作是计算机学科的基本工作方式。其中，抽象（主要指抽象化过程）是理论、抽象和设计三个基本学科形态中最重要的一个形态，它是连接学科科学研究与工程应用开发研究的重要环节。

2. 核心概念

在计算科学的发展中，有一批在各个分支学科中重复出现的概念。它们虽然在各学科中的具体解释在形式上有差异，但相互之间存在着重要的联系。核心概念是计算科学重要思想、原则、方法、技术过程的集中体现，有助于在学科的深层统一认识计算机科学。对核心概念的深入理解和正确拓展与应用的能力，是计算科学家和工程师成熟的标志之一。

核心概念是方法论的重要组成内容，一般具有如下特点：

(1)在本学科的不少分支学科中经常出现,甚至在学科中普遍出现;

(2)在计算科学理论、抽象和设计这三个过程的各个层面上都有许多示例;

(3)在理论上具有可延展和变形的作用,在技术上具有高度的独立性。

下面,我们把计算科学的核心概念大致作一个筛选和分类介绍,便于读者理解。需要指出的是,某一概念划入一个类并不说明它只在一些分支方向有效。本书中我们对核心概念的介绍只列出了名称而未作详细解释,这主要是考虑到刚进入计算机领域的学生在理解上还不具备基础。我们希望,读者在今后的学习中注意这些概念在不同课程中的具体解释,最好能够通过思考,将这些概念串联起来,把自己所学的专业知识尽可能地系统化。

(1)计算模型与能行性

计算模型(Computational Model),可计算性(Computability),计算复杂性(Computational Complexity),最优性(Optimum),相似性与对偶性(Similarity and Duality)。

(2)抽象与构造性描述

论域与计算对象(Domain and Computing Object),枚举(Enumeration)与有穷表示(Finite Representation),分层与抽象的级(Hierarchy and Levels of Abstraction),内涵与外延(Intension and Extension),递归(Recursion),归纳(Induction),自由与约束(Freedom and Restriction)。

(3)系统特征

相容性(Consistency),完备性(Completeness),单调性(Monotonic),透明性(Transparence),容错与安全性(Fault-Tolerance and Security),开放性(Openness),稳定性(Stability),健壮性(Robustness)。

(4)计算方法

折衷(Compromise),分解(Decomposition),集成(Integration),类比(Analogy),推导(Inference or Reasoning),变换(Transformation),扩展(Extension and Expansion)。

(5)实现技术

类型(Type),进程与线程(Process and Thread),顺序与并发(Sequence and Concurrent),软计算结点(Actor);关联(Binding)与实例化(Instantiation),现役(的)(Active),虚拟(的)(Virtual),编码(Coding),模式匹配(Pattern Matching),分权(Branching),合一(或通代)(Unification),循环与迭代(Loop and Iteration),重用(Reuse),协议(Protocol),规范与标准化(Standardization)。

1.7.2 计算科学与其他相关学科的关系

计算科学来源于数学和电子技术,数学与电子科学是计算科学的基础。与数学相比,电子技术基础的重要性不及数学,原因是数学提供了计算科学最重要的学科思想和学科的方法论基础,而电子技术主要是提供了今日计算机的实现技术,它仅仅是对计算科学许多数学思想和方法的一种目前最现实、最有效的实现技术。假如有一天,另外的某一项技术可以更有效地取代电子技术,那么,计算科学的基础是否会发生变化呢? 显然是完全可能的。相比之下,数学由于它为计算科学提供的是最重要的学科思想、技术理论和方法,因此,它的生命力就更长,影响也更深远。

数学是计算科学的基础,其中数理逻辑和代数,更准确地讲构造性数学是计算科学最主要的基础,这是为什么呢? 其理由如下:

从计算模型和可计算性的研究来看,可计算函数和可计算谓词(一种能够判定其真值的断言或逻辑公式)是等价的,相互之间可以转化。这就是说,计算可以用函数演算来表达,也可以用逻辑系统来表达。作为计算模型可以计算的函数恰好与可计算谓词是等价的。而且数理逻辑本身的研究也广泛使用代数方法,同时逻辑系统又能通过自身的无矛盾性保证这样一种计算模型是合理的。

在实际计算机的设计与制造中,使用数字逻辑技术实现计算机的各种运算的理论基础是代数和布尔代数。布尔代数只是在形式演算方面使用了代数的方法,其内容的实质仍然是逻辑。依靠代数操作实现的指令系统具有(原始)递归性,而数字逻辑技术和集成电路技术只是计算机系统的一种产品的技术形式。

从计算机程序设计语言方面考察,语言的理论基础是形式语言、自动机与形式语义学。而形式语言、自动机和形式语义学所采用的主要研究思想和方法来源于数理逻辑和代数。程序设计语言中的许多机制和方法,如子程序调用中的参数代换、赋值等都出自数理逻辑的方法。此外,在语言的语义研究中,四种语义方法最终可归结为代数和逻辑的方法。这就是说,数理逻辑和代数为语言学提供了方法论的基础;

在计算机体系结构的研究中,像容错计算机系统、Transputer 计算机、阵列式向量计算机、可变结构的计算机系统结构及其计算模型等都直接或间接与逻辑与代数密不可分。如容错计算机的重要基础之一是多值逻辑,Transputer 计算机的理论基础是 CSP 理论,阵列式向量计算机必须以向量运算为基础,可变结构的计算机系统结构及其计算模型主要采用逻辑与代数的方法;

从计算机的各种应用程序设计方面考察,任何一个可在存储程序式电子数字计算机上运行的程序,其对应的计算方法首先都必须是构造性的,数据表示必须离散化,计算操作必须使用逻辑或代数的方法进行,这些都应体现在算法和程序之中。此外到现在为止,程序的语义及其正确性的理论基础仍然是数理逻辑,或进一步的模型论。

计算科学还与其他学科有着各种各样的联系,这是需要读者了解的。计算科学可以在几乎所有的学科领域,甚至我们日常生活的各个方面找到应用,原因是计算(作广义理解)确实是人类最基本的智力活动之一。在相当大的领域内,计算科学都已得到广泛的应用,这是计算机具体应用与各个学科之间建立的联系。由于在具体应用中所采用的计算机基本应用技术都是比较成熟的技术,而且在系统的开发和数据处理上还要求研究人员具备本专业领域的知识,因此,计算科学专业人员在计算机具体应用中不具有优势。

除了数学,与计算科学联系最紧密的学科是微电子科学和哲学中的逻辑学。光电子科学、生物科学中的遗传学、行为科学和神经生理学,物理和化学科学中的精细材料科学也对计算科学起着越来越大的作用,例如,在新一代计算机系统的研制中,人们正在考虑使用光电子技术应用于计算机的设计和制造;医学中脑细胞结构、脑神经应激机制的研究,认知心理学的研究,甚至蜜蜂蜂窝结构的研究都在影响着计算科学一些方向的发展,如体系结构、神经元网络计算等。事实证明要将一门科学推向更高的层次和水平,就必须利用其他学科的思想、方法和成果。

这里要特别指出的是对电类基础及计算机硬件的学习,许多学校的信息科学平台课程中,将通讯、自动化的电类基础,计算机硬件的教学给予了较大的比重,故然也有一定的理由。但从计算机科学与技术的发展来看,放在过分重要的位置上加以认识看不一定合适。事实上随着超大规模集成电路技术和体系结构技术的发展,国际上在计算机设计和半导体集成电路设计制造之间已进行了严格的专业分工:计算机的整机设计和体系结构是计算科学的研究对象;而计算机系统各硬件部件的制造则由半导体集成电路或微电子专业的研究对象。这一点从CC2001 所给的核心知识体系中也能看到。

1.8　职业规范和计算机犯罪

社会由公民组成,作为一个公民当然一定要遵守国家的法律,要遵守社会道德规范。法律、道德是保障社会和谐发展的重要法则。社会又是由各种不同的职业人组成,每个职业由于自身的发展规律的不同,又有自身的道德规范。学习计算机的人,要使用、维护、设计、制造计算机,必须了解计算机的职业规范,这样才能更好地为社会服务。那么计算机的职业规范有哪些呢? 通常我们认为分为三个部分,一是使用计算机的规范;二是尊重知识产权、使用合法软件;三是维护计算机安全,规范网络行为。

1.8.1　使用计算机的道德规范

随着计算机的普及,许多工作和公共场所都使用了计算机,在学校也有许多的计算机教室。这些设备方便了人们的生活,也为同学们接受知识、增长技能提供了场所。在公共场所使用计算机一定要有公德意识,自觉地按照法律使用信息技术,自觉地遵守计算机操作的道德规范,进行与信息技术有关的活动。创造一个优雅、安静、卫生的文明环境。

1. 计算机使用环境要求

在使用和管理计算机之前,首先应熟悉所使用计算机的外部环境,包括计算机的电源保护措施、环境温度、环境湿度、洁净程度等。电源一般要有专用电源,如配备稳压电源和不间断电源等,以防止出现电压不稳定或突然停电造成计算机器件的损坏或信息来不及保护而丢失的问题;微型计算机的环境温度一般在 $10℃\sim30℃$ 之间;其相对湿度最高不能超过 80% ;计算机室要保持干净、整洁,防止灰尘,因为灰尘依附在磁盘或磁头上,会引起磁盘的读错误,甚至信息丢失,依附在计算机的其他部件上,会引起部件或器件的短路等问题,使部件或器件损坏。

2. 提倡文明用机,养成良好习惯

第一次开始使用计算机,就要注意养成文明上机的习惯。

(1)注意开关机顺序

开机和关机是我们在使用计算机过程中必不可少的操作。由于计算机在开机和关机时的瞬间冲击电流较大,为防止器件被烧坏,开机时应先给外围设备加电,然后再给主机加电;关机时应先关掉主机的电源,再关外围设备。保证每一次开机与关机的时间间隔至少要 10 秒钟。

(2)自觉遵守计算机使用管理制度

自觉遵守计算机使用管理制度,严格按照规定的要求进行操作。具体操作中应注意以下几个问题:

①如果发现计算机上已有计算机病毒时,应及时报告,以及时清除病毒,以防扩散、传染给他人的机器,造成不必要的损失;

②不要随意更改和删除系统中的文件或数据,这些文件或数据或许是计算机系统正常工作的必需文件,或许是他人的文件,删除这些文件有可能导致系统不能正常启动,甚至系统瘫痪;而他人的文件可能是有用的文件,如果删除,别人就无法工作,给人造成很大损失;

③Windows 操作系统中有很多图片,这些图片在必须使用时再去使用,严禁在 Windows 操作时散布一些内容不健康的图片或不文明的言语;在屏幕保护程序中不要写一些不文明的、有悖于我们文明社会的言词,不要随意设置屏幕保护口令。

1.8.2　尊重知识产权,使用合法软件

1990 年 9 月,我国颁布了《中华人民共和国著作权法》,把计算机软件列为享有著作权保护的作品;1991 年 6 月,颁布了《计算机软件保护条例》,规定计算机软件是个人或者团体的智力产品,同专利、著作一样受法律的保护任何未经授权的使用、复制都是非法的,按规定要受到法律的制裁。因此,我们在使用计算机软件或数据时,应遵照国家有关法律规定,尊重其作品的版权,这是使用计算机的基本道德规范。如果未经原著作者同意,随意进行软件拷贝使用,就构成侵犯了别人的知识产权,触犯了"著作权法",要受到民事或刑事的惩罚。软件的合法使用权一般通过下列渠道获得:

1. 购买合法软件

购买合法软件是获得软件使用权的常见渠道,你从软件厂家购买了软件,就意味着你具有了此软件的合法使用权,但在没有授权的情况下,不能对该软件进行拷贝扩散。

2. 免费、授权软件

很多由政府行为补助设计的软件,直接可供各用户免费使用,如计算机辅助教学软件等;另外,购买计算机时,计算机商直接给用户提供的所有随机软件资料;还有一些软件商为了推广其软件,免费提供的试用软件;互联网上也有很多软件公司研制的推广或推销自己设计的软件的站点,通过这些站点可以大量获得免费的软件资料,但这些软件一般都是还未上市的测试软件,使用中可能有使用期限等方面的限制,要获得具有版权的软件,还需等到正式软件上市后购买。上述软件均属合法软件。

3. 共享软件

通过互联网发布的一些软件,用户可上网直接下载,免费使用。

1.8.3　维护计算机安全,规范网络行为

计算机安全是指计算机信息系统的安全。计算机信息系统是由计算机及其相关的和配套的设备、设施(包括网络)构成的,计算机信息系统安全主要包括实体安全,运行安全,信息安全,人员安全,其中人员安全是计算机信息系统安全工作的核心因素。

实体安全是指为了保证计算机信息系统安全可靠运行,确保计算机信息系统在对信息进行采集、处理、传输、存储过程中,不至于受到人为或自然因素的危害,导致信息丢失、泄漏或破坏,而对计算机设备、设施、环境人员等采取适当的安全措施。

运行安全就是要确保计算机安全运行。这方面的技术主要有风险分析、审计跟踪技术、应急技术和容错存储技术。

信息安全技术是指信息本身安全性的防护技术,以免信息被故意地和偶然地破坏。主要有以下几个安全防护技术:加强操作系统的安全保护;数据库的安全保护;访问控制:限制合法进入系统用户的访问权限;密码技术:密码技术是对信息直接进行加密的技术,是维护信息安全的有力手段。

维护计算机的安全,除了系统地在技术上实现安全保护,也要从职业道德的角度实现计算机的安全,要规范自己的行为。我们认为要从以下几个方面入手:

（1）不要蓄意破坏和损伤他人的计算机系统设备及资源。

（2）不要制造病毒程序，不要使用带病毒的软件，更不要有意传播病毒给其他计算机系统（传播带有病毒的软件）。

（3）要采取预防措施，在计算机内安装防病毒软件；要定期检查计算机系统内文件是否有病毒，如发现病毒，应及时用杀毒软件清除。

（4）维护计算机的正常运行，保护计算机系统数据的安全。

（5）被授权者对自己享用的资源负有保护责任，口令密码不得泄露给外人。

（6）任何单位和个人不得利用国际互联网制作、复制、查阅和传播下列信息：

①煽动抗拒、破坏宪法和法律、行政法规实施的；

②煽动颠覆国家政权，推翻社会主义制度的；

③煽动分裂国家、破坏国家统一的；

④煽动民族仇恨、破坏国家统一的；

⑤捏造或者歪曲事实，散布谣言，扰乱社会秩序的；

⑥宣言封建迷信、淫秽、色情、赌博、暴力、凶杀、恐怖，教唆犯罪的；

⑦公然侮辱他人或者捏造事实诽谤他人的；

⑧损害国家机关信誉的；

⑨其他违反宪法和法律、行政法规的。

上述关于使用计算机的道德规范，只是针对目前我们使用计算机的现状来提出的，随着社会文明程度的不断提高、计算机应用技术的不断成熟，以计算机为核心的信息处理和信息管理的范围逐渐扩大，对信息安全和使用计算机的道德规范的标准也会逐渐提高。因此，信息技术的教育不仅要提高整个人类的教育水平，更要从开始树立起信息安全和信息保护的观念，提高国民的精神文明程度，防止利用计算机破坏我们的生活甚至犯罪的事情发生。

习题一

1. 世界上第一台电子计算机是哪一年发明制造的？在结构上有什么特点？

2. 简述图灵和冯·诺伊曼对计算机学科的主要贡献。

3. 计算机的发展经历了几个时代？每个时代的主要特点是什么？

4. 简述中国计算机发展历程。列举几个最新的成就。

5. 查找资料，举例说明图灵机的功能和工作方式。

6. 计算学科的定义是什么？计算机科学与技术研究的领域是什么？

7. 信息化社会对计算机人才的素质和知识结构有哪些需求？

8. 计算机学科有哪些知识领域？谈谈自己喜欢的领域是什么？制定一个学习规划。

第 2 章

数据的表示

从抽象的意义看,数据(data)是对客观事物的符号表示,是用于表示客观事物的未经加工的原始素材,如图形符号、数值、字母等。在计算机科学中数据是指所有能输入计算机并被计算机程序处理的符号的介质的总称。那么数据有哪些类型?哪些数据能够转化输入到计算机? 计算机是如何处理这些数据?本章将主要讨论不同类型的数据,以及它们是如何在计算机中表示的。

2.1　数据类型

计算机最基本的功能是进行数据的计算和处理加工。数据有两种形式,一种是数值数据,如+12、-18.6;另一种是非数值数据,如各种字母、符号、声音、图像等。早期,计算机所处理的数据几乎都是数值或文本,但近些年来也可以处理各类多媒体的数据,如音频、视频、图形和图像。

图 2.1　不同类型的数据

2.2　二进制表示法

人们习惯把计算机的处理过程想象成非常复杂,而事实是这种机器基本上只认识两件事:"通(on)"与"断(off)"。所有的数据和指令在计算机内部都是用二进制(binary)代码表示的,这是由计算机电路所采用的物理器件决定的。计算机中采用了具有两个稳定状态的二值电路,二值电路只能代表两个数码:低电位表示数码"0",高电位表示数码"1"。计算机采用统一的数据表示法来表示所有的数据类型,数据经过转换存入计算机,取出时从计算机还原输出,这种格式称为二进制编码。

2.2.1　数制的概念

数制也称为计数制,是计数的方法,即采用一组计数符号(称为数符或数码)的组合来表示任意的一个数。在进位计数法中,数码序列中某一个数码所代表的数值大小与它在该数码中所处的位置有关。例如,十进制数"99"中有两个"9",但这两个"9"的大小却不一样。处于个位上的"9"表示的数值大小为 9,而处于十位上的"9"表示的数值大小为 90。

在学习数制的过程中,"基数(base)"和"位权(weight)"是我们必须要掌握的两个基本术语。

(1)基数

在任何一种计数制中,所使用的数码个数总是一定的、有限的。例如在十进制计数制中,使用 0,1,2,…,9 十个数码。我们把一种计数制中所使用的数码个数称为该计数法的基数,因此十进制数的基数就是 10。

(2)位权

在任意一个数码序列中,每一个数位上的数码所表示的数制大小等于该数码自身的值乘以与该数位相应的一个系数,如十进制数 99 中,十位上的 9 表示的数值为 9×10^1,个位上的 9 表示的数值为 9×10^0。这里,10 的各次幂为相应数位的位权,简称"权"。

常用计数制有:

1. 十进制数

十进制数的基数为 10,它有 10 个数码 0、1、2、…、9,超过 9 的数必须用多位数表示,其中低位数和相邻高位数之间的关系是"逢十进一、借一当十"。一个十进制数各位的权是以 10 为底的幂。例如:

$$534.25=5\times10^2+3\times10^1+4\times10^0+2\times10^{-1}+5\times10^{-2}$$

一般地说,任意一个十进制数 N,都可以表示成:

$$N=K_{n-1}\times10^{n-1}+K_{n-2}\times10^{n-2}+\cdots+K_0\times10^0+K_{-1}\times10^{-1}+\cdots+K_{-m}\times10^{-m}$$

或:

$$N=\sum_{j=-m}^{n-1}K_j\times10^j$$

其中 K_j 是第 j 位的系数,它可能是 0~9 十个数码中的任意一个。若整数部分的位数是 n,小数部分的位数是 m,则 j 包含从 $n-1$ 到 0 的所有正整数和从 -1 到 $-m$ 的所有负整数。

2. 二进制数

二进制数的基数为 2,只有 2 个数码 0、1,"逢二进一、借一当二"。一个二进制数各位的权是以 2 为底的幂。例如:

$$(101.101)_2=1\times2^2+0\times2^1+1\times2^0+1\times2^{-1}+0\times2^{-2}+1\times2^{-3}$$

任意一个二进制数 N,可以表示成:

$$N=K_{n-1}\times2^{n-1}+K_{n-2}\times2^{n-2}+\cdots+K_0\times2^0+K_{-1}\times2^{-1}+\cdots+K_{-m}\times2^{-m}$$

或:

$$N=\sum_{j=-m}^{n-1}K_j\times2^j$$

3. 八进制数

八进制数的基数为 8,它有 8 个数码 0、1、2、…、7,"逢八进一、借一当八"。一个八进制数各位的权是以 8 为底的幂。例如:

$$(237.65)_8=2\times8^2+3\times8^1+7\times8^0+6\times8^{-1}+5\times8^{-2}$$

与前两者类似,任意一个八进制数 N,可以表示成:

$$N = K_{n-1} \times 8^{n-1} + K_{n-2} \times 8^{n-2} + \cdots + K_0 \times 8^0 + K_{-1} \times 8^{-1} + \cdots + K_{-m} \times 8^{-m}$$

或：

$$N = \sum_{j=-m}^{n-1} K_j \times 8^j$$

4. 十六进制数

十六进制数的基数为 16，它有 16 个数码 $0,1,2,\cdots,9,A,B,C,D,E,F$，"逢十六进一、借一当十六"。这里，用符号 A 表示十进制中的 10，B 表示十进制中的 11，$\cdots$，F 表示十进制中的 15。一个十六进制数各位的权是以 16 为底的幂。例如：

$$(7AB.1F)_{16} = 7 \times 16^2 + A \times 16^1 + B \times 16^0 + 1 \times 16^{-1} + F \times 16^{-2}$$

所以，任意一个十六进制数 N，可以表示成：

$$N = K_{n-1} \times 16^{n-1} + K_{n-2} \times 16^{n-2} + \cdots + K_0 \times 16^0 + K_{-1} \times 16^{-1} + \cdots + K_{-m} \times 16^{-m}$$

或：

$$N = \sum_{j=-m}^{n-1} K_j \times 16^j$$

在书写时，往往用圆括号外的下标值（如 10、2、8、16）表示该括号内的数是哪一个进位制的，或在数的最后加上字母 D（十进制）、B（二进制）、O（八进制）、H（十六进制）来区分其前面的数是属于哪种进位制的。

2.2.2　二进制运算

1. 算术运算

二进制数可以作算术运算和逻辑运算。算术运算包括加、减、乘、除，具体规则如下：

加法：$0+0=0$　　　$1+0=1$　　　$0+1=1$　　　$1+1=0$（有进位）

减法：$0-0=0$　　　$1-0=1$　　　$1-1=0$　　　$0-1=1$（需要借位）

乘法：$0 \times 0=0$　　　$1 \times 0=0$　　　$0 \times 1=0$　　　$1 \times 1=1$

除法：$0 \div 1=0$　　　$1 \div 1=1$

2. 逻辑运算

逻辑运算包括与、或、非 3 种基本运算和异或运算，具体规则如下：

或运算（$\vee$）：$0 \vee 0=0$　　　$1 \vee 0=1$　　　$0 \vee 1=1$　　　$1 \vee 1=1$

与运算（$\wedge$）：$0 \wedge 0=0$　　　$1 \wedge 0=0$　　　$0 \wedge 1=0$　　　$1 \wedge 1=1$

非运算（!）：! $0=1$　　　　　! $1=0$

异或运算（$\oplus$）：$0 \oplus 0=0$　　　$0 \oplus 1=1$　　　$1 \oplus 0=1$　　　$1 \oplus 1=0$

即相同为 0，不同为 1

3. 应用

在计算机编程和外部硬件设备控制的时候，常常需要把某个字节的某位或某几位置 1 或 0，在这个时候可以灵活使用二进制的逻辑运算来实现。

例 2.1　有一个字节的二进制数据 10001010B，请完成如下操作：

1. 把其第 3 位和第 4 位置 1，其他位保持不变（最右边为第 1 位）。

2. 把其第 8 位和第 4 位置 0，其他位保持不变（最右边为第 1 位）。

答　第①题，可以通过如下逻辑运算解决：

$$\begin{array}{r} 1000\ 1010 \\ \lor\quad 0000\ 1100 \\ \hline 1000\ 1110 \end{array}$$

第②题,可以通过如下逻辑运算解决:

$$\begin{array}{r} 1000\ 1010 \\ \land\quad 0111\ 0111 \\ \hline 0000\ 0010 \end{array}$$

由例 2.1 我们可以得出:

- 如果对于需要某些位置 1,使用"或"运算,并把需要操作的对应位置 1,其余位置 0。
- 如果对于需要某些位置 0,使用"与"运算,并把需要操作的对应位置 0,其余位置 1。

思考　要完成第 3 位和第 4 位置反,其他位保持不变该如何做?

2.2.3　二进制数的存储

二进制数通常在计算机中储存的数据单位称为比特(Bit)。比特是计算机中存储数据的最小单位,一位表示一个二进制信息 0 或者 1,即表示两种状态中的一种,如开关是合还是开,习惯上 1 表示开关合起来。计算机中是通过半导体器件的"导通"和"截止"来表示每个位上存放的是 0 还是 1。

在现实中如何用二进制位表示具体的事物呢?比如我们要表示"把食物分成甜和不甜两类"这件事情。我们用 1 表示甜,0 表示不甜,那么我们仅用一个位就可以表示。但是如果还需要分成辣和不辣,很明显无法用一位来完成表示了,我们可以采用表 2.1 的方式来完成表示。

表 2.1　二进制位表示具体的事物的状态

位表示	对应的实际情况
00	不甜、不辣
01	不甜、辣
10	甜、不辣
11	甜、辣

思考　如果该食物还有咸/不咸的状态需要考虑,那么该如何表示?

2.2.4　字节

实际上计算机对数据的表示,都是用字节(Byte)进行的,一个字节有 8 个位组成,字节是计算机数据处理的基本单位。通常一个字节可以存放一个 ASCII 码如一个英文字母"A",两个字节可以存放一个汉字内码。

在计算机中,还有以下几个经常使用的度量单位:KB、MB、GB、TB。

$$1KB = 2^{10}Byte = 1024Byte$$

$$1MB = 2^{10}KB$$

$$1GB = 2^{10}MB$$

$$1TB = 2^{10}GB$$

2.3　数制之间的转换

虽然在计算机中采用二进制代码表示各种数据,但是日常生活中人们习惯采用十进制(decimal)方式。在计算机程序编写中,还会用到八进制(octal)或十六进制(hexadecimal)。下面就介绍几种常用的数制之间相互转换的问题。

2.3.1　二进制、八进制、十六进制转换为十进制

按权展开即可,方法见2.2.1。

2.3.2　十进制数转换为二进制数

整数部分:"除2取余"法,即逐次除以2,直至商为0,得出的余数即为二进制数各位的数码。比如把十进制数37转换为二进制的具体操作如图2.2。

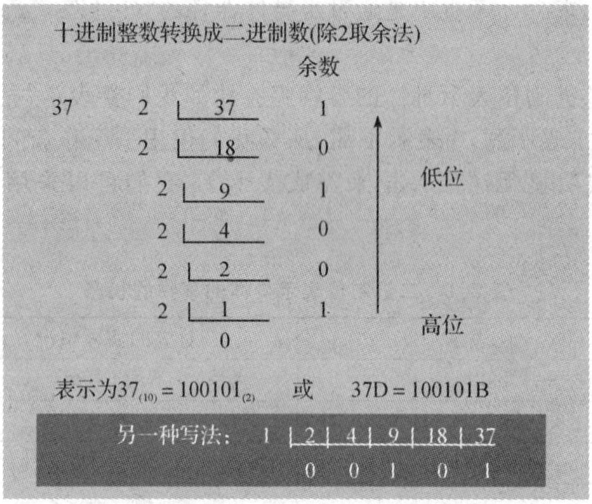

图2.2　十进制37转换为二进制的过程

"除2取余"法确实能解决十进制数转换为二进制数的问题,因此在计算机中常常使用此法来实现转换,但对于人工计算稍嫌麻烦。为加快人工计算速度,计算机专业人士还有一种转换方法——凑数法,适用于小于256的十进制转换为二进制,当然如果你的口算能力强的话,更大的数乃至四位数或者五位数也同样可以转换,其转换思想如下:

- 记住1,2,4,8,16,32,64,128这几个数,其实就是2^n($n=0,1,2,3,4,5,6,7$)。
- 用以上的各数相加来凑某个十进制整数,凑数原则:大数优先,并且每个数只能用一次。

对于图2.2的例子,我们可以列出以下的凑数式子$37=32+4+1=2^5+2^2+2^0$,这个结果根据二进制的位权就很容易转换成二进制数100101B。

再举些例子:

$$192=128+64=1100\ 0000B$$
$$133=128+4+1=1000\ 0101B$$

小数部分:"乘2取整"法,即逐次乘以2,从每次乘积的整数部分得到二进制数各位的数

码。十进制小数 0.34375 转换为二进制的具体操作如图 2.3。

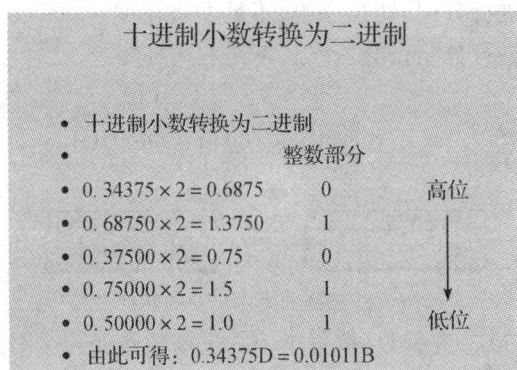

图 2.3 十进制小数 0.34375 转换为二进制的过程

注意：

• 一个有限的十进制小数并非一定能够转换成一个有限的二进制小数，即上述过程中乘积的小数部分可能永远不等于 0，可按要求进行到某一精确度为止。

• 如果一个十进制数既有整数部分，又有小数部分，则可将整数部分和小数部分分别进行转换，然后再把两部分结果合并起来。

同样的"乘 2 取整"法也有对应的凑数法，其转换思想如下：

• 记住 0.5、0.25、0.125、0.0625 这几个数，其实就是 2^n（$n=-1$、-2、-3、-4）。

• 用以上的各数相加来凑某个十进制小数，凑数原则：大数优先，并且每个数只能用一次。

对于如图 2.3 所示的十进制小数 0.34375 采用凑数法并不方便，但是对于 4 位小数内的能完全转换为二进制的十进制小数来说却是简便的，如 $0.75=0.5+0.25=2^{-1}+2^{-2}$，这个结果根据二进制的位权就很容易转换成二进制数 0.11B。

再举些例子：

$$0.875=0.5+0.25+0.125=0.111B$$
$$0.5625=0.5+0.0625=0.1001B$$
$$0.8125=0.5+0.25+0.0625=0.1101B$$

2.3.3 二进制数与十六进制数的转换

每个十六进制数能表示成 4 个二进制数，4 个二进制数也能被一个十六进制数表示，表 2.2 给出了二进制数和十六进制数之间的关系。

表 2.2 二进制数和十六进制数的关系

二进制数	十六进制数	二进制数	十六进制数
0000	0	1000	8
0001	1	1001	9
0010	2	1010	A
0011	3	1011	B
0100	4	1100	C
0101	5	1101	D
0110	6	1110	E
0111	7	1111	F

对于二进制数按以下方法转换成十六进制数。

整数部分:从右向左进行分组,四位一组,不足左边补零

小数部分:从左向右进行分组,四位一组,不足右边补零。

具体操作如图2.4:

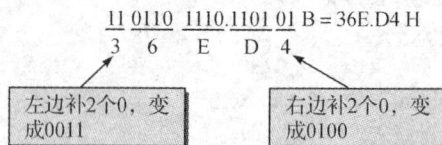

$$\underline{11}\ \underline{0110}\ \underline{1110}.\underline{1101}\ \underline{01}\ B = 36E.D4\ H$$
$$\ \ \ 3\ \ \ \ \ 6\ \ \ \ \ E\ \ \ \ \ \ D\ \ \ \ 4$$

左边补2个0,变成0011   右边补2个0,变成0100

图2.4 二进制到十六进制的转换过程

对于十六进制数转换成二进制数,按每个十六进制数转成4个二进制数从左到右进行,最后去掉多余的"0"。

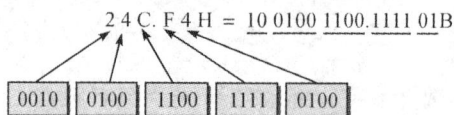

$$2\ 4\ C.\ F\ 4\ H\ =\ \underline{10}\ \underline{0100}\ \underline{1100}.\underline{1111}\ \underline{01}B$$

0010 0100 1100 1111 0100

图2.5 十六进制到二进制的转换过程

2.3.4 二进制数与八进制数的转换

每个八进制数能表示成3个二进制数,3个二进制数也能被一个八进制数表示,表2.3给出了二进制数和八进制数之间的关系。

表2.3 二进制数和八进制数的关系

二进制数	八进制数	二进制数	八进制数
000	0	100	4
001	1	101	5
010	2	110	6
011	3	111	7

对于二进制数按以下方法转换成八进制数。

整数部分:从右向左进行分组,三位一组,不足左边补零

小数部分:从左向右进行分组,三位一组,不足右边补零。

具体操作如图2.6:

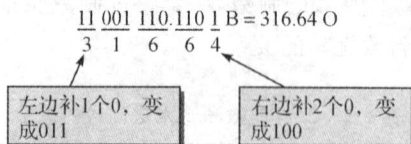

$$\underline{11}\ \underline{001}\ \underline{110}.\underline{110}\ \underline{1}\ B = 316.64\ O$$
$$\ \ 3\ \ \ \ 1\ \ \ \ 6\ \ \ \ 6\ \ \ 4$$

左边补1个0,变成011   右边补2个0,变成100

图2.6 二进制到八进制的转换过程

对于八进制数转换成二进制数,按每个八进制数转成3个二进制数从左到右进行,最后去掉多余的"0"。

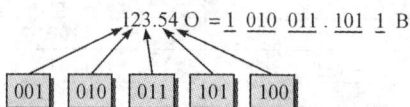

$$123.54\ O\ =\ \underline{1}\ \underline{010}\ \underline{011}.\underline{101}\ \underline{1}\ B$$

001 010 011 101 100

图2.7 八进制到二进制的转换过程

2.3.5　八进制与十六进制的转换

八进制与十六进制之间不能直接进行转换,一般先把八进制(十六进制)转换成二进制,然后转换成十六进制(八进制)。

例 2.2　计算机中地址的概念是内存各存储单元的编号,现有一个 32KB 的存储器,用十六进制对它进行编码,则编号可从 0000H 到 _____ H。

A. 32767　　　　　　　　B. 7FFF　　　　　　　C. 8000　　　　　　　D. 8EEE

答　正确答案 B。

关于内存地址的题目有 3 种不同的出题方法:

① 已知存储容量、首地址,求末地址。

② 已知存储容量、末地址,求首地址。

③ 已知首、末地址,求存储容量。

对于这 3 个问题可以用统一的公式来表示,即:存储容量＝末地址－首地址＋1。

对于本题,变换公式为:末地址＝存储容量＋首地址－1。具体计算如下:

第一种方法,利用二进制和十六进制的位权进行计算(注意千万不要转换成十进制进行计算,这样计算量将很大):末地址 $= 32KB + 0000H - 1 = 2^5 \times 2^{10} - 1 = 2^{15} - 1 = 8 \times 16^3 - 1 = 8000H - 1 = 7FFFH$。

第二种方法,直接进行十六进制的运算,并记住 1KB＝400H,4KB＝1000H 两个结果,那么 32KB 是 8 个 4KB,即 32KB＝8×1000H＝8000H,末地址＝8000H－1＝7FFFH。

2.4　数值数据的表示

数值是计算机系统中最常用的数据类型,由于二进制本身就是一个数,所以在数值信息和计算机存储中表示它们的二进制数值之间有自然对应的关系。

2.4.1　数的机器码表示

一个数除了其绝对值外,还有正负号的问题,由于计算机内部采用二进制,只能采用 0 或 1 来表示正负,而不能采用通常我们数学中所使用的"＋"、"－"号。计算机发展历史中出现过很多种数编码方案,主要有:原码、反码和补码,现在计算机基本上采用补码。

这三个方案中,都将最高位作为符号位,其中 0 表示正,1 表示负。

1. 原码

最高位为符号位,其余为数值位,数值部分用二进制数的绝对值来表示。

如＋57 和－57 的原码表示如下:(用 8 位来表示)

$$[+57]_原 = 00111001B \quad [-57]_原 = 10111001B$$

注意:按照原码定义,在原码中 0 有两种表示方式:

$$[+0]_原 = 00000000B \quad [-0]_原 = 10000000B$$

并且我们发现＋57 和－57 的原码和为 11110010B,并非 0 的两种表示方法中的其中一种。因此原码的运算逻辑将会很复杂,一般不常使用。

2.反码

正数的反码与原码相同;负数的反码符号位为 1,然后将原码的数值位各位取反。

如+57 和−57 的反码表示如下:(用 8 位来表示)

$$[+57]_反 = 00111001B \quad [−57]_反 = 11000110B$$

注意:按反码定义,在反码中 0 也有两种表示方式:

$$[+0]_反 = 00000000B \quad [−0]_反 = 11111111B$$

反码中+57 和−57 的和为 11111111B,情况要比原码好些。

3.补码

对于补码概念的理解我们可以用钟表校对时间为例进行说明。假设现在的标准时间为 4 点正;而有一只表已经 7 点了,为了校准时间,可以采用两种方法:

(1)将时针退 7−4=3 格;

(2)将时针向前拨 12−3=9 格。

这两种方法都能对准到 4 点,由此可以看出,减 3 和加 9 是等价的,就是说 9 是(−3)对 12 的补码,可以用数学公式表示

$$−3 = +9(\text{mod } 12)$$

mod 12 的意思就是 12 模数,这个"模"表示被丢掉的数值。上式在数学上称为同余式。

上例中之所以 7−3 和 7+9(mod 12)等价,原因就是表指针超过 12 时,将 12 自动丢掉,最后得到 16−12=4。从这里可以得到一个启示,就是负数用补码表示时,可以把减法转化为加法。这样,在计算机中实现起来就比较方便。

补码的具体编码方案:正数的补码与原码相同;负数的补码符号位为 1,然后将原码的数值位各位取反后最低位加 1。

如+57 和−57 的补码表示如下:(用 8 位来表示)

$$[+57]_补 = 00111001B \quad [−57]_补 = 11000111B$$

注意:在补码中 0 只有一种形式

$$[+0]_补 = 00000000B \quad [−0]_补 = 00000000B$$

补码中+57 和−57 的和为 00000000B,解决了原码和反码中存在的问题。采用补码的好处在于当需要两数相减时可以转换成加其负数来完成,可使运算逻辑简化。

2.4.2　数据格式

1.定点数的表示方法

约定机器中所有数据的小数点位置是固定不变的。由于约定在固定的位置,小数点就不再使用记号"."来表示。通常将数据表示成纯小数或纯整数。

目前计算机中多采用定点整数表示,因此将定点数表示的运算简称为整数运算。

2.浮点数的表示方法

电子的质量($9×10^{−28}$克)和太阳的质量($2×10^{33}$克)相差甚远,在定点计算机中无法直接来表示这个数值范围。要使它们送入定点计算机进行某种运算,必须对它们分别取不同的比例因子,使其数值部分绝对值小于 1,即:

$$9×10^{−28} = 0.9×10^{−27}$$
$$2×10^{33} = 0.2×10^{34}$$

这里的比例因子 10^{-27} 和 10^{34} 要分别存放在机器的某个存储单元中,以便以后对计算结果按这个比例增大。显然这要占用一定的存储空间和运算时间。

因此得到浮点表示法如下:把一个数的有效数字和数的范围在计算机的一个存储单元中分别予以表示,这种把数的范围和精度分别表示的方法,数的小数点位置随比例因子的不同而在一定范围内自由浮动。

任意一个十进制数 N 可以写成

$$N = 10^e \times M$$

同样,在计算机中一个任意进制数 N 可以写成

$$N = R^e \times M$$

M:尾数,是一个纯小数。

e:比例因子的指数,称为浮点数的指数,是一个整数。

R:比例因子的基数,对于二进计数值的机器是一个常数,一般规定 R 为 2,8 或 16。

一个机器浮点数由阶码和尾数及其符号位组成(尾数:用定点小数表示,给出有效数字的位数决定了浮点数的表示精度;阶码:用整数形式表示,指明小数点在数据中的位置,决定了浮点数的表示范围)。

为便于软件移植,按照 IEEE754 标准,32 位浮点数和 64 位浮点数的标准格式如表 2.4 所示(R 取值为 2)。

表 2.4　IEEE754 标准中 32 位浮点数和 64 位浮点数的标准格式

32 位浮点数	S(符号位)	E(阶码)	M(尾数)
	1 位	8 位	23 位
64 位浮点数	S(符号位)	E(阶码)	M(尾数)
	1 位	11 位	52 位

由于 IEEE754 标准的浮点数转换成其真值的过程中需要用到移码以及尾数规格化的知识,本书对此不做介绍。

2.5　文本信息的表示

一个文本文档,我们可以分解为段落、句子、词,到最终一个一个的字符,那么存在哪些不同的字符呢? 在英语中,有大小写字母共 52 个,10 个数字符号(0,1,2,…,9),以及标点符号(.?:;! 等),另外还有一些符号如空格、换行、制表符等用于文本的对齐和可读性。

如果我们同时考虑到非英语环境,比如中文,所需要表示的字符数将迅速增长,因为每个汉字就是一个字符。

在计算机中为表示这些字符,出现了很多种编码方案,或者又称字符集,表 2.5 列出了国内常见的几种字符集。

表 2.5　ASCII 字符集

b3 b2 b1 b0 ＼ b6 b5 b4	000	001	010	011	100	101	110	111
0 0 0 0	NUL	DC0	SP	0	@	P	—	p
0 0 0 1	SOH	DC1	!	1	A	Q	a	q
0 0 1 0	STX	DC2	"	2	B	R	b	x
0 0 1 1	ETX	DC3	#	3	C	S	c	s
0 1 0 0	EOT	DC4	$	4	D	T	d	t
0 1 0 1	ENQ	NAK	％	5	E	U	e	u
0 1 1 0	ACK	SYN	&.	6	F	V	f	v
0 1 1 1	BEL	ETB	'	7	G	W	g	w
1 0 0 0	BS	CAN	(	8	H	X	h	x
1 0 0 1	HT	EM	)	9	I	Y	i	y
1 0 1 0	LF	SUB	*	:	J	Z	j	z
1 0 1 1	VT	ESC	+	;	K	[	k	{
1 1 0 0	FF	FS	,	<	L	\	l	|
1 1 0 1	CR	GS	—	=	M	]	m	}
1 1 1 0	SO	RS	·	>	N	↑	n	~
1 1 1 1	SI	US	/	?	O	←	o	DEL

2.5.1　ASCII 字符集

ASCII 的全称为美国标准信息交换码(American Standard Code for Information Interchange)。最初,ASCII 字符集用 7 位表示每个字符,这样总共可以表示 2^7 即 128 个字符,每个字节的第 8 位最初用作校验位,用于检测数据传输正确与否。表 2.5 列出了完整的 ASCII 字符集,b6b5b4 为 ASCII 的高 3 位,b3b2b1b0 为 ASCII 的低 4 位。

由于标准的 ASCII 字符集只有 128 个字符,在很多实际应用中无法满足要求,就又制定了扩展 ASCII 码,统一使用一个字节(即 8 位)来表示一个字符,这样在扩展 ASCII 码中总共可以表示 2^8 即 256 个字符。

2.5.2　汉字字符集

ASCII 字符集虽然能足够表示英文,但是对汉字的表示却无能为力。目前汉字的总数超过 6 万字,并且字型复杂、同音字多、异体字多,在计算机发展早期汉字在计算机内的表示是一个巨大的问题。

1.GB2312-80 字符集

它是我国 1981 年颁布的一个国家标准——信息交换用汉字编码字符集·基本集,简称国标字符集,其编码称为国标码。国标码由两个字节构成,最高位均为 0。在国标码的字符集中收录了一级汉字 3755 个(最常用汉字,用汉语拼音排序),二级汉字 3008 个(次常用汉字,用偏旁部首排序),各种符号 682 个,合计 7445 个。

2.区位码

GB2312 字符集构成一个二维平面,有 94 行 94 列构成,其中行称为区号,列称为位号。每个汉字或符号都有唯一的区号和位号,将区号和位号放一起构成了区位码。

区位码与国标码之间的关系:

国标码首字节＝区号＋20H

国标码尾字节＝位号＋20H

3. 汉字机内码

计算机系统中用来表示中文或西文信息的代码称为机内码。汉字机内码也用连续的两个字节表示,那么有两个字节的字符,怎么区分它是两个 ASCII 字符还是一个汉字呢? 为解决这个问题,采用的方法是将国标码的两个字节的最高位通过一定规则都置为 1,这样就可以将一个双字节的汉字和两个单字节的 ASCII 字符(标准 ASCII 字符最高位为 0)区分开了。

汉字机内码与国标码的关系为:

汉字机内码首字节＝国标码首字节＋80H

汉字机内码尾字节＝国标码尾字节＋80H

例 2.3　"文"在汉字的区位码为 4636,区码 46 和位码 36 分别用十六进制数表示为 2EH 和 24H,即为 2E24H(二进制数 0010 1110 0010 0100),求"文"的国标码和机内码。

答　转换成国标码就是:

$$2E24H＋2020H＝4E44H$$

再转换为机内码是:

$$4E44H＋8080H＝CEC4H$$

其中 CEH 为机内码的高位字节,C4H 为机内码的低位字节。

表 2.6　汉字"文"的各种编码

汉字	区位码	区位码转换为 16 进制数表示	国标码	机内码
文	4636	2E24H	4E44H	CEC4H

小知识:

在 Windows 系统中我们可以直接通过 ALT＋小键盘输入机内码,显示出对应的字符。比如 ALT＋65 就是"A",ALT＋97 就是"a",例 2.3 中的"文",可以使用 ALT＋52932(即 CEC4H 对应的十进制数)。

4. GB18030 字符集

由于 GB2312 表示的汉字有限,因此一些生僻字无法用它表示。随着计算机应用的普及,这个问题日益突出,国家标准 GB18030—2000——信息交换用汉字编码字符集·基本集的扩充的推出解决了这些问题。

GB18030—2000 编码标准是由信息产业部和国家质量技术监督局在 2000 年 3 月 17 日联合发布的,并且将作为一项国家标准在 2001 年的 1 月正式强制执行。共收录了 27533 个汉字。

GB18030—2005《信息技术中文编码字符集》是我国自主研制的以汉字为主并包含多种我国少数民族文字(如藏、蒙古、傣、彝、朝鲜、维吾尔文等)的超大型中文编码字符集强制性标准,其中收入汉字 70000 余个。

5. Unicode 字符集

随着互联网的发展,进行数据交换的需求越来越大,不同的字符集成为信息交换的障碍,于是产生了 Unicode 字符集。

Unicode 字符集的创建者的目标是表示世界上使用的所有语言中的所有字符,包括亚洲的表意字符如中文、韩文、日文,此外还表示了许多专用符号如科学符号。为实现这个目标 Unicode 用数字 0～0x10FFFF 来映射这些字符,最多可以容纳 1114112 个字符。

现在 Unicode 字符集由于其通用性大受欢迎,许多程序设计语言和计算机系统采用它来表示字符,当然 Unicode 本身仍在不断发展中。

6. 汉字字库

汉字信息存储在计算机中采用机内码,但是输出时必须转换成字形码,以人们熟悉的汉字字库输出才有意义。因此对于每个汉字,都要有对应的字的模型存储在计算机中,字模的集合就构成了字库。汉字输出过程是:先根据机内码在字库中找到对应的字模,然后根据字模输出汉字。

构造汉字字模的两种方法:向量法(或称为矢量法)和点阵法。

向量法:将汉字分解成笔画,每个笔画用一段直线(向量)来近似的表示,这样每个字形都可以变成一连串的向量。

点阵法:所构成的汉字称为“字模点阵码”,每个汉字以点阵形式存储,有点的地方存储“1”,空白的地方存储“0”。如图 2.8 所示,在 64×64 的方格上给出了“汉”的点阵表示,为表示“汉”字,每行 64 位,即 8 个字节,共 64 列,共需要 8×64＝512 字节。

如果用 16×16 点阵表示一个汉字,需要 32 个字节,称为 32 字节码;24×24 点阵表示一个汉字,需要 72 个字节,称为 72 字节码。

点阵的规模越大,每个汉字存储的字节数需要得越多,字库也就越大,但是同时字形的分辨率越好,字形也越美观。因此我们应该根据显示或打印的要求制作合适大小的点阵字库。

图 2.8　用 64×64 点阵表示的“汉”

2.6　图形和图像的表示

通常,我们把通过数字化设备(数码相机、数字摄像机等)从现实世界摄取的图像称为取样图像、点阵图像和位图图像,简称图像。计算机合成的图像,称为矢量图像,简称图形。不管是图形还是图像它们都有共同点,首先看如何表示颜色,再介绍图形图像的数字化。

2.6.1　颜色的表示

颜色是我们对到达视网膜的各种频率的光的感觉,人眼可以觉察到所有颜色都能由红、绿、蓝三原色合成。因此在计算机中颜色通常用 RGB(Red、Green、Blue)来表示,使用 3 个数字,分别表示每种原色的相对份额,如果每个数字的范围为 0~255,那么(255,0,0)表示红色,(0,0,0)表示黑色,(255,255,255)表示白色,(255,255,0)为黄色。

以上使用的为真彩色即 24 位色,RGB 的每个数字由一个字节即 8 位表示(范围刚好为 0~255),这样总共由 1670 万种以上的颜色,超过人眼所能分辨的颜色。

2.6.2　图像的数字化

通过眼睛我们所看到的画面是连续的,一种颜色和另一种颜色是混合在一起的,而通过数字获取设备把这些画面表示出来并保存到计算机,需要数字化这些画面,把它们表示成一套独立的点,这些点称为像素。这个数字化需要通过取样、分色、量化 3 个步骤完成:

取样:将画面分成 $M \times N$ 个网格,每个网格为一个取样点。这样一个图像转换成为 $M \times N$ 点阵的阵列。

分色:彩色图像取样点的颜色分解成 RGB 三原色,非彩色图像取亮度值。

量化:对取样点的每个分量进行 A/D 转换(模拟量/数字量转换)

图 2.9 展示了图像数字化的结果,以一个一个的像素来表示一个完整的图像。

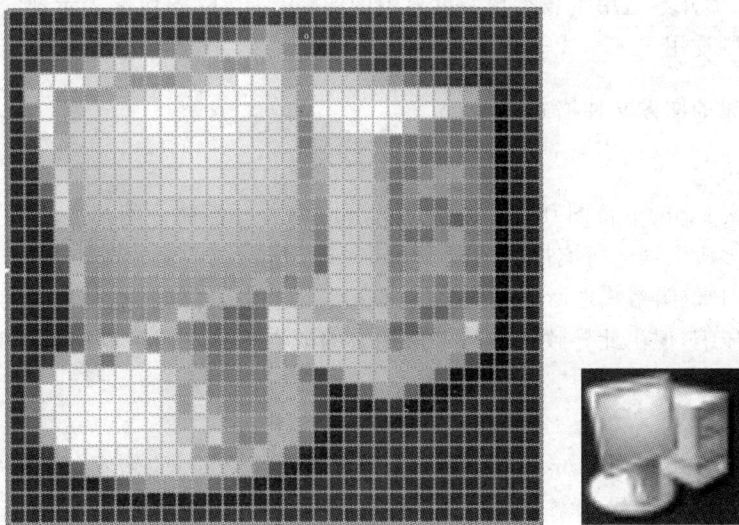

图 2.9　图像数字化

通常可以把数字化的结果保存为 BMP 格式（Bitmap 位图的简写），它是 Windows 操作系统中的标准图像文件格式，能够被多种 Windows 应用程序所支持，它是一种非压缩的格式。

例 2.4　如果以 24 位色（即真彩色）保存一副 800×600 的非压缩图图像，请问其需要多大的存储空间？

答　存储空间＝分辨率×颜色深度＝800×600×24/8＝1.37（MB）

通过例 2.4 我们发现这很浪费计算机的存储空间，因此在实际存储图像过程经常会对图像进行压缩。

2.6.3　图像的压缩

图像压缩是指以尽可能少的比特数代表图像或图像中所包含信息的技术。压缩方案可以是保持原信息，即可从压缩图像中没有误差地重建原图像，即无损压缩；也可以是非信息保持的，即允许与原图像有某种合理程度的失真，即有损压缩。

为什么要进行图像压缩？

(1)为了减少存储容量，以利信息的保存；

(2)可以极大地减少必须传输的数据量，有利于数据传输；

(3)便于特征提取，以利计算机模式识别。如用计算机对卫星图像中不同类型的农作物进行分类时，使用图像压缩方法，只要考虑区分植物与非植物的特征以及区分植物类型特征即可，从而减少了数据量又满足了实际需要。

2.6.4　图形的矢量表示

矢量图形是另一种表示图形的方法。它不像位图图像那样把颜色赋予每个像素，而是使用线段或几何形状来描述图像，矢量图形是一系列描述线段方向、线宽和颜色的命令，而非记录所有的像素。

对于位图图像如果想重新调整大小，就必须改变像素的大小，这将产生波纹状或颗粒状；而矢量图形可以通过数学计算调整大小，这些改变可以根据需要动态的计算。

但是矢量图形并不适用于表示现实世界中的图像。JPEG 图像是表示现实世界图像的首选，而矢量图形则适用于艺术线条和卡通绘画。

2.6.5　常见的图像文件格式

1. BMP 格式

BMP 是英文 Bitmap（位图）的简写，它是 Windows 操作系统中的标准图像文件格式，能够被多种 Windows 应用程序所支持。随着 Windows 操作系统的流行与丰富的 Windows 应用程序的开发，BMP 位图格式理所当然地被广泛应用。这种格式的特点是包含的图像信息较丰富，几乎不进行压缩，但由此导致了它与生俱来的缺点——占用磁盘空间过大。所以，目前 BMP 在单机上比较流行。

2. GIF 格式

GIF 是英文 Graphics Interchange Format（图形交换格式）的缩写，原意是"图像互换格式"。20 世纪 80 年代，美国一家著名的在线信息服务机构 CompuServe 针对当时网络传输带宽的限制，开发出了这种 GIF 图像格式。GIF 格式的特点是压缩比高，磁盘空间占用较少，所以这种图像格式迅速得到了广泛的应用。最初的 GIF 只是简单地用来存储单幅静止图像（称为 GIF87a),后来随着技术发展,可以同时存储若干幅静止图像进而形成连续的动画,使之成为当时支持 2D 动画为数不多的格式之一(称为 GIF89a),而在 GIF89a 图像中可指定透明区域,使图像具有非同一般的显示效果,这更使 GIF 风光十足。

此外,考虑到网络传输中的实际情况,GIF 图像格式还增加了渐显方式,也就是说,在图像传输过程中,用户可以先看到图像的大致轮廓,然后随着传输过程的继续而逐步看清图像中的细节部分,从而适应了用户的"从朦胧到清楚"的观赏心理。目前 Internet 上大量采用的彩色动画文件多为这种格式的文件。

但 GIF 有个小小的缺点,即不能存储超过 256 色的图像。尽管如此,这种格式仍在网络上广泛应用,这和 GIF 图像文件短小、下载速度快、可用许多具有同样大小的图像文件组成动画等优势是分不开的。

3. JPEG 格式

JPEG 也是常见的一种图像格式,它由联合照片专家组(Joint Photographic Experts Group)开发并以命名为"ISO10918-1",JPEG 仅仅是一种俗称而已。

JPEG 文件的扩展名为.jpg 或.jpeg,其压缩技术十分先进,它用有损压缩方式去除冗余的图像和彩色数据,获得极高压缩率的同时能展现十分丰富生动的图像,换句话说,就是可以用最少的磁盘空间得到较好的图像质量。

同时 JPEG 还是一种很灵活的格式,具有调节图像质量的功能,允许你用不同的压缩比例对这种文件压缩,比如我们最高可以把 1.37MB 的 BMP 位图文件压缩至 20.3KB。当然我们完全可以在图像质量和文件尺寸之间找到平衡点。

由于 JPEG 优异的品质和杰出的表现,它的应用也非常广泛,特别是在网络和光盘读物上,肯定都能找到它的影子。目前各类浏览器均支持 JPEG 这种图像格式,因为 JPEG 格式的文件尺寸较小,下载速度快,使得 Web 页有可能以较短的下载时间提供大量美观的图像,JPEG 同时也就顺理成章地成为网络上最受欢迎的图像格式之一。

4. JPEG2000 格式

JPEG2000 同样是由 JPEG 组织负责制定的,它有一个正式名称叫做"ISO15444",与 JPEG 相比,它具备更高压缩率以及更多新功能的新一代静态影像压缩技术。

JPEG2000 作为 JPEG 的升级版,其压缩率比 JPEG 高约 30% 左右。与 JPEG 不同的是,JPEG2000 同时支持有损和无损压缩,而 JPEG 只能支持有损压缩。无损压缩对保存一些重要图片是十分有用的。JPEG2000 的一个极其重要的特征在于它能实现渐进传输,这一点与 GIF 的"渐显"有异曲同工之妙,即先传输图像的轮廓,然后逐步传输数据,不断提高图像质量,让图像由朦胧到清晰显示,而不必是像现在的 JPEG 一样,由上到下慢慢显示。

此外,JPEG2000 还支持所谓的"感兴趣区域"特性,你可以任意指定影像上你感兴趣区域的压缩质量,还可以选择指定的部分先解压缩。JPEG2000 和 JPEG 相比优势明显,且向下兼容,因此取代传统的 JPEG 格式指日可待。

JPEG2000 可应用于传统的 JPEG 市场,如扫描仪、数码相机等,亦可应用于新兴领域,如网路传输、无线通讯等等。

5. TIFF 格式

TIFF(Tag Image File Format)是 Mac 中广泛使用的图像格式,它由 Aldus 和微软联合开发,最初是出于跨平台存储扫描图像的需要而设计的。它的特点是图像格式复杂、存贮信息多。正因为它存储的图像细微层次的信息非常多,图像的质量也得以提高,故而非常有利于原稿的复制。

该格式有压缩和非压缩二种形式,其中压缩可采用 LZW 无损压缩方案存储。不过,由于 TIFF 格式结构较为复杂,兼容性较差,因此有时你的软件可能不能正确识别 TIFF 文件(现在绝大部分软件都已解决了这个问题)。目前在 Mac 和 PC 机上移植 TIFF 文件也十分便捷,因而 TIFF 现在也是微机上使用最广泛的图像文件格式之一。

6. PSD 格式

这是著名的 Adobe 公司的图像处理软件 Photoshop 的专用格式 Photoshop Document (PSD)。PSD 其实是 Photoshop 进行平面设计的一张"草稿图",它里面包含有各种图层、通道、遮罩等多种设计的样稿,以便于下次打开文件时可以修改上一次的设计。在 Photoshop 所支持的各种图像格式中,PSD 的存取速度比其他格式快很多,功能也很强大。由于 Photoshop 越来越被广泛地应用,所以我们有理由相信,这种格式也会逐步流行起来。

7. PNG 格式

PNG(Portable Network Graphics)是一种新兴的网络图像格式。在 1994 年底,由于 Unysis 公司宣布 GIF 拥有专利的压缩方法,要求开发 GIF 软件的作者须缴交一定费用,由此促使免费的 PNG 图像格式的诞生。PNG 一开始便结合 GIF 及 JPG 两家之长,打算一举取代这两种格式。1996 年 10 月 1 日由 PNG 向国际网络联盟提出并得到推荐认可标准,并且大部分绘图软件和浏览器开始支持 PNG 图像浏览,从此 PNG 图像格式生机焕发。

PNG 是目前保证最不失真的格式,它汲取了 GIF 和 JPG 两者的优点:①存贮形式丰富,兼有 GIF 和 JPG 的色彩模式;②能把图像文件压缩到极限以利于网络传输,但又能保留所有与图像品质有关的信息,因为 PNG 是采用无损压缩方式来减少文件的大小,这一点与牺牲图像品质以换取高压缩率的 JPG 有所不同;③显示速度很快,只需下载 1/64 的图像信息就可以显示出低分辨率的预览图像;④PNG 同样支持透明图像的制作,透明图像在制作网页图像的时候很有用,我们可以把图像背景设为透明,用网页本身的颜色信息来代替设为透明的色彩,这样可让图像和网页背景很和谐地融合在一起。

PNG 的缺点是不支持动画应用效果,如果在这方面能有所加强,简直就可以完全替代 GIF 和 JPEG 了。Macromedia 公司的 Fireworks 软件的默认格式就是 PNG。现在,越来越多的软件开始支持这一格式,而且在网络上也越来越流行。

8. SWF 格式

利用 Flash 我们可以制作出一种后缀名为 SWF(Shockwave Format)的动画,这种格式的动画图像能够用比较小的体积来表现丰富的多媒体形式。在图像的传输方面,不必等到文件全部下载才能观看,而是可以边下载边看,因此特别适合网络传输,特别是在传输速率不佳的情况下,也能取得较好的效果。事实也证明了这一点,SWF 如今已被大量应用于 Web 网页进行多媒体演示与交互性设计。此外,SWF 动画是其于矢量技术制作的,因此不管将画面放大多少倍,画面不会因此而有任何损害。综上,SWF 格式作品以其高清晰度的画质和小巧的体积,受到了越来越多网页设计者的青睐,也越来越成为网页动画和网页图片设计制作的主流,目前已成为网上动画的事实标准。

9. SVG 格式

SVG 可以算是目前最火热的图像文件格式了,它的英文全称为 Scalable Vector Graphics,意思为可缩放的矢量图形。它是基于 XML(Extensible Markup Language),由 World Wide Web Consortium(W3C)联盟进行开发的。严格来说应该是一种开放标准的矢量图形语言,可让你设计激动人心的、高分辨率的 Web 图形页面。用户可以直接用代码来描绘图像,可以用任何文字处理工具打开 SVG 图像,通过改变部分代码来使图像具有互交功能,并可以随时插入到 HTML 中通过浏览器来观看。

它提供了目前网络流行格式 GIF 和 JPEG 无法具备的优势:可以任意放大图形显示,但绝不会以牺牲图像质量为代价;文字在 SVG 图像中保留可编辑和可搜寻的状态;平均来讲,SVG 文件比 JPEG 和 GIF 格式的文件要小很多,因而下载也更快。可以相信,SVG 的开发将会为 Web 提供新的图像标准。

Internet Explorer 9、Firefox、Opera、Chrome 以及 Safari 支持内联 SVG。Internet Explorer 8 或更早版本,可通过安装 Adobe SVG Viewer 以支持 SVG。相关内容可以查阅百度百科:http://baike.baidu.com/view/85022.htm#refIndex_3_9539763。

2.7　声音的表示

2.7.1　声音的数字化

由于音频信号是一种连续变化的模拟信号,而计算机只能处理和记录二进制的数字信号,因此,由自然音源而得的音频信号必须经过一定的变化和处理,变成二进制数据后才能送到计算机进行再编辑和存储。

PCM(Pulse Code Modulation)脉冲编码调制是一种模数转换的最基本编码方法。它把模拟信号转换成数字信号的过程称为模/数转换,它主要包括:

采样:在时间轴上对信号数字化;

量化:在幅度轴上对信号数字化;

编码:按一定格式记录采样和量化后的数字数据。

其过程如图 2.10 所示。

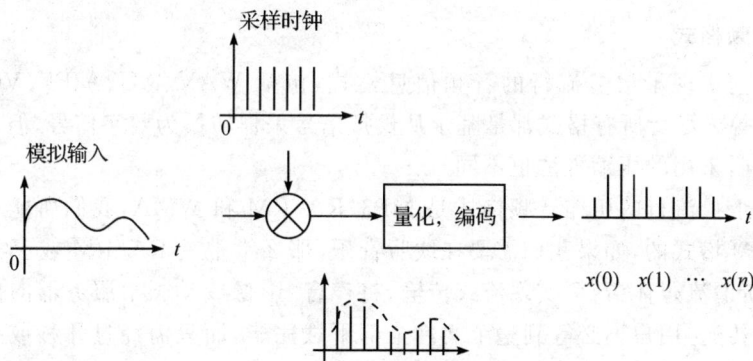

图 2.10　音频数字化过程

编码的过程首先用一组脉冲采样时钟信号与输入的模拟音频信号相乘,相乘的结果即输入信号在时间轴上的数字化,然后对采样以后的信号幅值进行量化,对量化后的信号再进行编码,即把量化的信号电平转换成二进制码组,就得到了离散的二进制输出数据序列 $x(n)$,n 表示量化的时间序列,$x(n)$ 的值就是 n 时刻量化后的幅值,以二进制的形式表示和记录。

声音数字化的主要指标如下:

1. 采样频率

采样频率是指一秒钟内采样的次数。采样频率的选择应该遵循奈奎斯特（Harry Nyquist）采样理论（如果对某一模拟信号进行采样，则采样后可还原的最高信号频率只有采样频率的一半，或者说只要采样频率高于输入信号最高频率的两倍，就能从采样信号系列重构原始信号）。

根据该采样理论，CD 激光唱片采样频率为 44kHz，可记录的最高音频为 22kHz，这样的音质与原始声音相差无几，也就是我们常说的超级高保真音质。通信系统中数字电话的采用频率通常为 8kHz，与原 4k 带宽声音一致的。

2. 量化位数

量化位是对模拟音频信号的幅度轴进行数字化，它决定了模拟信号数字化以后的动态范围。由于计算机按字节运算，一般的量化位数为 8 位和 16 位。量化位越高，信号的动态范围越大，数字化后的音频信号就越可能接近原始信号，但所需要的存贮空间也越大。

表 2.7　量化位数与应用

量化位	等份	应用
8	256	数字电话
16	65536	CD-DA

3. 声道数

音频有单声道和双声道之分。双声道又称为立体声，在硬件中要占两条线路，音质、音色好，但立体声数字化后所占空间比单声道多一倍。

可以由以下公式计算未经压缩的数字化声音每秒所需的存储量：

$$存储量 = （采样频率 \times 量化位数 \times 声道数）/8（字节）$$

例 2.5　CD 唱片其标准采样频率 44.1kHz，量化位数（或称为采样精度）16 位，双声道立体声，每秒音乐的存储量为多少？

答　每秒音乐的存储量 $= 44.1 \times 1000 \times 16 \times 2/8 = 176400B \approx 176.4KB$

2.7.2　音频格式

到目前为止，出现了很多流行的音频信息格式，包括 WAV、AU、AIFF、VQF、RA/RM、WMA 和 MP3 等。尽管所有格式都是基于从模拟信号采样转换为数字信号，但是它们格式化信息的方式不同，采用的压缩方法也不同。

目前，网络上最流行的压缩音频格式是 MP3、RA/RM 和 WMA，我们所能下载的音乐文件大部分是 MP3 格式的，如果我们需要在线听音乐，那么常常是 RA/RM 或 WMA 流媒体数字音频格式。所谓流媒体指：可实现流式传输，将声音、影像或动画由服务器向用户计算机进行连续、不间断传送，用户不必等到整个文件全部下载完毕，而只需经过几秒或十几秒的启动延时即可进行观看或收听，当声音视频等在用户的机器上播放时，文件的剩余部分还会从服务器上继续下载。

2.8　视频的表示

视频是图像（通常称为帧）在时间上的表示。电影就是一系列的帧，一张接着一张播放而形成的运动图像。前面介绍了如何数字化图像，那么数字化视频就是把每一帧转换成一系列的二进制代码存储于计算机中,这些帧的组合就可以表示数字视频。

如果使用数字视频,需要考虑的一个重要因素是文件大小,因为数字视频文件往往会很大,这将占用大量硬盘空间。解决这些问题的方法是压缩——让文件变小。

2.8.1 为什么数字视频要压缩

数字视频之所以需要压缩,是因为它原来的形式占用的空间大得惊人。视频经过压缩后,文件会更小,存储时会更方便。数字视频压缩以后并不影响视频的最终视觉效果,因为它只影响人的视觉中不能感受到的那部分视频。例如,有数十亿种颜色,但是我们的眼睛只能辨别大约 1024 种,这是因为我们觉察不到一种颜色与其邻近颜色的细微差别,所以也就没必要将每一种颜色都保留下来。另外还有一个冗余图像的问题——如果在一个 1 分钟的视频作品中每帧图像都有位于同一位置的同一把椅子,那么有必要在每帧图像中都保存这把椅子的数据吗?

压缩视频的过程实质上就是去掉我们感觉不到的那些东西的数据。标准的数字摄像机的压缩率为 5∶1,有的格式可使视频的压缩率达到 100∶1。但过分压缩也不是件好事,因为压缩得越多,丢失的数据就越多,如果丢弃的数据太多,产生的影响就显而易见了,过分压缩的视频会导致无法辨认。

2.8.2 压缩的策略

可以用多种不同的方法和策略压缩数字视频文件,使之达到便于管理的大小。下面是几种最常用的方法:

1. 心理声学音频压缩

心理声学,是指"人脑解释声音的方式"。压缩音频的所有形式都是用功能强大的算法将我们听不到的音频信息去掉。例如:如果您扯着嗓子喊一声,同时轻轻地踏一下脚,我就会听到您的喊声,但可能听不到您踏脚的声音。通过去掉踏脚声,就会减少信息量,减小文件的大小,但听起来却没有区别。

2. 心理视觉视频压缩

心理视觉视频压缩与其对等的音频压缩相似。心理视觉压缩模型去掉的不是我们听不到的音频数据,而是去掉眼睛不需要的视频数据。

3. 无损压缩

无损,是指"不丢失数据"。当一个文件以无损格式压缩时,全部数据仍然存在,这与压缩文档很相似——文档文件虽然变小了,但解压缩之后每一个字都还存在。您可以反复保存无损视频而不会丢失任何数据,这种压缩只是将数据压缩到更小的空间。无损压缩节省的空间较少,因为在不丢失信息的前提下,只能将数据压缩到这一程度。

4. 有损压缩

有损压缩,丢弃一些数据,以便获得较低的位速(位速是指在一个数据流中每秒钟能通过的信息量)。心理声学压缩和心理视觉压缩是有损压缩技术,压缩结果使文件变小,但包含的源数据也更少。每次以有损文件格式保存文件时,都会损失很多数据。在制作数字视频过程中,一条好的经验是:只在项目的最后阶段才使用有损压缩。

2.8.3 常见的视频压缩格式

1. AVI

AVI 是 Audio Video Interleaved(音频视频交错)的缩写。它于 1992 年被 Microsoft 公司

推出,随 Windows3.1 一起被人们所认识和熟知。AVI 格式兼容好、调用方便、图像质量好,但缺点就是文件体积过于庞大。

2. ASF

ASF 是 Advanced Streaming Format(高级流格式)的缩写,是微软为了和 RealPlayer 竞争而发展出来的一种可以直接在网上观看视频节目的文件压缩格式。ASF 使用 MPEG-4 压缩算法,所以压缩率和图像的质量都很不错。因为 ASF 是以一个可以在网上即时观赏的视频"流"格式存在的,所以它的图像质量比 VCD 差一点,但比同是视频"流"格式的 RM 格式要好。作为微软的产品,ASF 有其特有的优势,各类软件对它的支持无人能敌。

3. MPEG

MPEG 是 Motion Picture Experts Group(运动图像专家组)的缩写。这类格式包括了 MPEG-1,MPEG-2 和 MPEG-4 在内的多种视频格式。

MPEG-1,制定于 1992 年,它是针对 1.5Mbps 以下数据传输率的数字存储媒体运动图像及其伴音编码而设计的国际标准,被广泛地应用在 VCD 的制作和一些视频片段下载的网络应用上面,可以说 99% 的 VCD 都是用 MPEG-1 格式压缩的。使用 MPEG-1 的压缩算法,可以把一部 120 分钟长的电影(未压缩视频文件)压缩到 1.2GB 左右。MPEG-1 视频格式的文件扩展名包括.mpg,.mlv,.mpe,.mpeg 及 VCD 光盘中的.dat 文件等。

MPEG-2,制定于 1994 年,设计目标为高级工业标准的图像质量以及更高的传输率,应用在 DVD 的制作方面,同时在一些 HDTV(高清晰电视广播)和一些高要求视频编辑、处理上也有相当的应用面。使用 MPEG-2 的压缩算法可以把一部 120 分钟长的电影(未压缩视频文件)压缩到 4~8GB 的大小(注意,其图像质量等性能方面的指标远胜于 MPEG-1)。MPEG-2 视频格式的文件扩展名包括.mpg,.mpe,.mpeg,.m2v 及 DVD 光盘上的.vob 文件等。

MPEG-4,制定于 1998 年,MPEG-4 是为了播放流式媒体的高质量视频而专门设计的,它可利用很窄的带度,通过帧重建技术、压缩和传输数据,以求使用最少的数据获得最佳的图像质量。目前 MPEG-4 最有吸引力的地方在于它能够保存接近于 DVD 画质的小体积视频文件。另外,这种文件格式还包含了以前 MPEG 压缩标准所不具备的比特率的可伸缩性、动画精灵、交互性甚至版权保护等一些特殊功能。

4. DivX

DivX 是由 MPEG-4 衍生出的另一种视频编码(压缩)标准,也即我们通常所说的 DVDrip 格式,它采用了 MPEG-4 的压缩算法同时又综合了 MPEG-4 与 MP3 各方面的技术,即使用 DivX 压缩技术对 DVD 盘片的视频图像进行高质量压缩,同时用 MP3 或 AC3 对音频进行压缩,然后再将视频与音频合成并加上相应的外挂字幕文件而形成的视频格式。其画质直逼 DVD 并且体积只有 DVD 的几分之一。这种编码对机器的要求也不高,所以 DivX 视频编码技术可以说是一种对 DVD 造成威胁最大的新生视频压缩格式,号称 DVD 杀手或 DVD 终结者。

5. MOV

MOV 是美国 Apple 公司开发的一种视频格式,默认的播放器是 Apple 公司的 Quick Time Player。它具有较高的压缩比率和较完美的视频清晰度等特点,但是其最大的特点还是跨平台性,即不仅能支持 MACOS,同样也能支持 Windows 系列。

6. WMV

WMV 是 Windows Media Video 的缩写,是在 Internet 上实时传播多媒体的 Microsoft 技

术标准,WMV 的主要优点在于:可扩充的媒体类型、本地或网络回放、可伸缩的媒体类型、流的优先级化、多语言支持、扩展性等。

7. RM

RM 是 Real Media 的缩写,是 Real Networks 公司所制定的音频视频压缩规范。用户可以使用 RealPlayer 或 RealOne Player 对符合 RealMedia 技术规范的网络音频/视频资源进行实况转播并且 RealMedia 可以根据不同的网络传输速率制定出不同的压缩比率,从而实现在低速率的网络上进行影像数据实时传送和播放。这种格式的另一个特点是用户使用 Real-Player 或 RealOne Player 播放器可以在不下载音频/视频内容的条件下实现在线播放。另外,RM 作为目前主流网络视频格式,它还可以通过其 Real Server 服务器将其他格式的视频转换成 RM 视频并由 Real Server 服务器负责对外发布和播放。RM 和 ASF 格式可以说各有千秋,通常 RM 视频更柔和一些,而 ASF 视频则相对清晰一些。

8. RMVB

RMVB 是一种由 RM 视频格式升级延伸出的新视频格式,VB 即 VBR,是 Variable Bit Rate(可改变的比特率)的英文缩写。它的先进之处在于 RMVB 视频格式打破了原先 RM 格式那种平均压缩采样的方式,在保证平均压缩比的基础上合理利用比特率资源,就是说静止和动作场面少的画面场景采用较低的编码速率,这样可以留出更多的带宽空间,而这些带宽会在出现快速运动的画面场景时被利用。这样在保证了静止画面质量的前提下,大幅度提高了运动图像的画面质量,从而图像质量和文件大小之间就达到了微妙的平衡。另外,相对于DVDrip 格式,RMVB 视频也有着较明显的优势,一部大小为 700MB 左右的 DVD 影片,如果将其转录成同样视频音频质量的 RMVB 格式,其文件大小最多也就 400MB 左右。不仅如此,这种视频格式还具有内置字幕和无需外挂插件支持等独特优点。要想播放这种视频格式,可以使用 RealOne Player2.0 或 RealPlayer8.0 加 RealVideo9.0 以上版本的解码器形式进行播放。

2.9　数据的校验

为了提高计算机的可靠性,除了采取选用更高可靠性的器件,更好的生产工艺等措施之外,还可以从数据编码上想一些办法,即采用一点冗余的线路,在原有数据位之外再增加一到几位校验位,使新得到的码字带上某种特性,之后则通过检查该码字是否仍保持这一特性,来发现是否出现了错误,甚至于定位错误后,自动改正这一错误,这就是我们这里说的检错纠错编码技术。目前在系统设计和实现中用得较多的数据校验码有奇偶校验码、循环冗余校验码(CRC 码)、海明码等。因后两种码的计算过程较复杂,本书只对奇偶校验码进行介绍。

奇偶校验码:

原理:在 k 位数据码之外增加 1 位校验位,使 k+1 位码字中取值为 1 的位数总保持为偶数(偶校验)或奇数(奇校验)。

原数据	偶校验	奇校验
0101	01010	01011

缺陷:奇偶校验只能发现奇数个错误,且不能纠正错误!

思考:为什么有这个缺陷? 假设错 2 位能检查出错误吗?

习题二

一、判断题

1. ASCII 码是条件码。 （　　）

2. 八进制数 126 对应的十进制数是 86。 （　　）

3. 在计算机内部用于存储、交换、处理的汉字编码叫机内码。 （　　）

4. 指令与数据在计算机内是以 ASCII 码进行存储的。 （　　）

5. 若一台计算机的字长为 4 个字节,这意味着它能处理的字符串最多为 4 个英文字母组成。 （　　）

6. 分辨率是计算机显示器的一项重要指标,若某显示器的分辨率为 1024×768,则表示该当前显示器屏幕上的总像素个数是 1024×768。 （　　）

7. 实现汉字字型表示的方法,一般分为两大类,即点阵式和向量(矢量)式。 （　　）

8. AVI 是指音频、视频交互文件格式。 （　　）

9. 由于多媒体信息量巨大,因此,多媒体信息的压缩与解压缩技术是多媒体技术中最为关键的技术之一。 （　　）

10. 汉字键盘输入方法有很多种,但按编码原理,主要分为整字编码(顺序码)、拼音码、字形码和音形码四类。 （　　）

二、选择题

1. 有下列机内码,可以确定不是汉字机内码的是_____。（多选）

A. CEC4H B. 923FH C. 8080H D. F070H

E. 21C4H F. B0A0H G. 4636H

2. 计数制中使用的数码个数被称为_____。

A. 基数 B. 尾数 C. 阶码 D. 位权

3. 设 X 为任意 4 位二进制代码,则实现 X 最高位清零,低 3 位不变的逻辑运算是_____;实现 X 的最高位不变,低 3 位置 1 的逻辑运算是_____;实现 X 最高位置 1,低 3 位不变的逻辑运算是_____;实现 X 最高位不变,低 3 位变反的逻辑运算是_____。

A. X $\oplus$ 0111 B. X $\vee$ 0111 C. X $\wedge$ 0111 D. X $\wedge$ 1110

E. X $\vee$ 1000 F. X $\wedge$ 1000 G. X $\vee$ 1110 H. X $\oplus$ 1000

4. 计算机中存储信息的最小单位是_____。

A. 位 B. 字节 C. 字 D. 块

5. 计算机中一个字节由_____个二进制位组成

A. 1 B. 2 C. 8 D. 16

6. 在计算机内部,数据是以_____形式加工、处理和传送的。

A. 二进制码 B. 八进制码 C. 十进制码 D. 十六进制

7. 将十进制数 0.6875 转换成二进制数是_____。

    A. 0.1111B   B. 0.1011B   C. 0.1101B   D. 0.111B

8. 二进制数 111010.11 转换为 16 进制数_____。

    A. 3AC   B. 3A.C   C. 3A.3   D. 3A3

9. 在一个无符号数二进制数的右边填上两个 0,形成的数是原来的_____倍。

    A. 1   B. 2   C. 3   D. 4

10. 采用一个字节,可以表示的无符号整数的最大值是_____。

    A. 256   B. 128   C. 127   D. 255

11. 1MB 等于_____字节。

    A. 100000   B. 1024000

    C. 1000000   D. 1048676

12. 下列语句正确的是_____。（多选）

    A. 任何二进制整数都可以完整地用十进制整数来表示

    B. 任何十进制整数都可以完整地用二进制整数来表示

    C. 任何二进制小数都可以完整地用十进制小数来表示

    D. 任何十进制小数都可以完整地用二进制小数来表示

    E. 任何十六进制数都可以完整地用八进制数来表示

    F. 任何八进制数都可以完整地用十六进制数来表示

13. 如某台计算机的地址线是 32 根,则它的寻址空间为_____。

    A. 16MB   B. 1024MB   C. 4MB   D. 4096MB

14. 计算机可访问的存储容量由地址线决定,若访问 4GB 的存储空间,需_____根地址线。

    A. 32   B. 64   C. 16   D. 24

15. −1001010 的补码是_____。

    A. 10110101   B. 11001010

    C. −10110110   D. 10110110

16. −1010110 的反码是_____。

    A. 11010110   B. 11010111

    C. 10101001   D. 10101010

17. 数字字符"1"的 ASCII 码的十进制表示为 49,那么数字字符"8"的 ASCII 码十进制表示为_____。

    A. 56   B. 58   C. 60   D. 54

18. 英文大写字母"I"的 ASCII 码的十六进制表示为 49H,那么大写字母"J"的 ASCII 码十六进制表示为_____。

    A. 50H   B. 4AH   C. 59H   D. 48H

19. 有一显示器的分辨率为 1024×768,设需显示的字符为 16×8 点阵,一屏可显示的字符数为_____。

    A. 16384   B. 6144

    C. 12288   D. 8192

三、填空题

1. 在计算机容量表示过程中，Byte 表示＿＿＿＿＿＿，而 Bit 表示＿＿＿＿＿＿。

2. 在计算机中表示数时，小数点固定的数称为＿＿＿＿＿＿数，不固定的数称为＿＿＿＿＿＿数。

3. 标准 ASCII 码是使用＿＿＿＿＿＿位二进制数进行编码的，因此除了字母和数字字符以外，其他字符和控制符共有＿＿＿＿＿＿个。

4. 每个汉字的机内码需要＿＿＿＿＿＿个字节来表示，而表示 100 个 24×24 点阵的显示汉字，则需要＿＿＿＿＿＿个字节来存储。

5. 在计算机中存储信息的基本单位是＿＿＿＿＿＿，在计算机内部存储、交换、传输和处理的汉字编码为＿＿＿＿＿＿；设某一汉字国标码为"3B36H"（H 表示 16 进制），则对应机内码是＿＿＿＿＿＿。

6. 有一个数据为 00110011B，如果采用偶校验则校验位为＿＿＿＿＿＿，如果为奇校验则校验位为＿＿＿＿＿＿。

四、计算题

1. 请写出以下各数的原码、反码、补码（8 位二进制，最高位为符号位，其余 7 位为数值位，如果是小数，小数点在符号位之后，如果是整数，小数点在最后。）

(1) $-37/64$ 　　　　(2) 97 　　　　(3) -0 　　　　(4) -127

2. 请用二进制的算术运算计算 $x + y$ 的值：

(1) $x = 0.0101$ 　　　　 $y = 0.1011$

(2) $x = 0.11011$ 　　　　 $y = 0.10101$

(3) $x = 0.10110$ 　　　　 $y = 0.00010$

3. 请把下列各数转换成十进制，并按从大到小排序：

(1) $(75)_8$ 　　　　(2) $(3F)_{16}$ 　　　　(3) 111100B

4. 请把下列二进制数转换成八进制和十六进制：

(1) 101101111 B

(2) 11010100 B

(3) 1111101011.011 B

(4) 1101101110.11011B

5. 已知有一个存有 1024×768 像素、32 位色、BMP 格式的图像文件，请问其大小应为多少？

6. 已知调频 FM 的采样频率为 22kHz，量化位数（或称采样精度）为 16 位，双声道立体声，请问存储一秒钟这样的声音，需要多大的存储空间？

7. 内存空间地址段为 3001H～7000H，每个地址可以存放一个字节的信息，则可以表示多少个字节的存储空间？这个空间可以存储多少个汉字或者多少个英文字母？

8. 现有一个 48KB 的存储器，每个地址可以存放一个字节的信息，如果其最后一个字节的地址为 FFFFH，则起始地址为多少？

第 3 章

计算机硬件系统

一个完整的计算机系统由硬件和软件两大部分组成,本章我们主要介绍计算机硬件系统的相关内容,包括中央处理器、存储器、输入输出系统等。在稍后的章节中将介绍软件相关的内容。

3.1 认识计算机

首先让我们认识一下计算机。图 3.1 是一个微型计算机的典型配置。它主要由显示器、主机箱、键盘和鼠标等组成。

图 3.1 微型计算机外观

主机包含主板、CPU(包括运算器和控制器)、机箱、电源、声卡、显卡、网卡、内存、硬盘等各种物理设备。在此基础上根据用户的需求,可以配备扩展外部设备,如打印机、扫描仪、数码摄像头、音箱等。我们把计算机系统必需的硬件设备称为计算机的最小配置,它应该包括显示器、键盘、鼠标、主机中的机箱、电源、显卡、主板、CPU、内存、硬盘。而其他设备,如声卡、网卡、Modem、音箱等都是为了增强计算机系统的某一方面功能而添加的。

根据配置进行划分的硬件种类繁多,型号多样,性能参数各不相同,在实际配置中,恰恰是用户最需要考虑的内容,只有进行合理的搭配,才能够得到具有较高性价比的硬件配置方案。一台微型计算机功能的强弱或者性能的好坏,不是由某项指标单独决定的,而是由它的系统结构、指令系统、硬件组成、软件配置等多方面因素综合决定的。对于不同用途的计算机,其对不同部件的性能指标要求也有所不同。例如,对于用作科学计算的计算机,其对主机的运算速度要求很高;对于用作大型数据库处理为主的计算机,其对主机的内存容量、存取速度和外存储器的读写速度要求比较高;对于用作网络传输的计算机,则对输入/输出(I/O)速度要求比较高,因此需要具备高速的 I/O 总线和相应的 I/O 接口。在第 1 章第 1.3.2 节已经详细介绍了有关计算机性能评价的指标,这些指标有相当一部分在实际购买硬件设备时是无法选择的,比

如字长、指令系统等。对于大多数普通用户来说,在购买计算机时,可以从以下几个方面考虑:

1.运算速度指标

对于运算速度而言,用户在购买硬件时与 CPU 相关的性能参数主要是 CPU 的频率和内核数(多核 CPU),以及品牌。

2.内存储器指标

内存主要考虑容量和速度两个因素。内存的容量大小要根据计算机用途而定,并不是越大越好,一般目前主流的配置一般都选择 2～4GB 的容量。内存的速度主要体现在内存的数据传输频率,比如型号为 DDR2 400、DDR2 533、DDR2 677 等,其总线频率分别为 200MHz、266MHz、333MHz,等效传输速率等效的数据传输频率分别为 400MHz、533MHz、667MHz,其对应的内存传输带宽分别为 3.2Gbps、4.3Gbps、5.3Gbps。

3.I/O 的速度

I/O 的速度是指 CPU 与外部设备进行数据交换的速度。随着 CPU 主频率速度的提升,存储器容量的扩大,系统性能的瓶颈越来越多地体现在 I/O 速度上。主机 I/O 的速度取决于 I/O 总线的设计。I/O 速度的提高对于慢速设备(例如键盘、打印机)关系不大,但对于高速设备(如硬盘、显卡等)则效果十分明显。因此硬盘的传输率和缓存,显卡的传输率和显存大小则是很重要的考虑因素。另外主板的选择也是非常重要的,它是所有计算机部件的连接体,其稳定性和前端总线的频率也直接影响到计算机的总体性能。

以上性能指标可以为用户配置计算机提供参考。但是在实际应用过程中,大部分指标可供选择的范围则比较广,比如存储容量、I/O 速度等,用户可以根据自己的实际情况,比如用途、预算等,做出合理的选择和搭配。

计算机的性能是一个综合指标,各个部件性能的差异容易造成性能的瓶颈问题,从而导致高性能设备无法发挥最佳性能。比如高速 CPU 搭配普通 DDR2 400 的内存,就会造成整体性能被内存拖累的现象,比如买了 DDR3 2000 的高性能内存,但是主板的前端总线如果只有 1333MHz,那么该内存也只会在低频率(1333MHz)模式下工作,这也是计算机用户在配置计算机的时候必须要考虑的问题。

3.2　计算机硬件系统的组成

如前所述,我们已对计算机有了外观的认识,对计算机的性能也有了一定的概念上的了解,但是对于学习计算机专业的人来说是很不够的,我们必须知道它是怎么工作的,其原理是什么。下面我们逐步地给大家介绍计算机的体系结构和工作原理。

所谓计算机的硬件从外观上看就是 CPU、主板、硬盘、显卡、内存、机箱、键盘、鼠标、显示器、打印机等等,是计算机系统中所有的实物装置的总称。

从硬件体系结构来看,目前的计算机硬件系统基本上还是采用经典的计算机结构——冯·诺伊曼结构,即运算器(Calculator,也叫算术逻辑运算单元 ALU)、控制器(Controller)、存储器(Memory)、输入设备(Input Device)和输出设备(Output Device)五大部分组成,如图 3.2 所示。其中的运算器和控制器构成了计算机的核心部件——中央处理器(CPU)。后面的小节中将详细介绍各个组成部分的相关内容。

在计算机各个部件中,流动着 3 类不同的信息:数据(包括指令)信息、控制信息、地址信

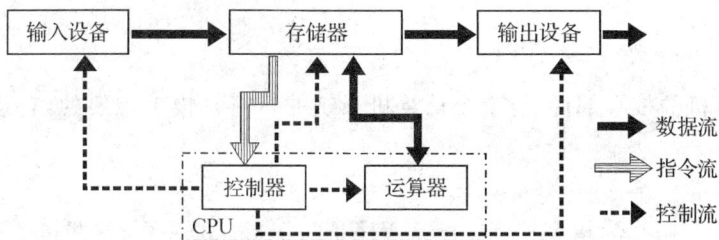

图 3.2　计算机硬件的体系结构

息，这些信息的传输通道，我们称之为总线（BUS），根据传输信息的不同，总线可以分为 3 类：

1. 数据总线 DBUS(Data Bus)

数据总线是用来传输数据信息，包括数据、指令、地址，是双向传输的总线，CPU 既可以通过数据总线从存储器中或输入设备读入数据，又可以通过数据总线将数据送至存储器或者输出设备。

2. 地址总线 ABUS(Address Bus)

地址总线用于传输 CPU 向存储器或者 I/O 设备发出的地址信号，是一条单向传输的总线。

3. 控制总线 CBUS(Control Bus)

控制总线用来传输控制信号、时序信号和状态信息等。其中，有的是 CPU 向存储器和外设发出的控制信号，有的则是存储器或外设向 CPU 传递的请求信号或状态信息。计算机指令通过指令译码器译码之后形成相应功能的控制信号，控制计算机系统各个部件有条不紊地工作，从而实现指令执行，完成指令相应的功能。

3.3　中央处理器及工作原理

中央处理器（Central Processing Unit，CPU），也称微处理器，如图 3.3 所示，是计算机系统的核心硬件。目前构成 CPU 的电子元件是晶体管（由半导体材料构成），现在的 CPU 一般都包含上亿个晶体管。随着生产工艺的不断改进，新材料的发现与应用，晶体管的体积越来越小，CPU 的集成度越来越高，摩尔定律[①]将继续延续。最近的技术突破使晶体管的体积缩小了 30%，这将使得未来的 CPU 可以包含 10 亿个甚至更多数量的晶体管，将比现在的 CPU 速度有一个极大的提高。

图 3.3　中央处理器（CPU）

---

① 集成电路上可容纳的晶体管数目，约每隔 18 个月便会增加一倍，性能也将提升一倍。摩尔定律是由英特尔（Intel）名誉董事长戈登·摩尔（Gordon Moore）经过长期观察发现并提出的。

3.3.1　CPU 的功能

CPU 是计算机的核心部件,对整个计算机系统的运行是极其重要的,它通常具有如下四方面基本功能:

1. 指令控制

程序的顺序控制,称为指令控制。由于程序是一个指令的序列,这些指令的相互顺序不能任意颠倒,必须严格按照程序规定的顺序进行。因此,保证其按顺序执行程序是 CPU 的首要任务。

2. 操作控制

一条指令的功能往往是由若干个操作信号的组合来实现的,因此 CPU 管理并产生由内存取出的每条指令的操作信号,把各种操作信号送往相应的部件,从而控制这些部件按照指令的要求进行动作。

3. 时间控制

对各种操作实施时间上的定时,称为时间控制。因为在计算机中,各种指令的操作信号均受到时间的严格定时。另一方面,一条指令的整个执行过程也受到时间的严格定时。只有这样,计算机才能有条不紊地自动工作。

4. 数据加工

所谓数据加工,就是对数据进行算术运算和逻辑运算处理。完成数据的加工处理,是 CPU 的根本任务,因为原始信息只有经过加工处理后才能对人们有用。

3.3.2　CPU 的内部结构

所有计算机的 CPU 都是由一系列电子电路和元件组成,结构极为复杂。通常一个典型的 CPU 由算术逻辑单元(ALU)、寄存器(Register)、内部高速缓冲存储器(Cache)、解码单元、控制单元、总线接口单元、预取单元等组成,如图 3.4 所示。

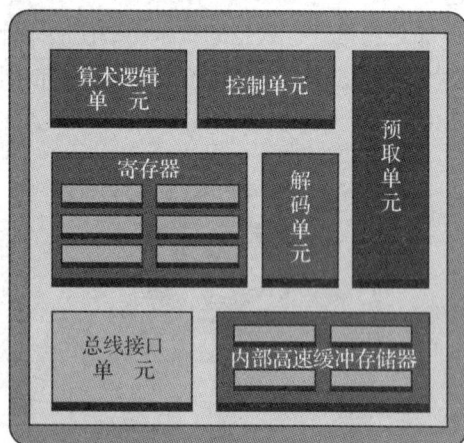

图 3.4　CPU 内部结构组成

1. 算术逻辑单元

算术逻辑单元是 CPU 实现数据的算术运算和逻辑运算的部件。换句话说,它是计算机进行运算和操作的单元。算术运算包括加法、减法、乘法和除法;逻辑运算包括与运算、或运算、非运算和异或运算等。事实上 CPU 只能执行基本的算术运算、逻辑运算以及位操作、控制转移操作等,但是利用 CPU 极快的速度综合各种各样的运算方式,就可以使计算机能够在很短的时间内执行特别复杂和数据量极大的任务。

2.寄存器

寄存器是 CPU 内部的高速存储单元,ALU 使用寄存器存放数据、中间计算值和处理的最终结果,寄存器能够起到数据准备、数据调度和数据缓冲的作用。CPU 内的寄存器根据不同的目的可以分为很多种类,例如指令寄存器用来存放指令,地址寄存器用来存放地址信息,标志寄存器存放程序运行的状态,程序计数器(也叫指令计数器)用来计算下一条要执行的指令在内存中的地址,通用寄存器用来存放数据或者地址。不同的 CPU 寄存器的数量也不完全一样,一般为几十个,Intel 的 Itanium 芯片,寄存器数量多达 256 个。

3.内部高速缓冲存储器(Cache)

高速缓冲存储器用来存放经常被用到的指令和数据。一般 CPU 的速度比普通存储器要快很多,如果 CPU 执行指令过程中直接从存储器取指令或者数据,会影响 CPU 的速度,因此在 CPU 内部集成了一定容量的高速存储设备,即高速缓存。CPU 执行指令时会先从 CACHE 中取数据,如果没有再到外部高速缓存或者内存(RAM)中取数据。目前的 CPU 大多内部集成了一级缓存和二级缓存(容量从 128K～2MB)。

4.控制单元

控制单元是统一指挥和控制计算机各个部件按时序(一定的时间顺序)协调操作的中心部件,就好比交警指挥控制公路的车流一样。计算机自动计算过程就是执行一段已经存入内存储器中程序的过程,而执行程序的过程就是按照一定顺序执行程序中一条条指令的过程,而指令的执行就是周而复始地按照一定的时序取指令、分析指令和执行指令的过程。因此,控制器具备以下功能:

(1)根据指令在存储器中的存放地址,从存储器中取出指令,并对该指令进行分析,以判断所取出指令要做的工作(指令的功能)。

(2)根据判断的结果,按一定的时序发出执行该指令功能所需的一组操作控制信号,如 ALU 做加法还是减法运算的控制信号。由于这些控制信号所完成的操作是计算机中最简单的"微小操作",故称为微操作(micro operation)控制信号。这些信号通过控制总线(CBUS)送到计算机的运算器、存储器以及输入输出设备等部件。

(3)执行完一条指令后,能自动从存储器中取出下一条要执行的正确指令。

此外,控制器还应具备处理内部异常事件的能力。内部异常事件是指由于某种原因引起机器出现故障。另外,控制器还应根据程序员的干预或者程序的安排能够进行数据输入和运行结果的输出,能对机器内部或外部产生的中断请求进行处理。

5.总线接口单元

总线接口是数据和指令流入和流出的地方,它把 CPU、系统总线和存储器(RAM)连接在一起。

6.解码单元

解码单元是将指令转换成一种能够被 ALU 处理并且能够被存储在寄存器中的格式,解码之后,指令进入控制单元进行处理。

7.预取单元

预取单元出现在很多微处理器中,根据正在执行的任务从高速缓冲存储器或者 RAM 中预定数据和指令,通过提前取得必要的数据和指令,预取单元可以帮助避免执行过程的延迟,并且保证了所有的指令排列成正确的顺序后送解码单元。

3.3.3　系统时钟、机器周期和指令周期

计算机程序员编写程序源代码,通过编译软件把源程序转换为机器语言,变成计算机能够执行的指令序列。而这些指令序列中的指令是事先设计好的,所有的指令组成的集合,我们称之为指令集。然而,指令集中的每条指令又被分解成很多小指令,我们称这些小的指令为微码或者微指令。微指令被内置于 CPU 内部,提供最基本的操作指令,例如把数据从一个地方移动到另一个地方,或者将两个特定寄存器中的数加起来。

CPU 执行微指令时,必须按照一定的时间顺序发出各种控制信号完成指令功能。因此必须有一个能够提供基准时间参照的系统时钟来同步计算机各个部件的所有操作。这个时钟一般位于主板上,按照一定的规律向所有其他的计算机部件发送时间脉冲信号。每个脉冲信号被称为一个周期(也称为时钟周期,节拍脉冲,是处理操作的基本单位),每秒钟的周期数称为时钟频率,单位赫兹(Hz),1MHz 表示系统时钟的每秒钟发出了 100 万个脉冲信号,1GHz 表示系统时钟每秒钟发出 10 亿次脉冲。

CPU 要执行的指令都存放于内存中,执行指令之前,必须从内存中取指令。然而,CPU 内部的操作速度较快,而 CPU 访问一次内存所花的时间较长,因此通常用内存中读取一个指令字(或者操作数)的最短时间来规定 CPU 周期,也称机器周期。这就是说,一条指令的取出阶段需要一个 CPU 周期时间。

在一定的时钟周期内,CPU 能够执行一定数量的微码指令,因此,较快的时钟速度意味着每秒能够执行的指令比同样的 CPU 使用较低时钟速度时处理的指令要多。旧型号的计算机每秒能够执行数百万条指令,而快速的超大规模计算机每秒能够执行数万亿条指令,甚至更多。尽管不同速度的 CPU 执行指令所需的时间不同,但每个指令都需要固定的步骤和过程。CPU 取出并执行一条单独指令所需的时间叫做指令周期。更简单地说,指令周期是取出并执行一条指令的时间。由于各种指令的功能不同,有简单也有复杂,因此各种指令的指令周期也不完全相同。

每个指令周期包含 4 个操作,可以分为两部分:指令阶段和执行阶段,如图 3.5 所示。

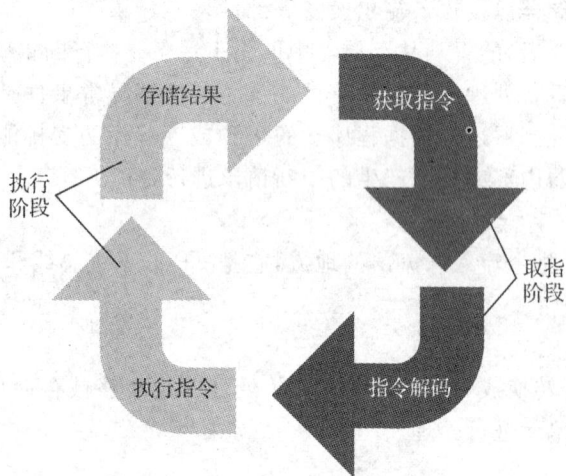

图 3.5　指令周期

（1）取指阶段

①取出指定地址的存储器中的指令，并送到指令寄存器中；

②对指令进行译码，使得 ALU 能够识别指令。

（2）执行阶段

①将译码后的控制信号传送给算术逻辑单元 ALU；

②ALU 响应控制信号，执行相应功能，并保存相应结果。

一个指令周期只能执行一条指令，所以许多看上去简单的命令（例如两个数相加）可能需要不止一个机器周期。当需要的时候，指令周期会被重复许多次，直到指令被执行完成。

3.3.4　指令与指令系统

1. 指令

指令是一种采用二进制表示的命令语言，它用来规定计算机执行的操作及操作对象所在的位置。指令由操作码和操作数两部分组成，如图 3.6 所示。

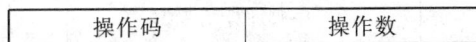

操作码	操作数

图 3.6　指令格式

操作码——用来指明计算机应该执行何种操作的二进制代码。比如加法、减法、跳转等各种基本操作，都有一个操作码与之对应，不同的芯片产品，操作码有所区别。

操作数——用来指明该操作处理的数据或数据所在储存单元的地址。

例如：指令代码（八进制数据）030 030，对应助记符为 ADD 30，其中前面三位八进制数 030 表示加法指令，后面三位八进制数 030 表示要加数据存放的地址；又如：指令代码（八进制数据）140 021，对应助记符为 JMP 021，其中前面三位八进制数 140 表示跳转指令，后面三位八进制数表示跳转的具体地址。

计算机中无论简单还是复杂的操作，最终都能分解为一个最基本的操作，每一个基本操作都有一条指令与之对应，因此可以用一系列的指令来描述操作的实现过程，而这一系列的指令，实际上就是程序。

每种不同类型的 CPU 都有自己独特的一组指令，指令种类很多，包括数据传送指令、算术运算指令、逻辑运算指令、移位指令、控制转移指令和输入/输出指令等。

2. 指令系统

指令系统是指某种类型 CPU 所有指令的集合，不同的 CPU 指令系统是不相同的，因此某一类计算机的程序代码就不一定能在其他类型的计算机上运行，这就是所谓的"兼容性"问题。比如，目前 PC 中只用最为广泛的 CPU 是 Intel 和 AMD 公司的产品，由于两者的内部设计几乎相同，指令系统几乎一样，因此这些 PC 机相互兼容；而苹果公司生产的 Macintosh 个人计算机，其 CPU 采用的是 Motorola 公司的芯片，与 Intel 和 AMD 的结构不同，指令系统也大相径庭，因此无法与 Intel 和 AMD 的 PC 机兼容，很多软件也不通用。

即使是同一个公司的产品，随着技术的发展和新产品的推出，他们的指令系统也会不断地扩充发展。例如 Intel 公司的 CPU 产品经历了 8088→80286→80386→80486→Pentium→Pentium Pro→Pentium Ⅱ→Pentium Ⅲ→Pentium Ⅳ→Intel core→Intel Core 2→…。每种新处理器的指令数据和种类越来越多，为解决"兼容性"问题，一般都采取"向下兼容"的原则，即新类型的处理器包含旧类型处理器的全部指令，从而保证在旧类型处理器上开发的软件系统也能在新的处理器上正确执行。

3.3.5　指令与程序的执行

我们以一个简单的加法运算来剖析指令的执行过程。例如实现两个存放于存储器中的数据 2 和 3 的加法,并把结果送到地址为 21 的存储单元(假设 2 和 3 分别存放于内存地址为 20 和 30 的单元中)。实现该功能,需要三条指令完成,第一条:"LDA　20";第二条:"ADD 30";第三条:"STA　21",这三条指令构成一段小程序。假设 3 条指令分别存放于内存地址为 10、11 和 12 的内存中,则实现该加法的程序段和数据在内存的存放结构如图 3.7 所示。

八进制内存地址	内存中八进制内容	助记符
10	020　020	LDA　20
11	030　030	ADD　30
12	021　040	STA　21
…	…	
20	000　002	
21	存放计算结果	} 数据
…		
30	000　003	

图 3.7　实现 2 加 3 功能的一段小程序段

第一条指令"LDA　20"的功能是将内存地址为 20 的存储单元中的数据 2 取出,放入 CPU 内的累加器中(存放 ALU 运算操作数的寄存器)。

第二条指令"ADD　30"的功能是将内存地址为 30 的存储单元中的数据 3 取出,并且和累加器中的数据 2 相加,计算结果 5 从 ALU 输出端送往累加器中。

第三条指令"STA　21"的功能是将放在累加器中的结果送地址为 21 的存储单元中。

我们以 ADD 和 STA 指令为例,详细剖析指令和程序的执行过程。

ADD 指令是典型的访问内存的指令,其指令周期由三个 CPU 周期组成,如图 3.8 所示。

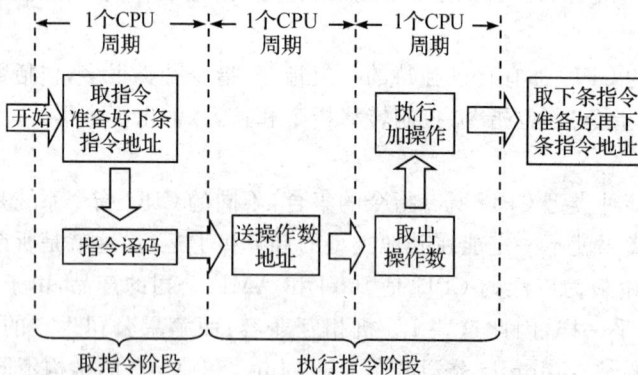

图 3.8　ADD 指令的指令周期

第一个 CPU 周期为取指令阶段,CPU 完成三件事情:(1)从地址为 10 的存储单元中取出指令;(2)调整地址寄存器信息,指向下一条指令的内存地址 11,为取得下一条指令做好准备;(3)对取得的指令操作码进行译码,确定指令的功能。

第二个 CPU 周期和第三个 CPU 周期为指令执行阶段。其中第二个 CPU 周期中,CPU 将操作数的地址送往地址总线,用于选中存放数据 3 的内存单元。而第三个 CPU 周期从内存中取出操作数 3,并执行加法操作。

1. 取指令阶段

取指令阶段的过程如图 3.9 所示。我们假设图 3.7 的程序已装入内存中,并且已经执行第一条指令"LDA　20",因而取指令阶段(第一个 CPU 周期)CPU 执行如下动作:

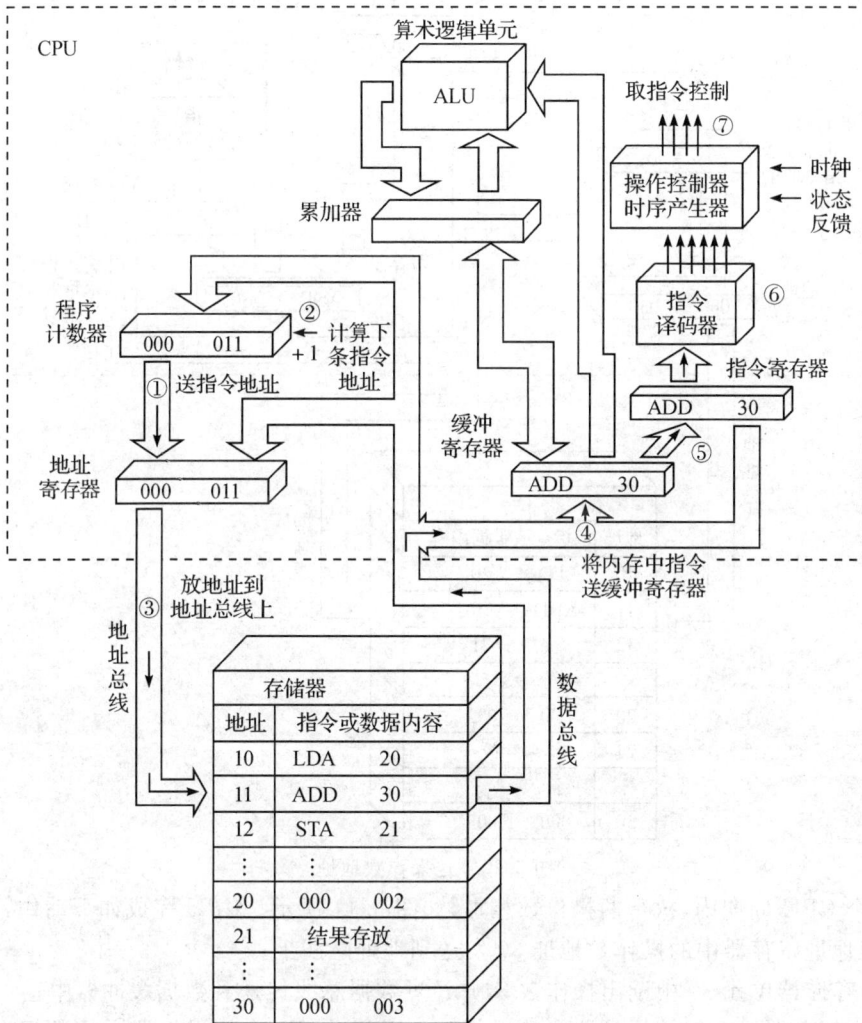

图 3.9　取 ADD 指令

(1)将指令"ADD　30"的地址值 11 装入地址寄存器中;

(2)PC 计数器内容加 1,为取下一条指令取指的地址做好准备;

(3)把地址寄存器内容 11 放到地址总线上;

(4)所选存储单元 11 的内容(指令)经过数据总线,传送到缓冲寄存器;

(5)将缓冲寄存器内容送到指令寄存器;

(6)指令寄存器中的操作码被译码;

(7)CPU 识别出指令 ADD,至此,取指令阶段结束。

2. 执行指令阶段

第二个 CPU 周期内,送操作数地址,如图 3.10 所示。CPU 将指令"ADD　30"中的地址 30 送地址寄存器,30 为存放数据 3 的内存地址。

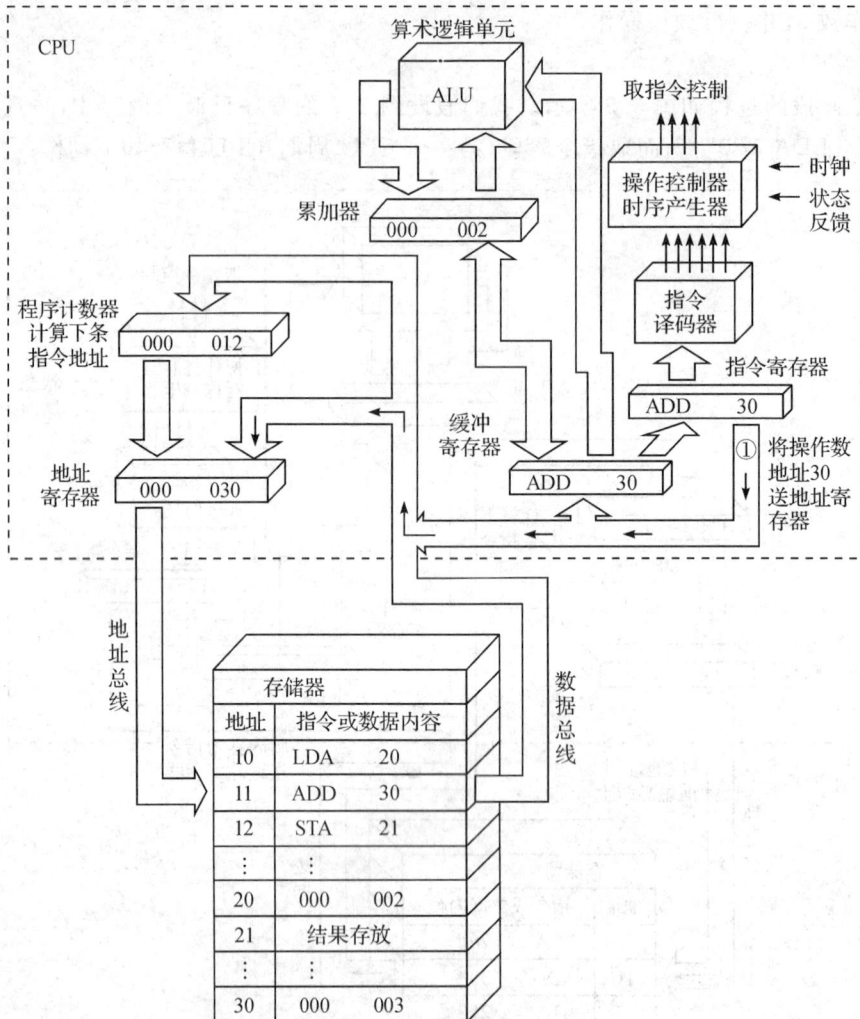

图 3.10　送操作数地址

第三个 CPU 周期内,执行两操作数相加,如图 3.11 所示。CPU 完成如下动作:

(1)把地址寄存器中的操作数地址 30 发送到地址总线上;

(2)由存储器单元 30 中读出操作数 3,并经过数据总线传送到数据缓冲器中;

(3)执行加操作:由数据缓冲器来的操作数 3 可送往 ALU 与累加器内的数据 2 相加,产生结果 5,并将计算结果 5 放回累加器中。

执行完"ADD　30"指令后,CPU 继续执行下条指令"STA　21",STA 指令的指令周期也由三个 CPU 周期组成。

第一个 CPU 周期,取指令阶段,过程与 ADD 指令完全一样,参见图 3.9,不同的是程序计数器中的内容变为下一条指令的地址。

第二个 CPU 周期,送操作数地址,将指令"STA　21"的地址码 21 送地址寄存器,参见图 3.10 所示。

第三个 CPU 周期,存储结果,将累加器中的计算结果 5 存入数据缓冲器,并根据地址总线上的地址信息,将结果 5 存入地址为 21 的内存中,如图 3.11 所示。CPU 完成的具体动作如下:

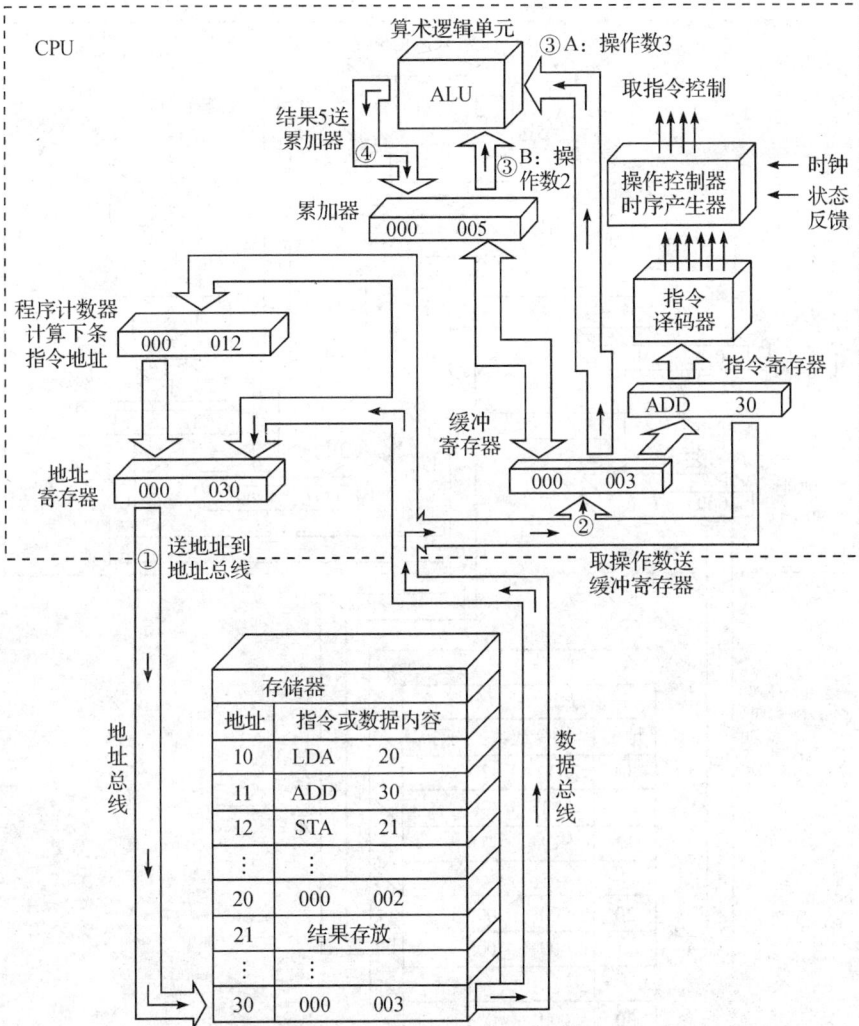

图 3.11　取操作数并执行加法操作

（1）累加器的内容 5 被送到缓冲器寄存器中；

（2）把地址寄存器的内容 21 发送到地址总线上，21 即为将要存入的数据 5 在内存中的地址；

（3）把缓冲寄存器中的内容 5 送到数据总线上；

（4）数据总线上的数据 5 写入到所选的存储器单元中，即将数据 5 写入存储器 21 号单元中。

注意：在这个操作之后，累加器中的数据 5 仍然保留，而存储器 21 号单元中原先的内容被覆盖而不再存在，因此，如果 21 号单元原先数据有用处，就必须先把它保存到其他位置。

程序实质上是一系列相关指令按照一定顺序排列的指令集合。因此程序的执行，实际上就是组成程序的指令一条一条按照一定顺序执行的过程。程序运行时，将所有指令从硬盘装入到内存特定的存储区域内，并将存放第一条指令的内存地址存放于地址寄存器中，CPU 根据地址寄存器中的地址信息，从相应的内存中取得指令并执行，同时修改地址寄存器中的地址信息，使它指向下一条将要执行的指令的地址，从而能使指令周而复始的自动地一条一条往下执行，直到程序运行结束。

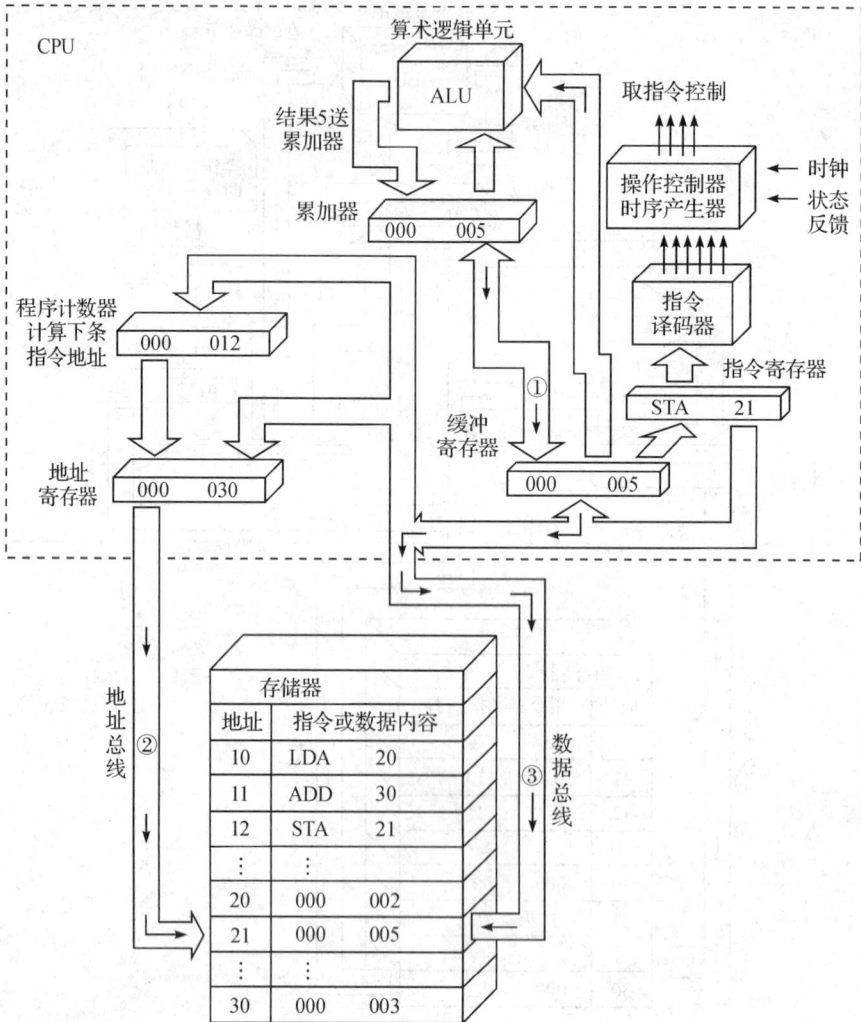

图 3.12　STA 指令存放数据操作

3.3.6　常见的 CPU 及其发展

现在，PC 上主流的 CPU 主要是 Intel 和 AMD 两大系列，Intel 和 AMD 两大品牌都有齐全的产品线。此外，Motorola 等公司也有生产，中国在 2002 年推出首款通用龙芯 CPU 之后，使中国结束了在计算机关键技术领域的"无芯"历史，目前已经发布了龙芯 3 号 CPU，正逐步缩小与国外生产商的性能差距，芯片如图 3.13 所示。

图 3.13　INTEL、AMD 和龙芯 3 的 CPU

随着移动应用的发展,尤其是智能手机的普及,移动芯片成为芯片市场发展最快的主力之一,其中最为典型的为苹果公司 A 系列芯片,高通公司骁龙系列芯片。前者主要用于苹果公司基于 IOS 操作系统的 iPad、iPhone、iPod 等移动终端产品,后者主要用于基于 Android 操作系统的众多智能手机产品,如三星、HTC、酷派、联想、中兴、华为等国内外生成商的各类型号的智能手机。

图 3.14　苹果的 A6 处理器和高通的骁龙处理器

1. Intel 系列处理器

Intel 公司从 1971 年推出第一款芯片 4004 处理器以来,不断研发出性能优越的处理器芯片。1978 年 8086 芯片的推出,处理器步入了 16 位的时代;1981 年,8088 芯片首次用于 IBM PC 机中,开创了全新的 PC 时代;1982 年,80286 芯片的推出,比 8086 和 8088 的性能有较大的提升,并得到了较为广泛的应用;Intel 公司于 1985 年推出了 80386 处理器,是第一款 32 位处理器,在之后的 30 年左右的时间里,32 位 CPU 占据了霸主地位;1989 年 80486 芯片推出,随后 AMD 和 Cyrix 等也陆续推出了 80486 的兼容 CPU,从而开始了 CPU 市场几大巨头的竞争时代;之后 Intel 推出了 Pentium 系列以及简化版的赛扬系列;2001 年 Itanium 处理器的推出,在服务器领域开始步入 64 位处理器时代,Itanium 系列主要是面向工作站和服务器的处理器;2006 年 7 月之后分别推出了酷睿系列 CPU、酷睿 2 系列 CPU 等。

80X86、Pentium 等系列的性能提升主要是通过提高处理器的工作时钟频率来实现的,比如从 80286 的 20MHz 逐步提高到 2004 年奔腾 4 的 3.2GHz。2005 年前后,由于通过提高处理器工作频率的方式慢慢受到物理条件的限制,并且性能提升也不如以前明显,处理器性能的提升开始由单核心处理器向多核心处理器发展。2005 年 5 月,奔腾 D 处理器的推出,标志着双核(多核)时代的到来。

2006 开始,Intel 公司开始退出 Intel Core(酷睿)系列处理器,使 PC 机处理器开始步入 64 位时代,其中 Intel 推出的 Intel Core 2 Quad 更是 4 核心的处理器。Intel Core 2 系列是目前市场的主流产品,通常称为酷睿 2。

为适应市场竞争需要,Intel 公司从 Pentium II 开始推出 Celeron 系列处理器,Celeron 系列是 Pentium 的简化版,通常是通过减少处理器中的二级缓存的大小来降低生产成本和销售价格,一般二级缓存是同级处理器的一半,个别版本甚至取消了二级缓存。由于 Celeron 处理器具有极高的性价比,可以满足办公等绝大部分的应用领域,因此占据了很大的市场份额,但是 Celeron 的浮点运算能力相对差,在复杂计算和图形图像处理等领域的处理能力明显不足。目前市场的主流产品为以 Conroe—L 为核心的 Celeron Core 2 处理器,也称酷睿 2 赛扬。

在处理器发展过程中,随着应用领域的分化,Intel 还推出了专门面向工作站、服务器和移动 PC 的处理器,例如从 Pentium II 开始推出的 Xeon 系列处理器、Itanium 系列处理器。从

Pentium III 开始推出的 Pentium M/Celeron M 系列处理器等。目前移动 PC 的主流芯片为酷睿 i3～i7 的双核四核处理器。

在 CPU 发展过程中,随着性能的提升,其内部结果也越来越复杂,集成电路所包含的晶体管数量也越来越庞大,其制作工艺也越来越复杂,制程工艺[①]在 1995 年以后,从 0.5 微米、0.35 微米、0.25 微米、0.18 微米、0.15 微米、0.13 微米、90 纳米、65 纳米、45 纳米、32 纳米一直发展到目前最新的 22 纳米,而 16 纳米制程工艺将是下一代 CPU 的发展目标。

2. AMD 系列处理器

AMD 公司目前是第二大 CPU 生成厂商,也是 Intel 公司的最大竞争对手。AMD 处理器以其质优价廉、高性价比的特点赢得了广大用户的认可和好评,尤其在个人 PC 领域,占有不错的市场份额,在服务器和移动设备领域也占有一定的市场份额。

AMD 公司自 1970 年推出的 Am2501 产品,经历了 Am2500 系列、Am2900 系列、Am29000 系列、AmX86 系列、K5 系列、K6 系列、K7 系列、K8 系列、K9 系列、K10 系列等。与 Intel 公司类似,AMD 公司从 K7 系列 Athlon(速龙)开始,推出了简化版的 Duron(毒龙)以对抗 Intel 的 Celeron 处理,于 2004 年 7 月开始推出 Sempron(闪龙)替代 Duron。2003 年开始,AMD 推出了 64 位桌面处理器 Athlon64 系列,并于 2007 年 6 月开始推出 64 位双核处理器 Athlon X2 系列。2007 年 11 月,推出了桌面 4 核 Phenom 处理器。AMD 公司也推出了面向服务器领域和移动设备的处理器,例如 Operon(皓龙),与 Intel 的 Xeon(至强)系列类似,主要面向服务器市场,2005 年推出的 Turion 64(炫龙)与 Intel 的 Pentium M 类似,面向移动设备。目前,AMD 公司的主要 CPU 产品分为 FX 系列、A 系列、羿龙 II、速龙 II、闪龙。

3. 国产龙芯系列处理器

中国 CPU 技术的研究起步比较晚,与 Intel 和 AMD 等国外著名的公司还有较大的差距,并且缺乏具有自主产权的 CPU 芯片,这也是中国计算机产业的一大"芯"病。2001 年,中国科学院计算机技术研究所成立龙芯课题组,经过 5 年技术攻关,先后研制成功了龙芯 1 号、龙芯 2 号、龙芯 2 号增强型处理器和龙芯 3 号处理器。"龙芯"的诞生被业内人士誉为民族科技产业化道路上的一个里程碑。商品化的"龙芯"1 号 CPU 的研制成功标志着我国已打破国外垄断,初步掌握了当代 CPU 设计的关键技术,为改变我国信息产业"无芯"的局面迈出了重要的步伐,对我国形成有自主知识产权的计算机产业有重要的推动作用,对中国的 CPU 核心技术、国家安全、经济发展都有举足轻重的作用。

2002 年 9 月 28 日,中国第一颗通用式处理器芯片——"龙芯 1 号"发布,"龙芯 1 号"是一款 32 位微处理器,采用 0.18 微米工艺,CMOS 工艺制造,16K 一级缓存,包含近 400 万个晶体管,具有良好的低功耗特性,平均功耗 0.4 瓦,最大功耗不超过 1 瓦,系统总线为 75MHz 至 133MHz,主频最高可达 266MHz。"龙芯一号"处理器是一款既兼顾通用又有嵌入式 CPU 特点的新一代 32 位处理器,拥有 32 位 MIPS 指令系统,并采用一套简单高效的动态流水线,支持乱序执行和精确中断处理,可以在大量的嵌入式应用领域中使用。从技术和应用的角度来看,"龙芯一号"与主流 CPU 产品还有着很大的差距,仅相当于中端 Pentium 2 的水平。

2005 年 4 月 26 日面世的"龙芯 2 号"是国内首款 64 位高性能通用 CPU 芯片。"龙芯 2

---

① 制程工艺的微米是指 IC 内电路与电路之间的距离。制程工艺的趋势是向密集度愈高的方向发展。密度愈高的 IC 电路设计,意味着在同样大小面积的 IC 中,可以拥有密度更高、功能更复杂的电路设计。微电子技术的发展与进步,主要是靠工艺技术的不断改进,使得器件的特征尺寸不断缩小,从而集成度不断提高,功耗降低,器件性能得到提高。

号"仍采用 0.18 微米 CMOS 工艺制造,128K 一级缓存,支持外部 8M 二级缓存,集成了 1350 万个晶体管,最高频率可达到 500MHz,功耗 3～5W,支持 64 位 Linux 操作系统和 X-Window 视窗系统,是"龙芯一号"实测性能的 8～10 倍,完全可以媲美 Intel Pentium 3。龙芯 2 号的主要应用目标是 Linux 桌面网络终端、低端服务器、网络防火墙、路由器交换机、多媒体网络终端机、无盘工作站等。

2006 年 9 月龙芯二号增强型 CPU(龙芯 2E)通过验收,采用 90nm 工艺,具有 128K 以及缓存和 512K 二级缓存,晶体管数量达到 4700 万个,最高工作频率为 1GHz,单精度峰值浮点运算速度为 80 亿次/秒,双精度浮点运算速度为 40 亿次/秒,性能已经达到高端 Pentium Ⅲ 和中低档 Pentium 4 水平,2007 年成功研制了龙芯 2F 处理器。

2008 年末,"龙芯 3 号"流片(试生成)成功,采用 65nm 工艺,1GHz 的主频,晶体管数目达到 4.25 亿个。"龙芯 3 号"最终目标是实现每秒 500～1000 亿次的计算速度,其产品主要包括单核、四核、16 核三种类型。"龙芯 3 号"处理器的研制目标是满足我国信息化建设基本需求,尤其是满足国家安全的需求和面向服务器和高性能机的需求,并将作为主 CPU 用于国产千万亿次高性能机及国产服务器。

4. 移动芯片

移动芯片的领域除了 Intel 和 AMD 面向笔记本的芯片(如 Intel 酷睿 i3～i7,AMD 的炫龙等)之外,还有面向智能手机和平板电脑的芯片,最为典型的为苹果公司的 A 系列和高通公司的骁龙系列处理器。

5. A6 处理器

苹果 A6 处理器是苹果公司于 2012 年 9 月 12 日发布的最新移动处理器。苹果下一代移动产品将会全部采用 A6 处理器,其中 iPhone5 已经率先采用了最新的 A6 双核处理器。A6 处理器是由苹果设计、三星负责生产组装。苹果 A6 处理器基于 ARMv7 指令集,采用 32 纳米制作工艺,拥有更高的性能和更低的功耗,较 A5 处理器在计算速度及图形处理能力都提高了 1 倍。除了 A6 之外,还包括先前 A5、A4 等处理器,应用于苹果其他更早版本的移动终端。

6. 骁龙处理器

骁龙 600 是高通公司推出的最新智能手机芯片之一。其核心是高达 1.9GHz 的四核 CPU,支持 1080P 高清视频,支持蓝牙、WiFi、GPS 等功能,采用了 28 纳米的制作工艺,支持 Android 操作系统。目前,采用该款处理器的智能手机包括三星 galaxy S4、HTC One(802)、小米 2S、华硕 A80 等中高端产品。骁龙系列除了 600 外,还有骁龙 200、骁龙 400 以及最新的骁龙 800 等。除了骁龙系列外,高通公司还推出了被 HTC、索尼、诺基亚等公司所广泛采用的 S1、S2、S3 系列的中低端智能手机处理器。

3.4　主存储器

计算机的存储器是用于存放数据和程序的设备,可以分为主存储器(Memory,也称内存储器)和辅助存储器(auxiliary storage,也称外存储器)两大类。主存储器在计算机运行时直接与 CPU 进行信息交换,辅助存储器存放当前不立即使用的信息。本小节主要介绍主存储器,稍后小节中再介绍辅助存储器。

3.4.1　主存储器概述

主存储器,也称内存储器,是 CPU 可以直接存取数据的存储器,也是计算机软件运行过程中数据存储的最主要场所,所有的数据都通过内存储器和 CPU 进行交换,因此内存储器性能的高低直接影响计算机系统整体性能的发挥。

现在计算机的内存储器都是采用内存条,直接插在主板的内存插槽上,计算机使用哪种类型的内存条,由所采用的芯片组和 CPU 类型来决定的。

通常我们所说的内存储器是指随机存储器(Random Access Memory,RAM),RAM 存储的数据是临时性的,这意味着一旦关机或者掉电,存储在 RAM 中的数据就会丢失,或者当某个创建数据的程序关闭后,不再需要的数据也会被擦除。

CPU 在 RAM 中存储了数据,就必须能够在需要的时候找到这些数据,为了完成这一任务,内存的每个单元都设有一个编号,称为内存地址。当程序或者数据被存储到内存时,根据数据块大小它们会被存放到一个或者多个连续的单元中。计算机系统会自动设置和维护一个目录表,记录所有存放数据块的第一个字节的地址和所用的字节数(数据块大小),这样在需要时根据该表系统就能够重新获取这些数据。

计算机处理完一个程序时,就会释放该程序所占用的内存空间以便其他程序能够继续使用这些内存,使得内存资源可以重复使用,因此各个内存地址所存储的内容是不断变化的,而每个内存单元的地址是固定不变的。好比邮局中邮箱的编号(内存地址)保持不变,而当邮箱主人拿走邮件以及装入新邮件后,其中存放的邮件(数据)发生了变化。

3.4.2　主存储器的基本组成及操作

1. 主存储器的基本组成

为实现按"地址"存入或者取出数据,存储器至少由地址寄存器、存储体、数据寄存器等组成,此外还包括译码和驱动器、读/写放大电路等结构,如图 3.15 所示。

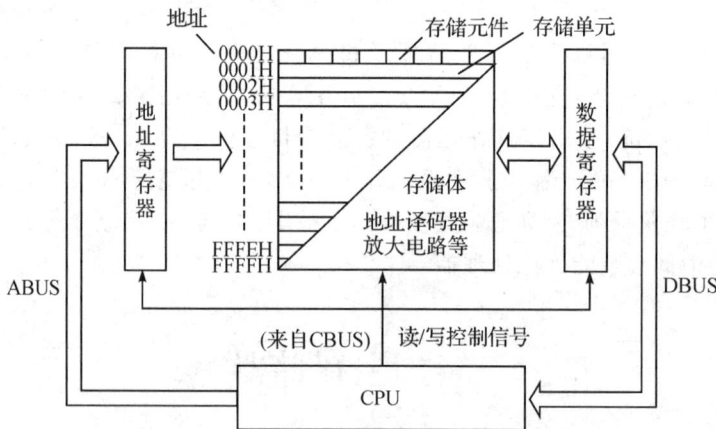

图 3.15　存储器的组成

地址寄存器(Memory Address Register,MAR)由若干位触发器组成,用来存放访问存储器的地址信息。地址寄存器的长度(位数)与存储器的容量相匹配,如存储器容量为 16M,则地址寄存器长度至少为 24($2^{24}=16M$)。

存储体(Memory Bank,MB)由存储单元组成,每个单元包含 8 个存储元件,每个存储元件可存储一位二进制数（"1"或"0"）。每个存储单元都有一个唯一的地址编号,存储体所包含的存储单元总数称为存储器的容量。

数据寄存器（Memory Data Register,MDR）由若干位触发器组成,用来暂时存放从存储单元中读出的数据或者从数据总线传来的即将要写入存储单元的数据。数据寄存器的宽度应与存储单元的长度相匹配,如存储单元的长度为一个字节,则数据寄存器的位数为 8 位。

2. 主存储器的基本操作

内存的基本操作包括"读"操作和"写"操作。所谓"读"操作,是指将内存中的数据取出并送往 CPU 的过程;而"写"操作则是指 CPU 将结果数据存入到内存的过程。

（1）"读"操作过程

①送地址:控制器通过地址总线将访问地址送入内存的地址寄存器。

②发读命令:控制器通过控制总线将读存储器信号发送给内存。

③从存储器读出数据:根据内存地址寄存器指定的内存单元,将数据送入数据寄存器,并经数据总线送入控制器(若读出数据是指令)或运算器(若读出的数据是指令的操作数)。

（2）"写"操作过程

①送地址:同读操作。

②送数据:CPU 将要写入内存的数据由运算器(如是运算结果)或输入设备(如输入程序或数据)经数据总线送入数据寄存器。

③将数据写入存储器:发送写存储器信号,并在该信号的作用下,将数据寄存器中的数据写入内存地址寄存器指定内存单元中。

3.4.3　主存储器的主要技术指标及相关参数

1. 主存储器的主要技术指标

衡量一个主存储器的技术指标主要有存储容量、存取时间、存取速率等。

（1）存储容量存储容量（capacity）

存储容量是指存储器能存放信息(程序和数据)的总量,即存储器有多少个存储单元。最基本的存储单元是位（bit）,但在计算容量时通常以字节（byte）为单位。最常用的单位是 KB（1024 bytes）,其余的依次为 MB（1024 KB）、GB（1024 MB）等。例如某机器容量为 1MB,即 1024K 字节。

一般存储器是按地址访问的,所以每一个存储单元都有一个固定地址,如要访问 1MB 存储器中的任一字节,需要给出 1M 个地址。即需要 20 位地址长度($2^{20}=1$M）。

（2）存取时间（access time）和存取周期

存取时间和存取周期是表征存储器工作速度的两个技术指标。存取时间(也叫访问时间)是指存储器单独一次从接受 CPU"读"或"写"命令到完成"读"或"写"操作所需的时间。存取周期是指两次独立的"读"或"写"操作(如连续两次"读"、连续两次"写"或连续一次"读"一次"写"操作)所需的最短时间。对于半导体存储器来说,存取周期约为几到几百 ns（10^{-9} s）。

（3）存取速率（access speed）

存取速率是指单位时间内主存与外部(如 CPU)之间交换信息的总位数,记为 C,则:

$$C = \frac{1}{T_{MC}} \cdot W$$

式中，$\dfrac{1}{T_{MC}}$——表示每秒从主存读入信息的最大速率，单位是字/秒或字节/秒；W 为数据寄存器的宽度，故 W/T_{MC} 表示主存数据传输带宽。

2.主存储器相关参数

主存储器的其他参数还包括内存的接口类型和 CL 值等。

(1)接口类型

接口类型是根据内存条插口的导电触片(金手指，引脚 Pin)的数量来划分的。常见的有 SIMM(Single Inline Memory Module，单内联内存模块)、DIMM(Dual Inline Memory Module，双内联内存模块)和 RIMM(RDRAM Inline Memory Module，RDRAM 内存接口模块)三种类型内存插槽，笔记本内存插槽都是在 SIMM 和 DIMM 的基础上发展而来的，引脚的数量有所变化。

SIMM 主要应用于 SDRAM，目前逐步被 DIMM 取代，RIMM 是 RDRAM 专用的接口类型，由于 RDRAM 的原因，目前很少能看到。目前主流的内存插槽是 DIMM。

同样采用 DIMM 接口，SDRAM 的接口和 DDR 的接口也略有不同，SDRAM DIMM 为 168Pin，内存条每面 84Pin，有两个卡口，用来避免错误插入内存插槽，如图 3.16 所示。DDR DIMM 则采用 184Pin，内存条每面 92Pin，只有一个卡口，如图 3.17 所示。DDR2 和 DDR3 内存都是 240Pin 的接口，与 DDR 类似只有一个卡口，但是针脚数在卡口左右的数量有所不同。240Pin 的 DDR2 和 DDR3 如图 3.18 和图 3.19 所示。

图 3.16　SDRAM 内存条

图 3.17　DDR 内存条

图 3.18　DDR2 内存条(120×2PIN，左 64PIN，右 56PIN)

图 3.19　DDR3 内存条(120×2PIN，左 48PIN，右 72PIN)

(2)CL 值

CL(CAS Latency)即列地址信号延时时间，是内存条性能的重要参数之一，CL 值并不是真正的延时时间,但 CL 值越小,数据传输延时越短,速度越快。

一般内存条都会注明 CL 值,SDRAM 的 CL 值有 2 和 3 两种,DDR SDRAM 的 CL 值有 2 和 2.5 两种。DDR2 和 DDR3 出现了多种 CL 值,如 5、6、7、8、9 等。此外,选购内存时,最好选择同样 CL 设置的内存,不同速度的内存混合使用,系统会以较慢的速度运行,造成快速内存的资源浪费。

3.4.4　主存储器分类

主存储器由早期的水银延迟线,阴极射线管延迟线,发展到 50～60 年代的磁芯存储器,直至发展到现在的半导体存储器。半导体存储器主要分为随机存储器(RAM)和只读存储器(ROM)两大类。内存储器的具体分类如图 3.20 所示。

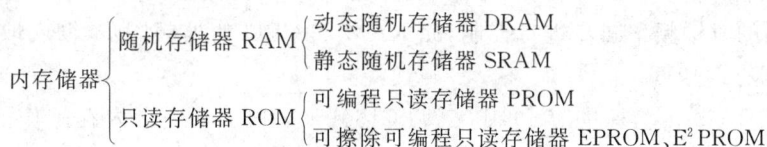

$$
\text{内存储器}\begin{cases}
\text{随机存储器 RAM}\begin{cases}\text{动态随机存储器 DRAM}\\\text{静态随机存储器 SRAM}\end{cases}\\
\text{只读存储器 ROM}\begin{cases}\text{可编程只读存储器 PROM}\\\text{可擦除可编程只读存储器 EPROM、E}^2\text{PROM}\end{cases}
\end{cases}
$$

图 3.20　内存储器

1.随机存储器

(1)RAM

RAM 的全名是“随机存取存储器”(Random Access Memory)。它通常有以下三个特点:

①可以读出,也可以写入。读出时不损坏所存储的内容。只有写入时才能修改原来所存储的内容。

②所谓随机存取,意味着存取任一单元所需的时间相同。

③当断电后,所有的存储内容会消失,称为易失性(volatile)。不过,今天已有非易失性 RAM,称为 NOVRAM(nonvolatile RAM)。

(2)DRAM 和 SRAM

RAM 又可分为动态(Dynamic RAM)和静态(Static RAM)两大类。

动态 RAM 是用四管 MOS 电路和电容来做存储元件的,由于电容会放电,所以需要定时充电以维持存储内容的正确,这一过程称为“刷新”,例如每隔 2ms 刷新一次,因此称之为动态 RAM。

静态 RAM 是用双极型电路或 MOS 电路的触发器作为存储元件的,没有电容造成的刷新问题。只要有电源正常供电,触发器就能稳定地存储数据,因此称之为静态 RAM。

DRAM 的特点是高密度,SRAM 的特点是高速度。

2.只读存储器

ROM 为只读存储器(Read Only Memory)的缩写。一旦 ROM 中有了信息,就不会轻易改变,也不会在掉电时丢失,它们在计算机中是只供读出的存储器。它只能读出原有的内容,而不能写入新内容。原有内容由厂家一次性写入,并永久保存下来。

(1)PROM 和 EPROM

PROM 是可编程只读存储器(Programmable Read Only Memory)的缩写。它与 ROM 的性能一样,存储的程序在处理过程中不会丢失、也不会被替换。区别是厂家能针对用户对软件的专门要求来烧制其中的内容。因此 PROM 大都固化某些在使用中不需变更的程序或数据。

EPROM 是可擦除可编程只读存储器(Erasable Programmable Read Only Memory)的缩

写。它的内容通过紫外线光照射可以擦除,这种灵活性使 EPROM 得到广泛的应用。

（2）E²PROM

E²PROM 是电擦除可编程只读存储器(Electrically Erasable Programmable ROM)的缩写。它包含了 EPROM 的全部功能,而在擦除与编程方面更加方便。

3. 近年市场主流内存分类

近年市场主流的内存主要有 SDRAM、DDR SDRAM、RDRAM 三种。早期也出现过 EDO 等类型的内存,目前已经淘汰。

（1）SDRAM

SDRAM(Synchronous DRAM,同步动态随机存储器),曾是 PC 机应用最为广泛的一种内存类型,即便在今天,SDRAM 仍旧还在市场中占有一席之地。同步的含义就是指 RAM 和 CPU 要以相同的时钟频率同步进行控制,使 RAM 和 CPU 的外频同步,彻底取消 CPU 等待时间,提高数据存取速度。

常见的 SDRAM 传输标准有 PC100 和 PC133,100 和 133 表示内存工作的频率可以达 100MHz 或 133MHz。

（2）RDRAM

RDRAM(Rambus DRAM)是美国的 RAMBUS 公司开发的一种内存。与 DDR 和 SDRAM 不同,它采用了串行的数据传输模式。

RDRAM 的数据存储位宽是 16 位,远低于 DDR 和 SDRAM 的 64 位。但在频率方面则远远高于同时期的 DDR 或者 SDRAM,可以达到 400MHz 乃至更高。同样也是在一个时钟周期内传输两次数据,能够在时钟的上升期和下降期各传输一次数据,内存带宽能达到 1.6 GByte/s。

RDRAM 推出时,因为其彻底改变了内存的传输模式,无法保证与原有的制造工艺相兼容,而且内存厂商要生产 RDRAM 还必须要交纳一定专利费用,再加上其本身制造成本,就导致了 RDRAM 从一问世就因高昂的价格让普通用户无法接收。而同时期的 DDR 则能以较低的价格、不错的性能,逐渐成为主流,虽然 RDRAM 曾受到英特尔公司的大力支持,但始终没有成为主流。

（3）DDR SDRAM

DDR SDRAM 是 Double Data Rate SDRAM 的缩写,是双倍速率同步动态随机存储器的意思,是在 SDRAM 内存的基础上发展而来的,是目前市场上使用最为广泛的内存。SDRAM 在一个时钟周期内只传输一次数据,而 DDR 内存在一个时钟周期内可以传输两次数据。显然,在相同的总线工作频率下,DDR 内存可以达到更高的传输速度。

常见 DDR 内存分 DDR-I 和 DDR-II,最新的为 DDR-III。DDR-I 常见工作频率为 266MHz、333MHz、400MHz 等,而 DDR-II 常见的有 400MHz、533MHz、667MHz,800MHz,目前最高已经达到 1066MHz 的工作频率。DDR-III 常见频率有 1066MHz、1333MHz、1375MHz、1600MHz、1800MHz 等,目前最高已经达到 2000MHz。

DDR SDRAM 的传输标准从 PC1600 至 PC5300,DDR2 的传输标准从 PC2-3200 至 PC2-10000,DDR3 的传输标准从 PC3-8500 至 PC3-16000。数值表示的是内存传输速率,比如 PC2-3200 表示该内存的传送速率为 3200Mbps,即每秒 3200M 比特位,目前最高传输速率达到了每秒 16000Mbps。

3.5　辅助存储器

在计算机系统中,辅助存储器用于存放当前不需要立即使用的信息,虽然辅助存储器的存取速度比内存要慢,但是其存储容量较大,可靠性较高,价格相对低廉,在脱机的情况下可以永久保存信息。目前,常用的辅助存储器有磁带存储器、磁盘存储器以及光盘存储器和闪存等。本节首先讨论存储系统的特征;然后再介绍现今使用的最重要的磁盘系统,光盘存储系统和其他类型的存储系统,最后再对各类存储器作比较。

3.5.1　存储系统的特性

1. 存储系统的物理组成

所有的存储系统都包含两个物理部分:存储设备和存储介质。如软盘驱动器和 DVD 驱动器属于存储设备,而软盘和 DVD 光盘就属于存储介质。驱动器或其他类型的存储设备需从存储介质上读/写程序和数据。存储介质必须插入或与相匹配的存储设备完全接触,这样程序、数据或者其他内容才能被保存或者读取。

存储设备可以是内置(放在机箱内部)的或者外置(放在机箱外部)的。如软盘驱动器、硬盘驱动器、CD 或 DVD 驱动器就是内置设备,通常在购买计算机的时候已经安装和配置在计算机系统的内部。以后如果需要增加,也可以在计算机内预留空间。外置的设备是硬件独立的一部分,通过电缆与计算机外面的端口相连接。一般情况下,内置设备的运行速度要比外置设备快。

计算机系统为了能标识区分不同的磁盘驱动器和其他一些存储设备。通常是通过指定一些字母或者名称来区分它们的。比如一般字母 A、B 用来表示软盘驱动器,字母 C、D、…(根据硬盘分区的个数而定)表示硬盘驱动器,最后一个硬盘驱动器对应的下一个字母符号表示 CD 或者 DVD 驱动器,再之后的一般表示移动的外置存储器设备。各个存储设备对应的符号通过磁盘管理工具可以更改,但必须是唯一的。

大多数的存储系统必须通过位于存储设备内的读/写磁头从存储介质中读出或者写入数据。例如,看录像时,要通过 VCR 磁头来播放录影带或将内容录制到录像带上。计算机系统所使用的磁盘、磁带和其他存储介质运行的原理基本相似。有些存储设备使用一个单一的读/写磁头,还有的使用多个读/写磁头。光介质的存储设备使用激光头来读/写光盘上的内容。

2. 存储系统的存储特征

存储在存储介质上的数据信息具有存储容量大、不易丢失、安全可靠、存储时间长、携带方便等特点,即使是存储设备的电源关闭后,信息也不会丢失,当再次打开的时候,可以根据需要读取相关的数据。这个特点与 RAM 正好相反,RAM 具有容量较小、价格较高、存取速度快等特点。

3. 存储介质的分类

在许多存储系统中,存储设备总是与计算机相连,相关的存储介质在计算机读/写它之前必须插入到存储设备中,这就是所谓的移动介质存储系统。例如软盘、CD 盘和 DVD 盘都是可移动介质。而固定介质存储系统,如硬盘驱动器系统,是将存储介质(如硬盘)密封安装在存储设备(如硬盘驱动器)中的,用户不能移动存储介质。

一般情况下,固定介质存储设备比移动型的速度快、可靠性好、价格低,而移动介质设备也有以下几点优点:

(1)无限的存储容量——一旦存储介质满了可以插入一个新的存储介质到存储设备中。

(2)可运输性——可和许多计算机以及其他人共享同种介质。

(3)文件备份——可将移动介质中有价值的数据另外复制一份,将复件保存起来,这样原件损坏后可以恢复数据。

(4)安全性——一些敏感的程序或者资料可以存到移动介质中,放在安全的地方。

目前,几乎所有的台式电脑和笔记本电脑都包括固定和移动存储设备。

此外,根据存储介质的工作原理和所使用的介质材料,存储介质可以分为磁存储介质、光存储介质和闪存芯片等,如图 3.21 所示。

```
              ┌ 磁盘 ┬ 硬盘
              │      └ 软盘
              │      ┌ 只读型光盘
              │ 光盘 ┼ 一次写入型光盘
              │      └ 可擦写光盘
        外存 ─┤      ┌ Smart Media(SM 卡)
              │      │ Compact Flash(CF 卡)
              │      │ Multi Media Card(MMC 卡)
              │ 闪存 ┼ Secure Digital(SD 卡)
              │      │ Memory Stick(记忆棒)
              │      │ U 盘(优盘)
              └      └ SSD(固态硬盘)
```

图 3.21　外存储器分类

4.存储介质的访问方式

当计算机接收到指令需要获取存储器中的数据或程序时,它必须找到正确的位置,然后打开正确的数据或者程序文件,这个过程就叫访问。

计算机系统使用两种基本的访问方法:随机访问和顺序访问。随机访问也称直接访问,是指可以按照任意顺序从磁盘的任意位置直接打开数据。顺序访问是只能按照数据自身存储的物理顺序打开数据。计算机系统的磁带驱动器采用的就是顺序访问。计算机磁带运行就像盒式磁带或录影带一样,如果想听一首歌或看一段电影,必须播放或者快进它前面的整个带子。计算机其他类型的存储设备如硬盘驱动器、软盘驱动器和 CD/DVD 驱动器都属于随机访问设备,它们和 CD/DVD 盘一样,可以直接跳到所选择的位置。

采用随机访问方式的存储介质有时也叫做可寻址介质,这意味着存储系统将每个存储的数据和程序存放在一个特定的地址,这个地址是计算机自动决定的。

5.逻辑与物理的表示方法

虽然用户和计算机都通过使用驱动器、文件夹和文件名来保存和重新打开文件,但对于某个特殊文件存放的地址(位置),两者的观点是不同的。用户对存储数据的路径的观点叫做逻辑文档表示法。我们认为文件是保存在一个特定驱动器上的一个专门的文件夹内。相反,在存储介质上存放和管理数据的物理路径称为物理文档表示法。例如,某文件逻辑上是保存在 C 盘上的 DATA\MEMOS 文件夹内,但实际物理上可能是分散地存在硬盘中不同的区域,这样计算机就必须清楚一个文件所使用的不同物理区域和用来识别文件的文件名及其存放的路径。在实际的使用中,文档的物理表示方法对用户是透明的,也就是说用户不必去关心文件的物理存放,而只需要关心文件的逻辑存放,即文件的名称和存放文件的文件夹(路径)。

3.5.2　磁盘存储器

磁盘存储器(Magnetic Disk Storage)可分为硬磁盘存储器和软磁盘存储器两种,简称硬盘机和软盘机。这两种磁盘机的组成及工作原理大致相同,故下面先说明这两种磁盘机的共性,然后分别介绍它们的不同之处。

1. 磁盘机的结构

磁盘机的结构原理图如图 3.22 所示,它由磁盘驱动器、磁盘机接口板及磁盘所组成。图中,磁盘是存储信息的载体,每片磁盘可有两个盘面,每个盘面上有一个读/写磁头,用于读取或写入该盘面上的信息。磁盘驱动器是实现读/写操作的设备,它包含磁头步进电机、磁盘驱动电机及控制读/写的逻辑电路等。磁盘机接口板是连接 CPU 与磁盘驱动器部件,它接收来自 CPU 的控制命令,发出使磁盘驱动器进行操作的控制信号。

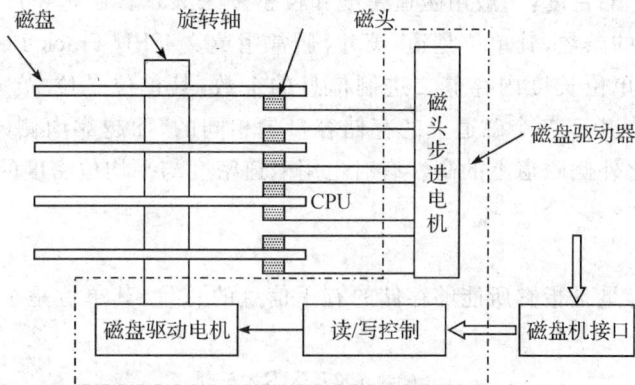

图 3.22　磁盘机结构原理

磁盘表面的信息存放格式如图 3.23 所示,每个盘面(或称记录面)上有几十条到几百条同心圆磁道,由外向里分别为 0 磁道、1 磁道、…、n−1 磁道。每条磁道上又被分成若干扇区,每个扇区存放若干字节信息。簇是磁盘最小的管理单位,而不是字节,簇的大小与磁盘的规格有关,软盘每簇是 1 个扇区,硬盘每簇的扇区数与硬盘的总容量大小有关,可能是 4、8、16、32、64 等,也就是说,即使某信息的大小只有几个字节,那么当它保存在磁盘中时,至少也要占用一个簇的空间,而不是它的实际大小的字节数。磁盘机与主存交换信息时,应给出磁盘的盘面号、磁道号、扇区号及存取信息的长度,这些参数实际上就是访问磁盘存储器的"地址"。这样,当主机访问磁盘存储器时,先根据给定的盘面号,启动该盘面上的读/写磁头处于读/写状态;然后由磁头步进电机将上述磁头移动到给定的目的磁道上,磁盘在驱动电机的驱动下旋转,当给定扇区号的扇区进入上述磁头之下时,便可从该磁头中存取信息,直到将给定长度的信息全部存取完毕。

由于磁盘访问数据速度快,价格相对较低,而且能删除和重写数据,所以已成为如今计算机最广泛使用的存储介质。在磁性存储系统内,数据通过读/写磁头磁化粒子写入到磁盘表面,这些粒子能保持磁极方向,因此日后能读出保存的数据,而且还有可能再写入(改变磁极方向,就可以反映出新的存储内容)。接下来我们探讨最普遍的磁盘类型:软盘和硬盘。

2. 磁盘机的主要技术指标

磁盘机的主要技术指标有四项,它们是记录密度、存储容量、寻址时间和数据传输速率。下

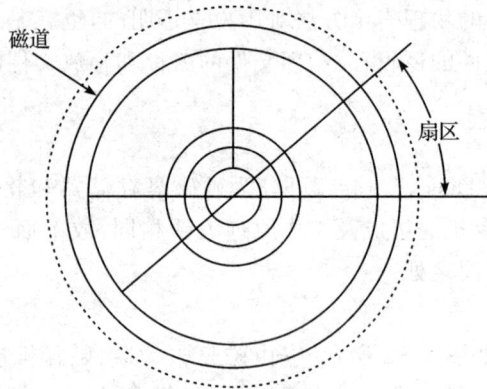

图 3.23　磁盘的信息存放格式

面对这四项指标作简要说明。

(1)记录密度

记录密度又称存储密度,一般用磁道密度和位密度来表示。磁道密度是指沿磁盘半径方向,单位长度内磁道的条数,其单位是道/英寸,通常用英文 TPI(Track Per Inch)表示。位密度是指沿磁道方向,单位长度内存储二进制信息的个数,其单位是位/英寸,通常用英文 BPI(Bit Per Inch)表示。由于各个磁道上的存储容量是相同的,而越靠内侧的磁道越短,故内侧磁道上的位密度要比外侧磁道上的高。有时也用磁道密度与平均位密度的乘积来描述磁盘机的记录密度。

(2)存储容量

磁盘机的存储容量是指它所能够存储的有用信息的总量,其单位是字节。存储容量可按下列公式计算:

$$C=n\times K\times S\times b$$

式中,n 为存储信息的盘面数(或者磁头数,每个盘面都有一个读/写磁头),K 为盘面上的磁道数,S 为每一磁道上的扇区数,b 为每个扇区可存储的字节数。存储容量一般用 KB、MB 或 GB 表示。

(3)寻址时间

寻址时间是指磁头从启动位置到达所要求的读/写位置所经历的全部时间,它由寻道时间 T_S(又称查找时间)和平均等待时间 T_W 两部分组成。寻道时间是指磁头找到目的磁道所需要的时间,平均等待时间是指所读/写的扇区旋转到磁头下方所用的平均时间。因为磁头等待不同的扇区所用的时间不同,故一般取磁盘旋转一周所用时间的一半作为平均等待时间,显然,平均等待时间与磁盘的转速有关。

例如,某硬盘转速为 2400r/min,则盘片转一周所需时间为(1000ms×60)/2400=25ms,平均等待时间 T_W=12.5ms。

寻道时间由磁盘机的性能决定,它由磁盘生产厂家给出。假设上例中磁盘机的寻道时间为 15ms,则该磁盘机的寻址时间是 12.5ms+15ms=27.5ms。

(4)数据传输速率

数据传输速率是指磁头找到地址后,每秒读出或写入的字节数,其计算方法是:一个磁道上存储的字节数除以磁盘每转一周所需的时间。

以上题为例,数据传输速率为:

假设每个磁道记录的字节数＝$S \times b$＝16×512；

磁盘转一周所需时间＝25ms；

数据传输速率：T＝$(16 \times 512)/25ms$＝320KB/s。

3. 软盘与硬盘

(1)软盘(floppy disk)

软盘是以塑料圆盘为基片，上下两面涂有磁性材料而制成的磁盘。它质地较软，需封装在一个专用塑料套内。其外形如图 3.24 所示。中间的驱动旋转孔用于固定盘片，使盘片可以在驱动电机的带动下旋转，以便磁头进行读/写信息。磁头读/写孔是磁头与软盘的接触区域，在该区域内磁头可以前后移动，以便定位需要进行读/写的磁道。索引检测孔是用来定位磁道的起始位置。写保护槽口用于对软盘中的信息进行保护，如果将写保护槽封死，则该软盘只能读出信息，而不能写入信息或者对软盘中的信息进行修改。按所用盘片的尺寸不同，软盘片有 8 英寸、5.25 英寸、3.5 英寸、2.5 英寸、1.8 英寸等数种。从内部结构上看又可按使用的磁头和记录密度不同，分为单面单密度(Single-Side Single-Density)，双面单密度(Double-Side Single-Density)，单面双密度(Single-Side Double-Density)，双面双密度(Double-Side Double-Density)等，双密度也称高密度。目前常用的是双面高密度的 3.5 英寸软盘。与硬盘相比，软盘的存储容量小，存取速度慢，已经不太适应目前信息存储的要求，同时随着新的快速大容量的存储设备的出现，软盘已经被优盘等移动存储设备所取代，并退出历史舞台。

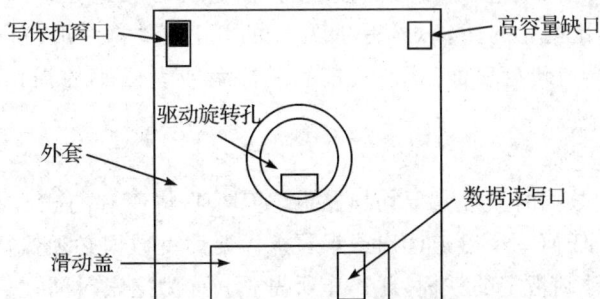

图 3.24　3.5 英寸软盘外形结构

(2)硬盘(hard disk)

①硬盘的物理属性

硬盘是以铝合金圆盘为基片，上下两面涂有磁性材料而制成的磁盘。它质地坚硬，可将多个盘片固定在一根轴上(见图 3.25)，以组成一个盘组，一台硬磁盘机可有一个或多个盘组。硬盘上的读/写磁头大多数是浮动的，它可沿着盘面的径向移动。目前常用的硬盘是温彻斯特盘(简称温盘)，其直径有 14 英寸、8 英寸、5.25 英寸和 3.5 英寸等几种类型。在微型计算机中，采用了直径为 3.5 英寸和 2.5 英寸(通常用于笔记本电脑中)的小型温盘，并将硬盘片、磁头、电机及驱动部件全做在一个密封的盒子中，因而具有体积小、重量轻、防尘性好、可靠性高、使用环境比较随便等特点。与软盘相比，硬盘具有存储容量大(可达上几百 GB)、存取速度快(盘片转速可达每分钟 5400～15000 转)等优点。但硬盘多固定于主机箱内，故不便于携带。

②硬盘地址

和软盘一样，当被格式化后硬盘表面也被划分成磁道和扇区。

除了磁道和扇区(见图 3.23)，硬盘存储地址还使用柱面这个概念。一个硬盘柱面是指硬盘中每个磁盘表面上一个特定编号的磁道的集合，例如每个磁盘表面上的第 10 个磁道，构成

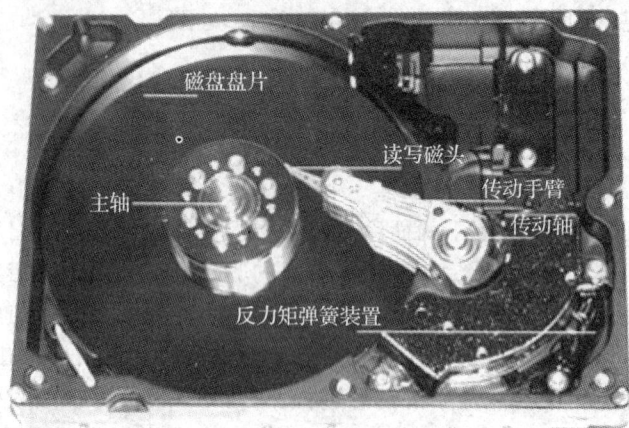

图 3.25　3.5 英寸硬盘

一个编号为 10 的柱面。硬盘驱动器通常有几百至几千个柱面。一块硬盘上的磁道数就等于整个磁盘系统的柱面数量。

③数据读写

大多数硬盘驱动器中的每个盘面至少有一个读/写磁头。磁头随着读写臂的移动可以定位到任何的磁道(柱面)上,随着盘片的转动,就可以读/写该磁道上的数据信息。读/写磁头在读/写数据的任何时候都不直接接触磁盘表面,而是非常靠近磁盘表面,磁头与磁盘表面之间大约有百万分之几英寸的距离(约是头发丝的几万分之一,烟粒子的几千分之一),因此任何杂质、灰尘附着到硬盘表面,都有可能引起磁盘或者磁头的损伤,这就是所谓的磁头崩溃。

④磁盘存取时间

硬盘在读/写不同数据时候经常要切换磁道,通常,它将所有的磁头都放置在同一个柱面上,这时数据从柱面上任何一个磁道读出或者写入。要读写数据必须执行以下三个步骤:

• 将读写磁头移动到指定的柱面,此操作所需时间称为搜索时间;

• 旋转轴将磁盘旋转到正确的扇区,此操作所需时间称为等待时间;

• 系统从盘上读取数据传送给 RAM 或者从 RAM 中将要写入的数据传送给盘然后再存到盘上,此操作所需时间称为数据移动时间。

完成以上三步所花费的时间就叫做磁盘存取时间。硬盘的存取时间大概是 10～20 毫秒。为了缩短存取时间,驱动器通常将相关数据存到同一个柱面上(不同盘面的相同编号的磁道上),这样可以大大缩短搜索时间,从而提高整个存取过程的速度。

⑤磁盘高速缓冲存储器

磁盘的高速缓冲是提高磁盘系统运行速度的一种策略。当使用磁盘高速缓冲存储器时,在磁盘访问计算机系统期间,也会预取位于相邻磁盘区域(例如整个磁道)内的数据信息,然后将它们传送到硬盘控制器的一块专用 RAM,这就是磁盘高速缓冲存储器。采用磁盘高速缓冲存储器,相邻的数据就能很快读出,因此计算机系统通过先将这些数据复制到 RAM 内,就能减少磁盘访问的次数。当需要下一部分数据时,计算机首先检查磁盘高速缓冲存储器,看数据是否已经在里面,如果在,直接从缓冲存储器中取得数据,如果不在,则计算机要从磁盘内读取数据。

⑥硬盘标准

计算机硬盘系统可以使用几种不同的接口标准。这些标准决定了硬盘的性能特征,如数据被压缩到磁盘上的密度,磁盘访问的速度,磁盘的大小等。

现在市场上主要的标准有五种:IDE(Integrated Drive Electronics,电子集成驱动器)、SCSI(Small Computer System Interface,小型计算机系统接口)、SATA(Serial ATA,串行接口)、SATA2 和 SATA3。IDE 的控制器(控制数据在硬驱间的流向的芯片)设置在驱动器内,IDE 的版本包括 ATA/IDE、ATA-2/EIDE、Ultra-ATA 和 Ultra-ATA/66 等,目前最高的传送速率可达 133MB/s。IDE 类型的硬盘具有价格低廉、兼容性强的特点,因此广泛应用于微型计算机,如图 3.26 所示,但是近几年逐渐被 SATA 接口的硬盘所取代。SCSI 控制器可以设置在计算机内也可以设置在与驱动器相连的 SCSI 扩充卡上,其版本包括 SCSI-2、SCSI-3、Wide SCSI、Fast SCSI、Ultra SCSI、Ultra2 SCSI、Ultra3 SCSI 和 Ultra160 SCSI 等,目前最高传输速率可达 320MB/s。SCSI 并不是专门为硬盘设计的接口,是一种广泛应用于小型机上的高速数据传输技术。SCSI 接口具有应用范围广、多任务、带宽大、CPU 占用率低,以及热插拔等优点,但较高的价格使得它很难如 IDE 硬盘般普及,因此 SCSI 硬盘主要应用于中、高端服务器和高档工作站中。SATA(Serial ATA)口的硬盘又叫串口硬盘,如图 3.26 所示,是近几年 PC 机硬盘的发展趋势。2001 年,由 Intel、APT、Dell、IBM、希捷、迈拓这几大厂商组成的 Serial ATA 委员会正式确立了 Serial ATA 1.0 规范,2002 年确立了 Serial ATA 2.0 规范。SATA 1.0 规范的传输速率达到 150MB/s,SATA 2.0 规范达到 300MB/s,SATA 3.0 将实现 600MB/s 的传送速度。此外,光纤通道作为新的存储标准越来越广泛的应用在网络共享存储系统中,光纤通道和 SCSI 接口一样,光纤通道最初也不是为硬盘设计开发的接口技术,是专门为网络系统设计的,但随着存储系统对速度的需求,才逐渐应用到硬盘系统中。光纤通道的出现大大提高了多硬盘系统的通信速度。光纤通道的主要特性有:热插拔性、高速带宽、远程连接、连接设备数量大等。光纤通道是为像服务器这样的多硬盘系统环境而设计的,能满足高端工作站、服务器、海量存储子网络、外设间通过集线器、交换机和点对点连接进行双向、串行数据通信等系统对高数据传输率的要求。

图 3.26　硬盘 IDE 接口和 SATA 接口

⑦硬盘分区与文件系统

从逻辑上,可以将一个硬盘的物理容量分成几个独立的逻辑区域,并可将逻辑区域看成一个独立的磁盘分区,如 C 盘驱动器,D 盘驱动器等。一般情况第一次格式化时至少已经创建了一个分区，如果需要，可以在任何时候更改分区的数目和大小，对分区进行改动时，但会破坏分区里的数据，因此重新分区前应该备份重要的数据到另一个存储介质中。

早期的操作系统对单个硬驱最大容量的支持只达到 512MB，所以比这个容量大的硬盘必须重新分成多个分区。目前大多数较新的操作系统允许使用较大的驱动器，硬驱容量越大，硬驱的簇容量越大（磁盘上最小的可寻址区域，一般有一个或者多个扇区容量），存储管理更有效，但同时磁盘空间浪费也更严重。硬盘分区后，每个逻辑驱动器容量变小了，因此可以使用更小的簇，从而一定程度上可以避免更多存储空间的浪费。有时候，为了能在一台机器上安装两种（多种）操作系统——如 Windows 和 Linux，必须把硬盘分成多个分区，并使用操作系统所支持的文件系统。将硬盘分成多个分区也可以便于对数据的管理，比将软件安装到 C 盘，而将数据资料存放到 D 盘。目前一个物理硬盘最多只允许分为 4 个主分区，而其中的一个主分区可以分成若干逻辑分区，所以从理论上来说，一个硬盘最多可分 24 个区（即从 C 区到 Z 区，A 区、B 区为软驱）。

文件系统是指文件命名、存储和组织的总体结构。例如 Windows 系列操作系统支持的 FAT、FAT32 和 NTFS 都是文件系统。实际应用中，文件系统也就是我们经常所说的"磁盘格式"或"分区格式"，都是一个概念。常见的文件系统有 FAT16、FAT32、NTFS、EXT2 等。接下去探讨各个文件系统的差异。

FAT16，即 FAT，全称是"File Allocation Table"（文件分配表系统），FAT 文件系统 1982 年开始应用于 MS-DOS 中。FAT 文件系统主要的优点是它可以被多种操作系统访问，如 MS-DOS、Windows 所有系列和 OS/2 等。这一文件系统在使用时遵循 8.3 命名规则（文件名最多为 8 个字符，扩展名为 3 个字符）。同时 FAT 文件系统无法支持系统高级容错特性，不具有内部安全特性等。

FAT32，FAT32 是 FAT16 文件系统的派生，比 FAT16 支持更小的簇和更大的分区，这就使得 FAT32 分区的空间分配更有效率。FAT32 主要应用于 Windows 98 及后续 Windows 系统，它可以增强磁盘性能并增加可用磁盘空间，同时也支持长文件名。

NTFS，NTFS(New Technology File System)是 Microsoft Windows NT 的标准文件系统，它也同时应用于 Windows 2000/XP/2003。它与旧的 FAT 文件系统的主要区别是 NTFS 支持元数据(metadata)，并且可以利用先进的数据结构提供更好的性能、稳定性和磁盘的利用率。在兼容性方面，Windows 的 95/98/98SE 和 Me 版都不能识别 NTFS 文件系统。

Ext2，Ext2 是 Linux 中使用最多的一种文件系统，是专门为 Linux 设计的，拥有最快的速度和最小的 CPU 占用率。现在已经有新一代的 Linux 文件系统如 SGI 公司的 XFS、ReiserFS、Ext3 文件系统等出现。

⑧其他硬盘系统

可移动硬盘系统。大多数硬盘系统固定在机箱内，这意味着硬盘不能与驱动器分离，移动硬盘一般是外置式（放于机箱外部），它适用于存储或备份大的文件，便于携带。

笔记本电脑硬盘系统。笔记本电脑使用的硬盘系统与台式 PC 机相似，一般也是固定在内部，比台式机小，一般使用 2.5 英寸的专用硬盘，也可以使用外置移动硬驱来代替。

大型计算机系统的磁盘系统。大型计算机硬盘系统执行原则和 PC 硬驱一样，只是一般情况下，它都是由多个硬盘组成的硬盘阵列，并放置于一个单独的空间，容量可以达几百 GB 至几十 TB(1TB＝1024GB)

冗余磁盘阵列技术(RAID)。RAID 是将两个或更多有关联的小型硬驱合并成一个大的驱动器。这个装备能提高数据传输率和容错性，即提高系统恢复意外使用硬件或者软件错误的能力。这是因为，RAID 通常会重复记录信息做备份，必要时，备份信息可以用来重建丢失的数据。RAID 有 6 种不同的设计或级别（0～5），使用不同的 RAID 联合技术，通常使用级别 0、1、3、5。例如级别 0 使用磁盘分割技术，它把文件传送到几个磁盘驱动器内，从而提高数据传输率，但不具有容错性；级别 1 使用磁盘镜像技术，数据同时写入两个完全一样的驱动器。磁盘镜像的目的是为了提高容错性——如果其中一个驱动器失败，系统能立刻转向另一个驱动器而不会丢失任何数据和服务。

3.5.3　光盘存储器

光盘存储器是由光盘驱动器和光盘片组成的，如图 3.27 所示。光盘片是指利用光学原理进行读/写信息的圆盘。目前广泛使用的有视频光盘，用于存储视频信号；还有激光唱片，用于存放数字音频信号。计算机所用的光盘用于存储数字信号。光盘存储器（optic disk storage）是利用激光束在光盘表面上存储信息，并根据激光束反射光的强弱来读出信息。光盘的存储容量比软盘大，一般位 650MB（DVD 盘达几个 GB，目前最高的达 50GB）。虽然固定硬驱系统的访问速度更快而且容量更大，但是存储介质的可移动性是光盘系统显著的优点。光盘——目前主要是 CD 盘和 DVD 盘——使用比移动硬驱系统更为广泛。

CD 和 DVD 盘分别由 CD 和 DVD 驱动器读取。CD 光盘的容量通常为 650MB，DVD 光盘容量一般为 4.7G～17GB，经常存放高清晰的数字多媒体信息，例如高清晰电影等。光盘驱动器常见的有 16×、24×、32×、36×、48× 等倍速。倍速表示的是光盘驱动器存取数据的速度快慢，是基速度的整数倍。对于 CD 驱动器而言，基速度为 150KB/s，而 DVD 驱动器的基速度可达 1.38MB/s。

一般 PC 机使用的都是单一盘片容量的光盘驱动器，但也有光盘塔、自动唱片点唱机等多盘片光盘存储器系统，适用于专用服务器或大型计算机，如视频点播服务器等，能一次同时访问多个光盘。

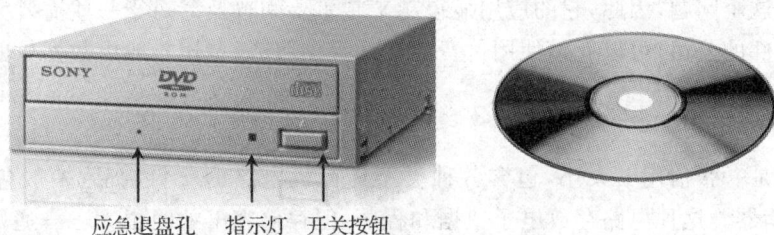

应急退盘孔　　指示灯　开关按钮

图 3.27　光盘驱动器和光盘

常用的光盘存储器可分为下列三种类型。

1. 只读型光盘存储器（Compact Disk Read Only Memory，CD-ROM）

这种光盘存储器的盘片是由生产厂家预先写入程序或数据，出厂后用户只能读取而不能写入或修改。

2. 只写一次性光盘存储器（Write One Read Many disk，WORM）

这种光盘存储器的盘片可由用户写入信息，但只能写入一次，写入后，信息将永久性地保存在光盘上，可以多次读出，但不能再修改。

上述两种光盘存储器就其功能而言，类似于半导体存储器中的掩膜 ROM 和 PROM，但实现原理却完全不同。它们实现读/写的基本原理是：写入信息时，使用功率较强的激光(laser)光源，把它聚焦成直径小于1微米的激光束，照射到介质表面上，并用输入数据来调制光点的强弱。激光束会使介质表面局部加热，从而产生微小凹坑或其他几何变形，这就改变了表面的反射性质。读出信息时，光电检查电路根据被激光照过的介质和没有被照过的介质对光的反射率不同，便可读出所存储的信息。

3. 可重写型光盘存储器

这种光盘存储器类似于磁盘，可以重复读写，其写入和读出信息的原理随使用的介质材料不同而不同。用磁光材料记录信息的原理是：利用激光束的热作用改变介质上局部磁场的方向来记录信息，再利用磁光效应来读出信息。

光盘存储器具有下列突出的优点：

(1)存储容量非常大，如一片 5.25 英寸的光盘可以存储上千兆字节的信息。

(2)可靠性高，如不可重写光盘(CD-ROM，WORM)上的信息几乎不可能被丢失。

(3)存取速度较高。

光盘存储器的这些优点已受到人们的高度重视，并已广泛应用于计算机系统中。

3.5.4　其他类型的存储系统

硬盘存储系统和光盘存储系统是目前最常用的辅助存储设备，除此之外的辅助存储系统还有 Internet 或其他网络、智能卡、闪存设备、移动存储设备等。

1. 在线存储器

在线存储器是指安装在网络存储设备上的存储器，一般指安装在因特网内可寻址服务器上的一种硬驱。在线存储器上有许多网址，通常都是免费的。一般在线存储器都需要先注册用户，并设置访问密码才能够使用。

虽然目前各种存储设备无论在速度还是容量都达到了一定的水平，但是对于目前在网络环境中共享资料，尤其是在互联网上共享资料，还是显得有一定的局限性，在线存储器的出现可以有效解决这个问题，因此，它的应用显得越来越重要和普及。对于一些需要大量安全的存储器来备份文件的公司，可以通过使用付费的在线存储服务，费用一般由数据量的大小和存放的时间决定。

2. 智能卡

智能卡就是一张信用卡大小，包含各种类型计算机电路的塑料制品，一般包括一个处理器，内存和存储器。这种电路存放电子数据和程序，但存储容量差距很大——通常从几 KB 至几 GB。现在许多智能卡存放一定量的预付现金用于零售购买，只要通过智能电话机或智能卡读卡机就可在自动售货机、加油站、快餐店、收费站、公交车以及在线购物时使用。每使用一次卡，可用的钱的数据就会自动扣除。因此可在接受现金、贷款或借款的指定机构充值。智能卡也可以按照一定方式来访问一些设备或计算机网络，还可收藏个人的医疗史和保险信息，以便在紧急情况下得到迅速治疗和医疗认定，还可以在电子商务上使用，通过 Internet 进行金融交易。

智能卡的概念是 20 世纪七十年代中期提出来的。其发明人是法国人罗兰·模瑞诺(Roland Moreno)。1976 年，法国 BULL 公司的 MICHEL VGON 制造出了第一片智能卡。第一代智能卡实际上并不拥有任何"智慧"，而且是采用接触式读取方式的。它首先被法国应用于电话卡上，后来，通过存储器和微电脑的结合使卡片有了"智慧"，并制造出了免接触式智能卡。

这便使得智能卡开始广泛应用于金融领域和交通运输领域。免接触功能可使持卡公交乘客只要从读取终端走过,便能自动检验票证和扣取票款,而不需要排队。1996 年开始,还开发了在短距离范围,在安全可靠的前提下,用电磁波沟通智能卡的技术。智能卡的应用领域非常广,常见的智能卡包括信用卡、智能公交卡、我国更换的第二代居民身份证、智能电话卡、小区里的门禁卡等。

3. 闪存设备

磁盘和光盘存储系统使用的是旋转的盘片,而闪存使用的是类似于智能卡的芯片和集成电路。智能卡一般存放数字现金或少量的不可变信息,而闪存是在类似软件的存储设备上存储和传递大量的资料。闪存系统都是固定的,比传统的驱动器要小,而且耗电低,这些特点决定了它们非常适用于笔记本电脑、数码相机、手掌 PC 机和其他便携式设备。目前闪存主要有记忆棒、闪存卡和闪存驱动器三种。

其中,记忆棒和闪存卡多用于 MP3、数码相机、手机等便携式数码产品,容量一般为 8MB~1GB。记忆棒全称 Memory Stick,它是由日本索尼(SONY)公司研发的移动存储媒体。闪存卡包括 SmartMedia(SM 卡)、Compact Flash(CF 卡)、MultiMediaCard(MMC 卡)、Secure Digital(SD 卡)等。闪存驱动器最常见的就是优盘(稍后详细介绍),抗震性能好,使用寿命长,容量可达 32MB~4GB。

4. 移动存储设备

光盘是一种常见的移动存储介质,但是大部分光盘都是只读的,即使是可擦写光盘,也需要专用的物理驱动器,刻录数据也非常不方便。闪存设备大部分都是可以移动的存储设备,但是由于闪存通常用于特定的设备中,比如照相机、手机等,相对而言通用性比较差,与电脑相连需要专用的转接接口,因此也不常用。目前最常用的移动存储设备主要是优盘和移动硬盘。另外,部分 MP3 播放器也具有优盘的功能。

(1)优盘

优盘是随着移动存储的概念而诞生的新式存储设备,最初由朗科公司发明的。如图 3.28 所示。目前的优盘都是利用“闪存”技术来实现信息存储的,它们的容量从 16MB 到几十个 GB 不等,目前最大容量达到 32GB,具有存储量大、体积小、携带方便、安装和使用方便、存取速度快、安全性高以及可靠性好等优点。

目前,优盘普遍采用 USB 接口。在 Windows 2000、Windows XP 及以上版本的操作系统中,无需安装驱动程序即自动识别并使用,非常方便。优盘的侧面通常有一个开关,通过此开关可以将优盘设定为写保护状态,当开关处于关锁位置时,优盘只能读出数据,而无法写入数据,而处于开锁位置时,则既可以读出数据也可以写入数据。

图 3.28　优盘

（2）移动硬盘

优盘体积虽小，但由于容量受价格限制，只适用于几个 GB 以下的数据存储。对于大容量的数据存储而言，比如视频等，优盘就显得力不从心了，移动硬盘应该是目前最适合的大容量移动存储设备。如图 3.29 所示。

图 3.29　移动硬盘和外观

移动硬盘一般用于存储大容量数据，容量通常在几个 GB 到几百 GB 之间，目前最大可达 1000GB。选择移动硬盘时，考虑的因素主要是容量、体积、接口性质等。

①容量。目前市面上销售的移动硬盘的容量一般在 10GB～320GB 范围内，从使用性质看，40G～200GB 就足够了，因为移动硬盘只是作为过渡性存储介质，没有必要使用很大的容量。但由于硬盘容量和价格并非成正比，大容量往往有更高的性价比，而且低于 40GB 的硬盘慢慢被市场淘汰，所以建议购买新移动硬盘时要选择 40GB 以上。

②尺寸。移动硬盘由硬盘和硬盘盒组成，后者包括了接口和控制电路。移动硬盘通常有两种规格：2.5 英寸和 3.5 英寸，分别对应笔记本电脑和台式电脑的硬盘。2.5 英寸硬盘的体积和重量较小，更便于携带，但价格要比 3.5 英寸硬盘贵。一般推荐选择 2.5 英寸硬盘。

③接口。移动硬盘一般都采用 USB 接口（早期也有过 IDE 接口的，但使用不方便，要打开机箱连接），但要注意 USB 接口目前有 USB1.1、USB2.0 和 USB3.0 等多种版本，版本越高的接口类型，其数据传输速度也就越快，USB2.0 的数据传输率为 480Mbps，USB3.0 的数据传输率为 4.8Gbps，是 USB2.0 的 10 倍，并且将支持光纤传输，最高速率可达 25Gbps。目前，大多数 USB 设备的接口为 2.0 版本，但是新的设备已经开始采用 USB3.0 标准，因此挑选移动硬盘应该首选 USB3.0 的接口。USB 接口除了标准接口外，还有 Micro USB 和 Mini USB 接口，用于手机、数码相机等数字设备。

5. 固态硬盘

固态硬盘（Solid State Disk，SSD）用固态电子存储芯片阵列而制成的硬盘，由控制单元和存储单元（FLASH 芯片、DRAM 芯片）组成。固态硬盘的接口规范和定义、功能及使用方法上与普通硬盘的完全相同，在产品外形和尺寸上也完全与普通硬盘一致。广泛应用于军事、车载、工控、视频监控、网络监控、网络终端、电力、医疗、航空等、导航设备等领域。随着集成电路制作工艺的发展和提高，制作成本的降低，固态硬盘有逐步取代普通磁质硬盘的趋势。

相对于普通硬盘，固态硬盘有以下优点：

（1）启动快，没有电机加速旋转的过程。

（2）不用磁头，快速随机读取，读延迟极小。根据相关测试：两台电脑在同样配置的电脑下，搭载固态硬盘的笔记本从开机到出现桌面一共只用了 18 秒，而搭载传统硬盘的笔记本总共用了 31 秒,两者几乎有将近一半的差距。

(3)相对固定的读取时间。由于寻址时间与数据存储位置无关,因此磁盘碎片不会影响读取时间。

(4)基于 DRAM 的固态硬盘写入速度极快。

(5)无噪音。因为没有机械马达和风扇,工作时噪音值为 0 分贝。某些高端或大容量产品装有风扇,因此仍会产生噪音。

(6)低容量的基于闪存的固态硬盘在工作状态下能耗和发热量较低,但高端或大容量产品能耗会较高。

(7)内部不存在任何机械活动部件,不会发生机械故障,也不怕碰撞、冲击、振动。这样即使在高速移动甚至伴随翻转倾斜的情况下也不会影响到正常使用,而且在笔记本电脑发生意外掉落或与硬物碰撞时能够将数据丢失的可能性降到最小。

(8)工作温度范围更大。典型的硬盘驱动器只能在 5~55℃ 范围内工作。而大多数固态硬盘可在 -10~70℃ 工作,一些工业级的固态硬盘还可在 -40~85℃,甚至更大的温度范围下工作。

(9)低容量的固态硬盘比同容量硬盘体积小、重量轻。但这一优势随容量增大而逐渐减弱,直至 256GB,固态硬盘仍比相同容量的普通硬盘轻。

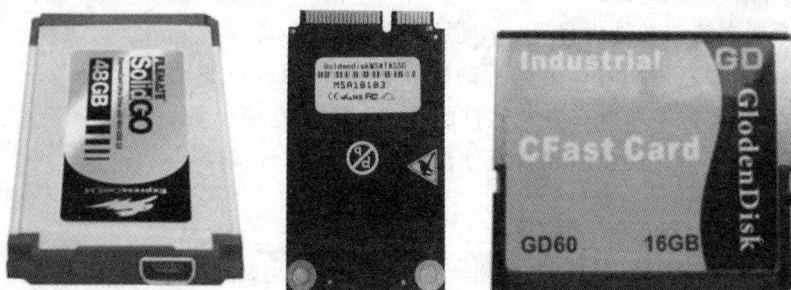

图 3.30　SATA 接口、MSATA 接口和 CFAST 接口

固态硬盘的存储介质分为两种:一种是采用闪存(Flash 芯片)作为存储介质,另外一种是采用 DRAM 作为存储介质。

基于闪存的固态硬盘(Serial ATA Flash Disk),采用 Flash 芯片作为存储介质,这也是我们通常所说的 SSD。它的外观可以被制作成多种模样,例如:笔记本硬盘、微硬盘、存储卡、U 盘等样式。这种 SSD 固态硬盘最大的优点就是可以移动,而且数据保护不受电源控制,能适应于各种环境,但是使用年限不高,适合于个人用户使用。

图 3.31　基于闪存的固态硬盘

基于 DRAM 的固态硬盘,如图 3.32 所示:采用 DRAM 作为存储介质,应用范围较窄。它仿效传统硬盘的设计,可被绝大部分操作系统的文件系统工具进行卷设置和管理,并提供工业

标准的 PCI 和 FC 接口用于连接主机或者服务器。它是一种高性能的存储器,而且使用寿命很长,美中不足的是需要独立电源来保护数据安全。DRAM 固态硬盘属于非主流的设备。

图 3.32　基于 DRAM 的固态硬盘

3.5.5　各种存储器比较

通常比较各种存储器,是通过衡量产品的性能和价格因素,包括速度、兼容性、存储容量和存储介质的可移动性。每种存储器都具有这些属性,但是并不是所有属性都能达到最优。比如为获得方便的可移动性就得放弃访问的快速性,要有最快速度的存储器,费用就要昂贵得多。

目前,大多数用户至少需要一个内置硬盘、CD 或 DVD 驱动器,软盘驱动器已经不是必备存储设备,取而代之的通常是优盘等移动存储器。硬盘容量大,价格合理,访问速度快,用于存储大量数据和不需要直接从内存上运行的程序。CD 或 DVD 驱动器运行一些太大而不常存放在硬盘上的多媒体程序和所有安装软件的程序。移动存储设备一般用于传递数据资料和存放备份资料。固态硬盘正逐步取代普通硬盘。

3.6　输入与输出系统

3.6.1　输入与输出系统概述

人们使用输入和输出设备与计算机进行交流。输入设备把人能够理解的数据转换成计算机能够理解的形式,例如输入设备能够将人们习惯阅读和书写的字母、数字和其他的自然语言符号转换成计算机能够处理的二进制数字 0 和 1。输入设备还能够用来输入其他类型的数据,比如图像、语音和视频。

相反,输出设备则能够将计算机处理的 0 和 1 还原成人们能够理解的形式。输出设备一般把输出显示在屏幕上或者打印到纸上,输出设备以硬拷贝或者软拷贝形式产生结果。"硬拷贝"一般指输出永久地记录在轻便介质上,例如纸张,"软拷贝"一般指输出临时显示在不太轻便的介质,例如计算机屏幕。

有些设备既可以用于输入也可以用于输出,例如调制解调器。

常见的输入设备包括键盘,鼠标、电子笔、触摸屏等定点设备,还包括扫描仪、数码相机等多媒体输入设备;常见的输出设备包括显示器、打印机、音箱、投影仪等多媒体输出设备。本节介绍的仅是现有的输入输出设备的部分实例。事实上,市场上提供的输入输出设备有成千上万。

3.6.2　键盘

键盘(Keyboard)是计算机最常用的输入设备。一般 PC 机普遍采用 104 键的键盘,目前也有不少厂家为增强键盘功能而设计了许多额外的功能键,比如音量控制旋钮、开关机键等。键盘一般遵守一个标准的排列顺序,将字母键、数字键、符号键、功能键及控制键排列在一起。如图 3.33 所示。

图 3.33　键盘

目前键盘的接口主要有 PS/2 和 USB 两种,也包括无线连接的键盘。

键盘上每个按键在计算机中都有它的唯一代码。当按下某个键时,键盘接口将该键的二进制代码送给计算机的主机,并将按键字符显示在显示器上。当计算机操作人员击键速度过快,CPU 来不及处理时,CPU 先将键入的内容送往主存储器的键盘缓冲区,然后再从该缓冲区中取出进行分析和执行。当前,键盘接口多采用单片微处理器,由它控制整个键盘的工作,如定时对键盘的自检、键盘扫描、按键代码的产生、发送及与主机的通讯等。

3.6.3　定点输入设备

大多数 PC 机的第二种主要输入设备是定点输入设备,主要用于移动屏幕上的指针,或者在屏幕上选择对象,并做相应的操作。常见的定点设备包括鼠标、笔输入设备、触摸屏、操纵杆、游戏垫和滚动球等。

1. 鼠标

鼠标(mouse)是一种手持式屏幕坐标定位设备,能方便控制屏幕上的鼠标箭头并通过鼠标按键完成各种操作,目前已经成为必备的输入设备之一。常用的鼠标器有三种:机械鼠标(mechanical mouse)、光学鼠标(optical mouse)和光学机械混合鼠标(optical-mechanical mouse)。

机械式鼠标的底座上装有一个可以滚动的橡胶球(见图 3.28),当鼠标器在平面上移动时,橡胶球与桌面进行摩擦,发生转动。橡胶球与四个方向的电位器接触,可测量出上下左右四个方向的相对位移量,用以控制屏幕上光标的移动。光标和鼠标器的移动方向是一致的,而且移动的距离也成比例。机械鼠标结构简单,价格便宜,但是准确性和灵敏度稍差。

光电式鼠标的底部装有两个平行放置的小光源(小灯泡),当它在特定的反射板上移动时,光源发出的光经反射板反射后被鼠标器接收为移位信号。该移位信号送入计算机,使屏幕上的光标随之移动。其他方面均和机械式鼠标一样。光电式鼠标速度快,准确性和灵敏度高,寿命长,是目前市场是的主流产品,如图 3.34 所示。

光学机械混合鼠标的底座上也有一个橡胶球,橡胶球的移动带动鼠标内部的两个光栅轮,每个光栅轮上配有两个光电管,利用光栅轮的上下、左右移动,光电管可以测出鼠标的相对位移量。反映在屏幕上就是光标的相对位移量。光电机械式鼠标结合了上述两种鼠标的优点。

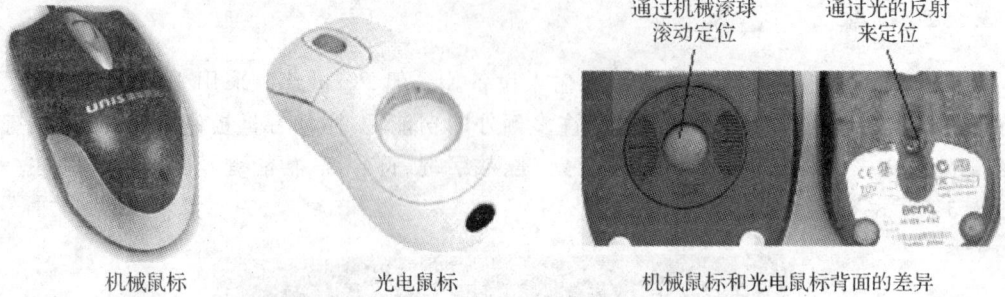

通过机械滚球滚动定位　　通过光的反射来定位

机械鼠标　　　　　　光电鼠标　　　　机械鼠标和光电鼠标背面的差异

图 3.34　常见鼠标及区别

鼠标的主要性能指标是分辨率,用 DPI(Dot Per Inch,即"点/英寸")表示,它表示鼠标每移动 1 英寸距离,鼠标箭头在屏幕上通过的像素数目,分辨率越高,性能越好。

鼠标和主机的接口目前主要有 2 种,包括 PS/2 和 USB 接口,如图 3.35 所示。此外还有无线鼠标。

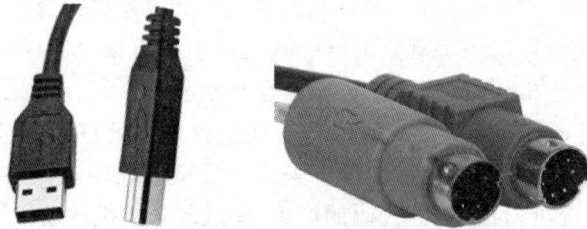

图 3.35　鼠标 USB(左)、PS/2 接口(右)

2.笔输入设备

使用键盘向计算机输入文字符号,需要一个学习、练习的过程,这对于从未接触过电脑和部分老年人而言并不方便,笔输入设备作为一种新颖的输入设备正好弥补键盘的不足。它兼有鼠标、键盘和手写笔的功能,结构简单,操作方便,如图 3.36 所示。笔输入设备一般由两部分组成:一部分是与主机相连的基板,另一部分是在基板上写字的笔,用户通过笔和基板进行交互,完成写字、绘图、操控鼠标等操作。

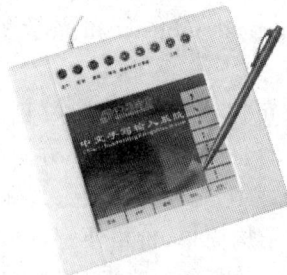

图 3.36　手写输入板

手写笔的主要性能指标包括分辨率、感应方式和压感级数。

分辨率是指手写基板单位长度上所分布的感应点数,精度越高反映越灵敏。

感应方式是指手写基板感应手写笔的方式,可分为电阻压力式、电磁压感式和电容触控式。电阻压力式技术落后,基本已被淘汰。电磁压感式是目前市场的主流产品。电容触控式具有耐磨损、使用简单、敏感度高等优点,是未来手写板发展趋势。

电磁式感应板分为"有压感"和"无压感"两种,有压感的输入板可以感应到手写笔在手写板上的力度。压感级数是评价手写板性能的一个重要的指标,目前主流的电磁式感应板的压感已经达到了 512 级,压感级数越高越好。

3. 触摸屏

随着 PC 机越来越普遍地进入人们的生活,触摸屏也被越来越多的人所接受。用户只要用手指头触摸屏幕就可以对屏幕上的选项进行选择。与键盘和鼠标相比,人们使用触摸屏不需要太多的计算机经验,这是触摸屏应用技术很大的优势。触摸屏作为特殊用途被广泛应用于公共场合,如访问注册信息、制作贺年卡、提出现金和查询产品等。触摸屏还可以应用于工厂和野外研究,比如那些戴着手套或者不能直接使用键盘的人。

4. 其他定点设备

(1) 操纵杆。操纵杆通过一个像汽车换挡器的把手进行输入,这种输入设备主要用于计算机游戏。操纵杆的速度、方向和距离决定着屏幕上指针的移动。如今,一些电子游戏内置传感器的手套取代了操纵杆,使计算机能直接感觉手的移动,或者使用一个可以在手里控制的游戏垫,上面包括了许多按钮,类似于使用操纵杆。像驾驭游戏,也可用一个特殊的方向盘设备。

(2) 滚动球。滚动球类似于把机械鼠标颠倒过来,滚动球被装在上面,而不是底部。移动屏幕上的光标,用手指转动小球即可。

(3) 定点杆。定点杆出现在一些笔记本电脑键盘上,形状像铅笔上端的橡皮擦,工作原理类似于滚动球。然而,它工作时不是一动球,而是用手指推动杆到相应的方向。

(4) 触摸板。触摸板是可以灵敏触摸的长方形的板,类似于触摸屏。用手指在滑动面板上移动就可以控制屏幕上的指针。触摸板如果设有按钮,则作用和鼠标按钮一样;如果没有,这个触摸板通常是接触式的。触摸板通常用于笔记本电脑,也有部分高档键盘集成了触摸板,应用于台式电脑。

3.6.4　多媒体输入设备

键盘、鼠标等属于字符和定点输入设备。在实际应用中,我们还需要将许多图像、视频、声音等多媒体信息输入到计算机当中保存或者处理。常见的多媒体输入设备包括扫描仪、数码相机、音频输入系统等。

1. 扫描仪

扫描仪就是将照片、书籍上的文字或图片获取下来,以图片文件的形式保存在电脑里的一种设备。如图 3.37 所示。

扫描仪是通过光源照射到被扫描的材料上来获得材料的图像。材料将光线反射到光敏元件上,材料不同位置的反射光线强弱不同,光敏元件根据将光线的强弱程度转化成数字信号,并传送到计算机中,就获得了材料的图像。

图 3.37　扫描仪

扫描仪的种类繁多,根据扫描仪扫描介质和用途的不同,目前市面上的扫描仪大体上分为:平板式扫描仪、名片扫描仪、底片扫描仪、吸纸式扫描仪和文件扫描仪等,此外还有手持式扫描仪、鼓式扫描仪、笔式扫描仪、实物扫描仪和 3D 扫描仪,比较常见的是平板式扫描仪。

　　扫描仪的性能指标包括光学分辨率、色彩深度和灰度值、感光元件、接口等。

　　光学分辨率是最主要的性能指标,它直接决定了扫描仪扫描图像的清晰程度。光学分辨率是指扫描仪物理器件所具有的真实分辨率。扫描仪的光学分辨率是用两个数相乘来表示的,如 600×1200,单位为 DPI(Dot Per Inch,每英寸像素点),前一个数字表示扫描仪的横向分辨率,后一个数字则表示扫描仪的纵向分辨率或机械分辨率,是扫描仪所用步进电机的分辨率。

　　色彩深度(又叫色彩位数),是指扫描仪对实物进行采样扫描时所能辨析的色彩范围。较高的色彩深度位数可以保证扫描仪反映的图像色彩与实物的真实色彩尽可能的一致,而且图像色彩会更加丰富。扫描仪的色彩深度值一般有 24 位、30 位、36 位、42 位和 48 位等多种。灰度值是指进行灰度扫描时对图像由纯黑到纯白整个色彩区域进行划分的级数,编辑图像时一般都使用到 8 位,即 $2^8=256$ 级,而主流扫描仪通常为 10 位,最高可达 12 位。

　　感光元件是扫描图像的拾取设备,相当于人的眼球,其重要性不言而喻,目前扫描仪所使用的感光器件有三种:光电倍增管,电荷耦合器(CCD),接触式感光器件(CIS 或 LIDE)。光电倍增管感光元件扫描仪色彩获取准确性高,但是生产成本高,扫描速度慢;CCD 感光元件扫描仪的色彩还原性能比光电倍增管要逊色,获取图像的清晰度不如光电倍增管,同时抗震能力差;接触式感光元件扫描仪具有体积小、重量轻、器件少和抗震性较高的优点,而且生产成本很低,但其扫描清晰度不高,使用寿命短。

　　扫描仪的接口是指与电脑主机的连接方式,通常分为 SCSI、EPP、USB 三种,后两种是近几年才开始使用的新型接口。传统的扫描仪都使用 SCSI 卡作为接口,SCSI 接口速度快、连接设备多而且系统资源占用率低。EPP 并口扫描仪使用普通并行线即可与电脑相连接,一般这样的扫描仪上还会有一个转接口用于连接打印机,但同时只能有一个设备占用并口,如果同时进行打印和扫描,速度会慢到不堪忍受。EPP 并口的优势在于安装简便、价格相对低廉,而且不需要设置中断、地址等,不会与其他硬件发生冲突,弱点就是比 SCSI 接口传输速度稍慢。USB 接口的优点几乎与 EPP 并口一样,只是速度更快(USB 接口最高传输速率 2Mbps),使用更方便(支持热插拔),它的缺点与其他 USB 设备一致,不支持 DOS 操作系统。对于一般个人用户,推荐使用 USB 接口的扫描仪。

　　2. 数码相机

　　数码相机也叫数字式相机(Digital Camera,DC)。数码相机是集光学、机械、电子一体化的产品。它集成了影像信息的转换、存储和传输等部件,具有数字化存取模式,与电脑交互处理和实时拍摄等特点,如图 3.38 所示。

图 3.38　数码相机

　　与传统相机相比,数码相机的"胶卷"是成像感光器件,而且是与相机一体的,是数码相机的核心,感光器件表面受到光线照射时,能把光线转变成电荷,通过模数转换器芯片转换成数字信号,所有感光器件产生的信号加在一起,就构成了一副完整的画面,数字信号经过压缩后保存在相机内部的闪存卡中。

　　数码相机的优点是显而易见的,它可以即时看到拍摄效果,可以很容易地把数据传输给计算机,并且可以借助计算机来处理拍摄的图像。

　　数码相机的常见性能指标包括色彩位数、有效像素数目和感光元件。

　　(1)色彩位数也称彩色深度,数码相机的彩色深度指标反映了数码相机能正确记录色彩的范围,色彩位数的值越高,就越可能更真实地还原亮部及暗部的细节。目前几乎所有的数码相机的色彩位数都达到了 24 位,可以生成真彩色的图像。目前商用级的数码相机 CCD 都是 24 位。因而这一指标目前并不是衡量数码相机的关键指标,在一般应用场合下,可不必多加考虑。

　　(2)有效像素数目也称分辨率。数码相机的分辨率使用图像的绝对像素数来衡量(而不采用每英寸多少像素 dpi 的指标),这是由于数码照片大多数采用面阵 CCD。数码相机拍摄图像的像素数取决于相机内 CCD 芯片上光敏元件的数量,数量越多则可产生的图像分辨率越高,所拍图像的质量也就越高,当然,相机的价格也会大致成比例地增加。数码相机的分辨率还直接反映出能够打印出的照片尺寸的大小。分辨率越高,在同样的输出质量下可打印出的照片尺寸越大。相比同类数码相机而言,分辨率越高,档次越高,但占用的存储器空间就越多。事实上,数码相机的分辨率有两个概念:一个是 CCD 的分辨率(或像素值),另外是拍摄图像的分辨率(一般厂家标明的图像的最大分辨率)。这两个分辨率,原则上是 CCD 的分辨率决定了图像的最大分辨率,但这两个分辨率一般情况下不相等。在选择数码相机时一定要注意,CCD 的分辨率(像素点)是最为重要的指标,因为在同样的最大拍摄图像的分辨率下,CCD 的分辨率越大越好。目前主流的数码相机的有效像素达到了 500 万以上,高档的更是突破了 1000 万。

　　(3)感光元件。目前光敏元件有两种:一种是广泛使用的 CCD(电荷耦合)元件;另一种是新兴的 CMOS(互补金属氧化物半导体)器件。数码相机的分辨率是指相机中光敏元件的数目。在相同分辨率下,CMOS 比 CCD 便宜,但是 CMOS 光敏器件产生的图像质量要低一些。

　　除以上这些性能指标外,还有镜头焦距、感光度、曝光模式、曝光补偿等。

　　3.音频输入设备

　　音频输入是指将音频数据输入计算机,包括语音和音乐。

　　语音输入系统是由一个麦克风和相应软件组成,能够将所说的话转换成电子数据输入到计算机中或者通过网络在互联网上实时传输(例如网络电话)。语音记录下来以便于通过电子邮件发送或用于多媒体演示。计算机也能识别口述的文本或命令,类似于鼠标和键盘输入,这种语音输入系统也称语音识别系统。

　　例如,利用语音识别可以口授文字到文字处理程序中,也可以口授电子邮件内容到电子邮件程序实现语音邮件的发送,也可以对计算机发布命令,例如打开或保存文档。专业的语音系统甚至可以开始协助处理外科手术。

　　音乐输入可以用来记录音乐乐曲或者多媒体展示的伴奏曲子。通过 CD、DVD 播放器就可以将音乐输入到计算机中。对原始的音乐作品,可以使用 MIDI 来输入到计算机,MIDI 是音乐工具的电子接口设备,例如含有钢琴键的 MIDI 音乐键盘不是普通的键盘,而是代表钢琴按键的音乐信息。一旦音乐输入到计算机后,在需要的时候就可以被保存、修改、处理或者插入到其他程序中。

3.6.5 显示器

显示设备是最常用的输出设备,主要功能是把要输出的内容显示到计算机屏幕上。对 PC 机而言,这种输出设备通常被称作显示器。显示器通常有两部分组成:监视器和显示控制器,监视器就是日常所说的"显示器",显示控制器是主机箱内的一块扩展卡,就是日常所说的"显卡",它们都是独立的产品。

计算机所使用的显示器主要有两类:CRT 显示器和液晶显示器,后者逐渐成为市场的主流产品。

1. CRT 显示器

CRT(Cathode Ray Tube,阴极射线管)显示器由电子枪、偏转线圈、荫罩、荧光粉层和玻璃外壳 5 部分组成。如图 3.39 所示。工作时,三个电子枪分别发出红、绿、蓝三个电子束同时轰击荧光粉层上的某一点,使该点发光,因此每个像素有红、绿、蓝三基色组成。通过对三基色的强度控制就能合成各种不同的颜色。电子束从左到右、从上到下、逐点轰击,就可以在屏幕上形成一帧图像。

CRT 主要有如下性能参数包括分辨率、点距、刷新率等。

(1)分辨率。分辨率是显示器最重要的特征。通常我们看到的分辨率都是以乘法形式表示的,比如 1024×768,其中 1024 表示屏幕上水平方向的点数,768 表示垂直方向的点数。显而易见,所谓分辨率就是指画面的解析度,即由多少像素构成。数值越大,图像也就越清晰。分辨率不仅与显示器尺寸有关,还要受显像管点距、显卡的性能等因素的影响。常见的分辨率有 800×600、1024×768、1280×1024 等。

图 3.39　CRT 显示器

(2)点距。点距指屏幕上相邻两个同色像素单元之间的距离,即两个红色(或绿、蓝)像素单元之间的距离。点距的单位为毫米(mm)。点距越小,显示效果就会越好。从日常的应用看,0.28mm 的距离已经达到要求,除非有特殊作图的需要或者对图像显示有特别高要求,一般没有必要追求更小点距的显示器。

(3)刷新率。刷新率又称"垂直扫描频率",是指单位时间内电子枪对整个屏幕进行扫描的次数,通常以赫兹(Hz)表示。以 85Hz 刷新率为例,它表示显示器的内容每秒钟刷新 85 次。当刷新率足够高时,人眼就能看到持续、稳定的画面,否则就会感觉到明显的闪烁和抖动。闪烁情况越明显,眼睛也越容易疲劳,所以刷新率是越高越好,一般在85～120Hz之间比较合理。

早期的 CRT 显示器采用球面显像管,图像的显示会有些变形,现在的主流显示器大都采用平面直角显像管或者纯平显像管,纯平显像管具有可视角度大、无坏点、色彩还原度高、色度均匀、可调节的多分辨率模式、相应时间极短、价格便宜等优点。但是 CRT 显示器具有较强的电磁辐射、体积庞大、易碎且耗电量大等缺点。目前 CRT 显示器基本上已经被液晶显示器所取代。

2. 液晶显示器

液晶显示器(如图 3.40 所示),LCD(Liquid Crystal Display)显示器的原理是利用液晶的物理特性,即当通电时导通,分子排列变得有序,使光线容易通过;不通电时分子排列混乱,阻止光线通过。这样让液晶分子如闸门一样阻隔或让光线穿透,就能在屏幕上显示出图像来。LCD 按照物理结构,可以分为双扫描无源阵列显示器(DSTN-LCD)和薄膜晶体管有源阵列显示器(TFT-LCD)。而快速 DSTN(HPA),性能介于两者之间。LED 液晶显示器是目前显示器的主流产品,其与 LCD 的主要区别在于为液晶屏提供照明的光源不同,LCD 采用荧光管光源,一般是点光源,而 LED 采用半导体发光二极管提供光源,一般是面光源,LED 比 LCD 亮度(对比度)更高,更均匀,更省电、寿命长、能做得更薄。

液晶显示器的性能指标包括分辨率、刷新率、屏幕视角、亮度和对比度、响应时间、色彩深度和防眩光防反射。

(1)分辨率。LCD 的分辨率与 CRT 显示器不同,一般不能任意调整,它是制造商所设置和规定的。分辨率是指屏幕上每行有多少像素点、每列有多少像素点,一般用矩阵行列式来表示,其中每个像素点都能被计算机单独访问。现在 LCD 的分辨率一般是 800 点×600 行,1024 点×768 行,也可达 1280 点×1024 行,或者更高。

(2)刷新率。LCD 刷新频率是指显示帧频(即每秒钟图像显示的帧数),与屏幕扫描速度及避免屏幕闪烁的能力相关。也就是说刷新频率过低,可能出现屏幕图像闪烁或抖动。

图 3.40 液晶显示器

(3)屏幕视角。屏幕视角是指操作员可以从不同的方向清晰地观察屏幕上所有内容的角度,这与 LCD 是 DSTN 还是 TFT 有很大关系。因为前者是靠屏幕两边的晶体管扫描屏幕发光,后者是靠自身每个像素后面的晶体管发光,其对比度和亮度的差别,决定了它们观察屏幕的视角有较大区别。DSTN-LCD 一般只有 60 度,TFT-LCD 则有 160 度。

（4）亮度和对比度。TFT 液晶显示器的可接受亮度为 $150cd/m^2$ 以上，也有 TFT 液晶显示器亮度都在 $200cd/m^2$ 左右，甚至更高，亮度低一点则感觉图像暗淡，再亮当然更好，然而对绝大多数用户而言实际意义不大。

（5）相应时间。响应时间越短越好，它反映了液晶显示器各像素点对输入信号反应的速度，即 pixel 由暗转亮或由亮转暗的速度。响应时间越小则使用者在看运动画面时不会出现尾影拖拽的感觉。一般会将反应速率分为两个部分：Rising 和 Falling；而表示时以两者之和为准。常见的相应时间 16ms、12ms、8ms，快的可达 4ms 甚至更快。

（6）色彩深度。几乎所有 15 英寸 LCD 都只能显示高彩（256K），因此许多厂商使用了所谓的 FRC(Frame Rate Control)技术以仿真的方式来表现出全彩的画面。当然，此全彩画面必须依赖显示卡的显存，并非使用者的显示卡可支持 1600 万色全彩就能使 LCD 显示出全彩。

（7）防眩光防反射。防眩光防反射主要是为了减轻用户眼睛疲劳所增设的功能。由于 LCD 屏幕的物理结构特点，屏幕的前景反光，屏幕的背景光与漏光，以及像素自身的对比度和亮度都将对用户眼睛产生不同程度的反射和眩光。特别是视角改变时，表现更明显。笔记本电脑都是采用 LCD 显示器，目前也是台式机的主流配置。和 CRT 显示器相比，LCD 具有明显的优点：LCD 由于只有在画面内容发生变化才需要刷新，因此即使刷新率较低，也能保持稳定的图像；LCD 显示器通过液晶控制透光度的技术原理让底板整体发光，做到了真正的完全平面；LCD 显示器完全没有辐射，即使长时间观看 LCD 显示器屏幕也不会对眼睛造成很大的伤害；体积小、能耗低也是 CTR 显示器无法比拟的。

3. 显示控制卡

在多媒体计算机中，显示控制卡（简称显卡）的好坏直接影响整个系统的性能。显卡和 CPU 一样在硬件系统中占有举足轻重的地位。如图 3.41 所示。

图 3.41　显示控制卡

图形处理芯片是显卡的核心，显卡使用的图形处理芯片基本决定了该显卡的性能和档次。能够设计和生产图形处理芯片的厂家并不多，目前主要有 NVDIA 和 ATI 两家。

显卡另外一个重要的指标是显存。显存容量的大小和速度的快慢会直接关系到显卡甚至整机的性能。

常用的显示卡系统

（1）MDA(Monochrome Display Adapter)：是单色字符显示系统的显示控制接口板。MDA 显示标准的特点是字符显示质量高，它采用 $9×14$ 点阵的字符窗口，一屏幕可以显示 80 列×25 行字符，对应的分辨率为 $720×350$ 个像素。

（2）CGA 彩色图形显示控制卡(Color Graphics Adapter)：它有字符、图形两种控制方式。在字符方式下，每屏有 80 列×25 行，每个字符有 16 种颜色。在图形方式下，分辨率有两种：$320×200$ 方式，有 4 种颜色；$640×200$ 方式，只有黑、白两种颜色。

（3）EGA 增强图形显示控制卡（Enhanced Graphics Adapter）：它有字符、图形两种控制方式。在字符方式下，每屏有 80 列×25 行，每个字符有 64 种颜色。在图形方式下，分辨率有 640×350,16 种颜色。改进型的 EGA，分辨率可达 640×480,16 种颜色。它兼容 CGA 的显示方式。

（4）VGA 视频图形显示控制卡（Video Graphics Adapter）：标准的 VGA 显示卡的分辨率是 640×480,16 种颜色；但现在用的全是增强型的 VGA 显示控制卡，它的分辨率为 800×600、960×720,甚至到 1024×768,灰度可为 256 种颜色。所有显示控制卡只有配上相应的显示器和显示软件，才能发挥它们的最大效能。

3.6.6　打印机

显示器作为输出设备有两个主要的局限性：一次只能在屏幕上显示少量的数据；显示器软拷贝输出缺乏可携带性。通过打印机输出持久的、打印好的输出拷贝，就能避免这些局限性。随着电子纸的发明，这种输出方式也会慢慢被淘汰。

1.打印机分类

打印机可以分为击打式和非击打式两大类,击打式主要是针式打印机,非击打式主要有喷墨打印机和激光打印机。如图 3.42 所示。

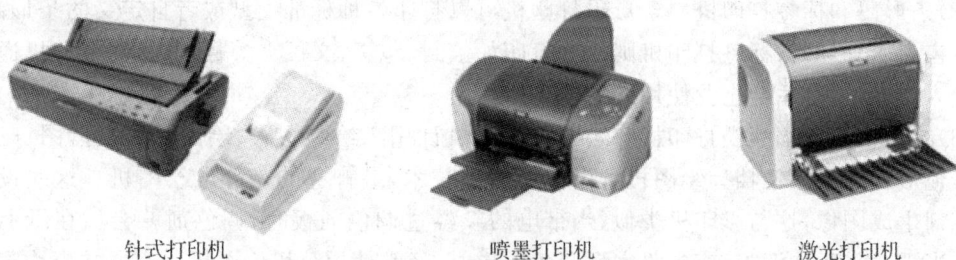

针式打印机　　　　　　喷墨打印机　　　　　　激光打印机

图 3.42　针式、喷墨、激光打印机

（1）针式打印机。针式打印机的打印头上安装了若干钢针,通过钢针击打色带在纸张上形成墨点,从而达到打印的目的。

针式打印机曾因其成本低廉而被广泛使用,又因打印质量不高、工作噪声大,而被逐渐淘汰。但在某些特殊领域（如票据打印等）,针式打印机具有其他打印机不可替代的优势。

（2）喷墨打印机。喷墨打印机的打印头上有若干个喷头,打印时,不同类型的打印机以不同的方式使墨水以每秒近万次的频率喷射到纸上,实现高质量打印效果。

喷墨打印机突出的特点是能够以比较经济的代价输出彩色图像,低噪音、打印效果良好。但是喷墨打印机的墨水成本高,消耗快,这是喷墨打印机的不足之处。

（3）激光打印机。激光打印机是一种高质量、高速度、低噪音、价格适中的打印输出设备。它的工作原理相对要复杂得多,因为激光可以形成很细的光点,因此激光打印机的分辨率较高,打印质量相当好。

激光打印机分为黑白和彩色两种,黑白打印机适用于大部分的打印任务,而且价格也不贵。彩色激光打印机目前价格比较昂贵,适合专业用户使用。

激光打印机工作的时候会产生一定的臭氧,对环境造成污染。

2.打印机的性能指标

打印机的性能指标主要包括分辨率和打印速度等。

（1）分辨率。打印机分辨率又称输出分辨率，是打印机在打印输出时候横向和纵向两个方向上每英寸最多能够打印的点数，用 DPI 表示单位。打印分辨率是衡量打印机质量的重要指标，它决定了打印机输出图像时能表现的精细程度。分辨率越高，其单位长度上反映出来可显示的像素个数就越多，可呈现更多的信息和更清晰的图像，因此打印质量就越好。喷墨打印机的分辨率一般可达 300～360DPI，高的可达到 720DPI 以上，而激光打印机最低也有 300DPI，一般都可以达到 400～1200DPI。

（2）打印速度。打印速度是指打印机每分钟打印输出的纸张页数，单位用 PPM（Pages Per Minute）表示。PPM 是衡量非击打式打印机输出的重要标准，而该标准可以分为两种类型，一种类型是指打印机可以达到的最高打印速度，另外一个类型是打印机在持续工作时的平均输出速度。一般喷墨打印机都可以达到 4PPM 以上，激光打印机的打印速度可达 35PPM，甚至更高。

3. 特殊功能的打印机

（1）照片打印机。照片打印机是特殊设计用来打印照片的彩色打印机，有些照片打印机也使用喷墨技术。要获得和传统照片接近效果，需要使用特殊的照片纸。随着数码相机的普及，照片打印机也越来越流行，有些照片打印机采用数码相机使用的标准存储介质，这样数码相机的存储卡就能直接插入到照片打印机中打印。对于专业的应用，可以使用热转换照片打印机，这种技术将加热的蜡或颜料印在纸上，产生比喷墨打印机更好的图像，但是价格昂贵。

（2）条形码和标签打印机。条形码打印机可以打印各种标准类型或者自定义的条形码，应用于零售商店等场所；标签打印机则能够打印如信封、包裹、文件夹等标签；这些打印机通常适合于个人使用，也有适合企业使用的。

（3）绘图机和宽幅喷墨打印机。绘图机主要设计用来绘制图表、绘图、地图、蓝图、三维视图和其他形式的大型文档。绘图机可以使用多种技术，最普遍的是静电绘图机。这些设备使用调色剂生成图像，这与影印机类似，当带电的纸经过调色剂板时，调色剂就会粘在纸上产生图像。当需要打印如海报、广告等大型彩色图形时，经常使用喷墨绘图机——通常也称宽幅喷墨打印机。一般打印是输出到纸张上，一些新的宽幅喷墨打印机也可以直接打印在布匹或者其他材料上。

（4）3D 打印机。3D 打印机是采用了快速成形技术的一种机器，它是一种数字模型文件为基础，运用粉末状金属或塑料等可黏合材料，通过逐层打印的方式来构造物体的技术。过去其常在模具制造、工业设计等领域被用于制造模型，现正逐渐用于一些产品的直接制造，意味着这项技术正在普。它的原理是：把数据和原料放进 3D 打印机中，机器会按照程序把产品一层层造出来。打印出的产品，可以即时使用。3D 打印机和打印出的 3D 动漫作品如图 3.43 所示。

图 3.43　3D 打印机（左）和打印的 3D 动漫作品（右）

3.6.7　多媒体输出设备

计算机系统除了有显示设备和打印机以外，经常还需要其他类型的输出设备——多媒体输出设备，包括音箱、投影仪等。

1. 音箱

如今的计算机一般都带有一套音箱。音箱是用来输出声音的，如玩计算机游戏、听音频视频片段、听 CD 音乐、在屏幕上看电视或者 DVD 电影等面向消费者的多媒体应用。商业应用包括视频和多媒体演示，以及视频会议等。

计算机音响系统和立体音响设备类似，有多种档次。低档的音箱通过单个锥体输出全部频率的声音，高档的音箱包括特殊的低音装置，并将不同的声音频率通过不同的锥体输出。一些计算机音响系统宣称环绕音响，接近影院质量效果。音箱外壳通常可以屏蔽外部磁场干扰。集成在主板上的声卡或插在主板上的声卡，可以通过端口将音箱连接到计算机，这些端口也包括麦克风和听筒的连接接口。

2. 投影仪

投影仪连接到计算机，通过投影仪输出显示信息到投影屏幕上，如多数投影仪能够投影视频。如图 3.44 所示。投影仪通常是固定在教室、会议室等房间的天花板上。便携式投影仪可以应用于室外演示。

图 3.44　投影仪

投影仪的主要性能指标包括光输出、刷新率、分辨率、CRT 管的聚焦性能等。

(1) 光输出。光输出是指投影仪输出的光能量，单位为流明(lm)。与光输出有关的一个物理量是亮度，是指屏幕表面受到光照射发出的光能量与屏幕面积之比。当投影仪输出的光通过量一定时，投射面积越大亮度越低，反之则亮度越高。亮度越高越好。

(2) 刷新率。刷新率表示图像每秒钟刷新的次数，类似显示器的刷新率。投影仪的刷新率一般不低于 50HZ，否则图像会有闪烁感。刷新率越高越好。

(3) 分辨率。在投影仪指标中，分辨率是较易混淆的一个概念，投影仪技术指标上常给出的分辨率有：可寻址分辨率、RGB 分辨率、视频分辨率三种。可寻址分辨率是指投影管可分辨的最高像素，它主要由投影管的聚焦性能所决定，是投影管质量指标的一个重要参数。通常，可寻址分辨率应高于 RGB 分辨率。RGB 分辨率是指投影仪在接 RGB 分辨率视频信号时可达到的最高像素。视频分辨率是指投影仪在显示复合视频时的最高分辨率。

(4) CRT 管的聚焦性能。图形的最小单元是像素。像素越小图形分辨率越高。在 CRT 管中最小像素是由聚焦性能决定的。所谓可寻址分辨率，即是指最小像素的数目。CRT 管的聚焦机制有静电聚焦、磁聚焦和电磁复合聚焦三种。其中以电磁复合聚焦较为先进。

3.7 计算机系统的分类与发展趋势

3.7.1 计算机系统的分类

围绕着如何提高指令的执行速度和计算机系统的性能价格比,出现了多种计算机的系统结构,如流水线处理机、并行处理机、多处理机及精简指令系统计算机等。尽管这些计算机系统在结构上作了较大的改进,但仍没有突破冯·诺伊曼型计算机体系结构的下列特征:

(1)计算机内部的数据流动是由指令驱动的,而指令的执行顺序由程序计数器决定。

(2)计算机的应用仍主要面向数值计算和数据处理。

国际上研制的数据流计算机、数据库计算机及智能计算机等,对上述两点有所突破,基本上属于非冯·诺伊曼型计算机。

上述几种计算机系统结构都基于并行处理技术来提高计算机速度。为此,我们先介绍并行处理概念,然后分别简要介绍流水线处理机、并行处理机、多处理机及精简指令系统计算机。

1. 并行处理概念

n 位串行运算的计算机和 n 位并行运算的计算机的运算速度,在采用相同速度元件的情况下,后者的速度几乎要比前者的速度快 n 倍。其主要原因就是运用了并行性(parallel)。所谓并行性是指在同一时刻或在同一时间间隔内完成两种或两种以上性质相同或不相同的工作,只要在时间上互相重叠都存在并行性。严格地说,并行性可分为同时性和并发性两种,同时性是指两个或多个事件在同一时刻发生,并发性则是指两个或多个事件在同一时间间隔内发生。并行性的引入有利于提高机器的速度。

计算机系统可以采用多种措施提高并行性,可采用"资源重复"、"时间重叠"和"资源共享"等三种方法。

(1)资源重复是在并行性概念中引入"空间因素",采用以"数量取胜"的原则,即通过重复设置硬设备的方法来提高计算机的处理速度,例如在一个微处理器芯片中设立多个功能部件以及由大量微处理器构成的大规模并行处理机。

(2)时间重叠是在并行性概念中引入"时间因素",即多个处理过程在时间上互相错开,轮流重叠地使用同一套硬件设备的各个部分,以加速硬件周转,赢得时间,提高速度。资源没有重复,但速度得到了提高,例如流水线计算机。

(3)资源共享是指多个用户按一定时间顺序轮流使用同一套硬设备,如多道程序运行和分时系统等。

上述三种并行性反映了计算机系统结构向高性能发展的自然趋势:一方面在单处理机内部广泛采用多种并行性措施,另一方面发展各种多计算机系统,这是计算机系统结构从高性能单处理机和多计算机系统向并行处理发展的总趋势。

2. 流水线处理机系统

(1)流水线结构的基本概念

冯·诺伊曼型计算机执行程序是按顺序方式逐条指令串行进行的。在过去,每条指令中的各个操作也是按顺序串行执行的。例如加法指令可以分成:取指令、指令译码、取操作数、数据处理、写结果五个步骤,如图 3.45 所示。这种执行方式的优点是控制机构简单,缺点是速度较低,各部件的利用率低。

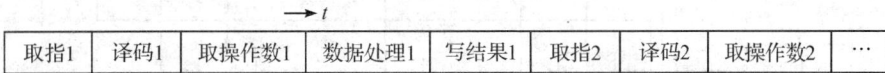

取指1	译码1	取操作数1	数据处理1	写结果1	取指2	译码2	取操作数2	…

图 3.45　指令的顺序执行

如果把若干条指令在时间上重叠起来进行,如图 3.46 所示,将大幅度提高程序的执行速度。

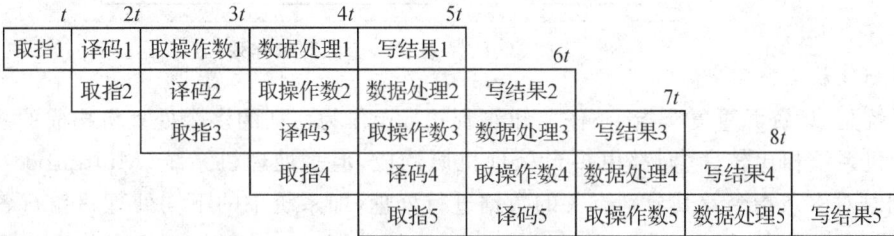

取指1	译码1	取操作数1	数据处理1	写结果1			
	取指2	译码2	取操作数2	数据处理2	写结果2		
		取指3	译码3	取操作数3	数据处理3	写结果3	
			取指4	译码4	取操作数4	数据处理4	写结果4
				取指5	译码5	取操作数5	数据处理5	写结果5

图 3.46　五条指令的重叠执行

在图 3.46 中,一条指令的操作被分成了五段,若假设每段的执行时间相同,都为 t,那么一条指令的执行时间为 $5t$,但当一条指令处理完后,每隔 t 时间就能得到一条指令的处理结果,平均速度得到了提高,其处理方式类似于现代工业生产装配线上的流水作业,因此把具有这种结构的计算机称为流水线处理机(pipeline processor)。

(2)处理机流水线

在程序步骤上实现操作并行称为处理机流水线,这种流水线把两个或两个以上处理机通过存储器串行连接起来,每个处理机对同一数据流的不同部分分别进行并行处理,原理图见图 3.47。前一个处理机的输出结果存入存储器中,作为后一个处理机的输入,每个处理机完成整个任务的一部分,直到最后一个处理机完成工作,整个任务才完成。

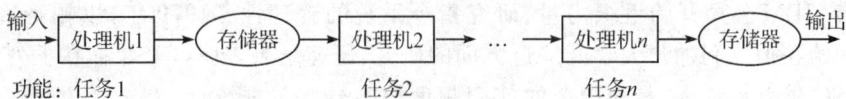

图 3.47　处理机流水线原理

3. 并行处理机系统

流水线处理机系统是通过同一时间不同处理机执行不同"操作步"(或"工序")来实现并行性的,即以"时间重叠"为其特征。并行处理机系统(Parallel Processor System)则以"资源重复"为特征,在该系统中重复设置了大量处理机,在同一控制器(一般为一台小型计算机)的指挥下,按照同一指令的要求,对一整组数据同时进行操作,即实现了处理机一级的整个操作的并行。通常,并行处理机也称阵列式计算机(Array Computer),它适用于求解"并行算法"的问题,如向量处理(数组或矩阵运算)。

最先制成的并行处理机是美国的 ILLIAC-IV 系统,其处理机阵列如图 3.48 所示。该阵列由 64 台处理机组成,每台处理机包含算术处理单元、本地 RAM 存储器及存储器逻辑部件。一个阵列中的 64 台处理机由一个阵列控制器控制。ILLIAC-IV 系统的原设计规模是由 4 个相互联系的处理机阵列组成,但实际上只实现一个阵列。

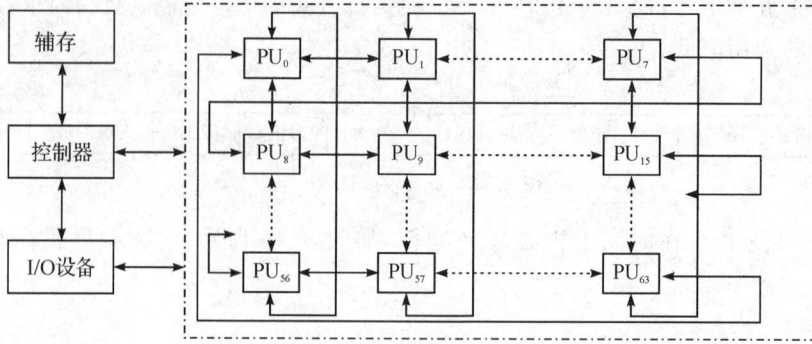

图 3.48　ILLIAC-IV 系统的一个处理机阵列

4.多处理机系统

该系统是以"资源重复",指令、任务和作业并行操作为特征的多个处理机构成的系统。与并行处理机系统相比较,它们都由多台处理机所构成,但多处理机系统(Multiprocessor System)是同时对多条指令及其分别有关的数据进行处理,即系统中的不同处理机执行各自的指令及处理各自的数据,属于多指令流多数据流结构的计算机。并行处理机系统中的不同处理机只是对同一条指令下的有关的多个数据进行处理,属于单指令流多数据流结构的计算机。

5.精简指令系统计算机

从计算机的指令系统设计的角度看,计算机的系统结构可分为复杂指令系统计算机(Complex Instruction Set Computer, CISC)和精简指令系统计算机(Reduced Instruction Set Computer, RISC)。CISC 是当前计算机系统结构的主流,而 RISC 则是近十多年来迅速发展起来的一颗新星。

VLSI(Very Large Scale Integration)技术的迅速发展,为计算机的系统结构设计提供了充分的物理实现基础。人们为了增强计算机的功能,在指令系统中引入了各种各样的复杂指令,其结果导致机器的结构日益复杂。此风越演越烈,出现了所谓复杂指令系统计算机,这种机器不仅制造困难,而且还可能降低系统的性能,CISC 技术面临严重挑战。

1975 年,IBM 公司开始组织力量,研究指令系统的合理性。1979 年,以帕特逊为首的一批科学家开始在伯克利加州大学开展这方面的研究,研究结果表明,CISC 存在下列缺点:

(1)CISC 指令系统中,各种指令的使用频度相差悬殊。据统计,有 20% 的指令使用频度占运行时间的 80%。这就是说,有 80% 的指令只在 20% 的运行时间内才有用。

(2)CISC 指令系统的复杂性,导致了计算机体系结构的复杂化,增加了设计的时间和成本,并容易造成设计错误。

(3)CISC 指令系统的复杂性,给 VLSI 设计带来困难,不利于单片机和高档微型机的发展。

(4)CISC 指令系统中的许多复杂指令的操作很复杂,因而速度很慢。

针对上述缺点,帕特逊等人提出了精简指令系统计算机的设想。根据这一设想,1982 年伯克利加州大学宣布做成了 RISC 型微处理器,它只有 31 条指令,执行速度比当时最先进的商品化微处理器(如 MC68000)快 3~4 倍。帕特逊等人后来又推出 32 位 RISC 微处理器,其时钟速度从 RISC I 的 5MHZ 提高到 RISC II 的 8MHz。当今世界计算机市场上,RISC 结构机器纷纷涌现,是一支很有竞争力的新军。

RISC 的结构在本质上仍属于冯·诺伊曼型,但已作了较大的改进。与 CISC 相比,RISC 不只是简单地将指令系统中的指令减少,而是在体系结构的设计和实现技术上有其明显的特

点,从而使计算机的结构更合理,有利于机器运算速度的提高。RISC 的设计原则如下:

(1)选取使用频度最高的少数指令,并补充一些很有用但并不复杂的指令。

(2)指令长度固定,指令格式和寻址方式种类少。

(3)只有取数和存数指令访问存储器,其余指令的操作都在寄存器之间进行。

(4)以简单有效的方式支持操作系统和高级语言。

(5)CPU 中采用大量的通用寄存器。

(6)以硬布线控制逻辑(即组合逻辑)为主,不用或少用微程序控制。

RISC 在技术实现方面采取了一系列措施,如:在逻辑实现上用以硬件为主、固件为辅的技术,延迟转移技术及重叠寄存器窗口技术等。由于 RISC 要求一般指令在一个机器周期内完成,故必须用硬布线逻辑来解释和执行指令,并采用流水线结构。严格地说,RISC 是在每个机器周期内获得一条指令的处理结果,而具体到每条指令则是经过若干机器周期的处理才获得结果的。对于必需的复杂指令,RISC 采用了控制存储器中的微程序来解释。

3.7.2　计算机系统的发展趋势

为了使现有计算机性能够得到提升,发挥其最大效用,可以使用以下几种常见方法:

1. 增加内存

由于现在大量图像界面和应用,因而所需要的内存比几年前多得多。如果读者觉得打开程序或者保存文档需要等待很长的时间,而机器的 CPU 相对来说还是很快的(运行速度超过1.5GHz),则应该考虑为系统增加更多的内存,把内存至少增加到 512MB,建议 1G。微软最新的操作系统 VISTA 对内存的要求最小 512MB,推荐 1GB,对于其他的硬件设备的要求也很高。

2. 进行系统维护

由于在工作中使用硬盘驱动器来存取数据,或者安装和卸载程序,PC 会慢慢变得不那么高效,部分原因是由于随着大型文件的反复存储,它们经常变成了碎片,也就是文件没有保存在一个连续的存储区域内,由于文件的不同部分处于不同的物理位置,这就需要计算机使用更长的时间来存取它;另外一个使计算机变得效率低下的原因是程序被下载时,一部分程序被留下,或者对这些程序的引用被留在了操作系统文件中;再一个原因是硬盘越来越满,计算机需要更长的时间来定位和操作存储在硬盘上的数据,可以被系统利用的空间越来越小。

以上的这些因素都能导致系统的表现慢于其应该达到的水平,为了缓解这些问题,应该进行常规的系统维护。通常可以采取以下方法:

(1)卸载计算机上不再需要的程序,以释放硬盘空间。务必使用操作系统指定的卸载程序,例如 WINDOWS 控制面板中的【添加和删除程序】或者使用应用软件自身携带的下载程序,不能直接删除软件的安装目录(文件夹)。

(2)如果计算机中有大型文件(如数字相片、电影文件等),考虑把他们转移到一个可移动的存储设备中,并从当前计算机的硬盘中删除,释放硬盘空间。如果这些文件非常重要,则可以把文件存储到两个不同的硬盘上。

(3)清空【回收站】中的内容,释放硬盘空间。

(4)使用工具程序,比如磁盘清理程序等,来清理那些安装程序、卸载程序、浏览 Internet所留下的临时文件。

(5)使用 Windows 的【碎片整理程序】来更加有效地安排硬盘上文件资料的存放,尽量减少磁盘碎片,提高文件存取速度,并回收部分磁盘空间。

(6)考虑购买第二块硬盘,扩大存储空间,当然前提是系统必须有安装第二硬盘的插槽。

3.升级显卡系统

显卡系统是另外一个可能的"瓶颈",当 PC 机经常用图形图像处理,或者使用大量 3D 图形应用程序(如 3D 游戏等),则对显示卡的显存的要求就比较高,如果显存不够,会导致系统性能下降,这时候建议选择显存大的显示卡系统。

4.CPU 升级

升级 CPU 是一个比较流行的选择,因为购买一个新的系统和购买一个新的 CPU 所需要的花费差别很大,但是,目前低价的计算机就具有很快的处理速度,而且受主板的支持程度的影响,实际上,目前这种升级方式越来越少见了。

习题三

一、判断题

1.数据总线上只能传输数据信息,而不能传输指令、地址等其他信息。　　　　　( )

2.CPU 能够执行的逻辑操作有加法、减法、乘法和除法。　　　　　( )

3.关闭电源后,ROM 中的信息会丢失。　　　　　( )

4.CD-ROM 是一种可读写的外存储器。　　　　　( )

5.RAM 是内存储器、而 ROM 是外存储器。　　　　　( )

6.3.5 英寸软盘的容量一般是 1.44MB。　　　　　( )

7.某计算机中显示有 C 盘和 D 盘两个驱动器,则该计算机肯定有两个物理硬盘。( )

8.决定计算机计算精度的主要技术指标是计算机的内存容量。　　　　　( )

9.计算机的"运算速度"的含义是指每秒钟能执行多少指令。　　　　　( )

10.表述计算机技术发展的摩尔定律的要点是每隔 18 个月,计算机的性能将提高一倍、也即计算机的处理能力相对于时间周期程指数式的上升。　　　　　( )

11.存储地址是存储器存储单元的编号,CPU 要存取某个存储单元的信息,一定要知道这个存储单元的地址,并把地址信号送入地址总线中去找到这个地址的存储单元。　　　　　( )

12.硬盘上的数据可以直接被 CPU 调用进行处理。　　　　　( )

二、选择题

1.一台计算机主要由_____、存储器、I/O 设备等部件构成。

　　A.运算器　　　　B.控制器　　　　C.中央处理器　　　D.显示器

2.CPU 主要由_____两部分组成。

　　A.总线和内存储器　　　　　　　B.控制器和运算器

　　C.时钟和运算器　　　　　　　　D.控制器和内存储器

3.Pentium(奔腾)指的是计算机中_____的型号。

　　A.主板　　　　　B.存储板　　　　C.存储器　　　　D.中央处理器

4.运算器的主要功能是完成_____。

　　　A. 加法和移位操作　B. 逻辑运算　　　　　C. 算术运算　　　　　　D. 算术和逻辑运算

5. 关于 CPU 以下说法正确的是_____。

　　　A. CPU 由运算器、控制器和存储器组成

　　　B. CPU 内没有任何存放数据的地方，数据都存放在主存中

　　　C. CPU 都是 Intel 公司和 AMD 公司生产的

　　　D. 在 CPU 中，除了控制器和运算器外，还有用于存储数据的寄存器

6. 下列_____是目前微机中常用的微处理器。

　　　A. Intel、IBM、Apple 和 Motorola　　　　　B. P Ⅲ 600、P Ⅳ、Intel Core 2、Athlon 64

　　　C. CD-ROM、COMS、RAM 和 ROM　　　　D. KB、MB、GB、TB

7. 用户刚输入的信息在保存以前，存放在_____中，为防止断电后信息丢失，应在关闭
软件前（或者关机前）将信息保存到_____中。

　　　A. ROM　　　　　　B. RAM　　　　　　　C. 磁盘　　　　　　　D. CD-ROM

8. 内存储器与 CPU _____交换信息。

　　　A. 不能　　　　　　B. 能直接　　　　　　C. 能部分　　　　　　D. 能间接

9. 存储器可以分为_____两类。

　　　A. RAM 和 ROM　　　　　　　　　　　B. 硬盘和软盘

　　　C. 内存储器和外存储器　　　　　　　　D. ROM 和 EPROM

10. 关于随机存储器（RAM）的功能叙述正确的是_____。

　　　A. 只能读不能写　　　　　　　　　　　B. 断电后信息不消失

　　　C. 读写速度比硬盘慢　　　　　　　　　D. 能直接与 CPU 交换信息

11. 关于计算机上使用的光盘，以下说法正确的是_____。

　　　A. 有些光盘只能读不能写

　　　B. 有些光盘可以读可以写

　　　C. 使用光盘时必须配有光盘驱动器

　　　D. 光盘是一种外存储器，它依靠表面的磁性物质来记录数据

12. 硬盘驱动器在寻找数据时_____。

　　　A. 盘片不动　　　　B. 盘片转动　　　　　C. 磁头不动　　　　　D. 磁头移动

13. 下列有关磁盘格式化的叙述中，正确的是_____。

　　　A. 只能对新盘做格式化，不能对旧盘做格式化

　　　B. 只有格式化后的磁盘才能使用，对旧盘格式化会抹去磁盘中原有的信息

　　　C. 新磁盘不做格式化照样可以使用，但是格式化可以让磁盘的容量增大

　　　D. 磁盘格式化将划分磁道和扇区

14. 从信息处理角度讲，既可以作为输入设备，又可以作为输出设备的是_____。

　　　A. 打印机　　　　　B. 磁盘及其驱动器　　C. 键盘　　　　　　　D. 显示器

15. 硬盘和软盘相比，硬盘具有_____的特点。

　　　A. 价格便宜　　　　B. 容量大　　　　　　C. 速度快　　　　　　D. 携带方便

16. 计算机中有多种存储器，如主存、软盘、硬盘、CD-ROM 等，它们各自起着不同的作用，
按照存储容量依次从小到大的是_____，按照存取速度由快到慢的是_____。

　　　A. CD-ROM、硬盘、软盘、主存　　　　　B. 软盘、主存、CD-ROM、硬盘

　　　C. 主存、硬盘、CD-ROM、软盘　　　　　D. 软盘、硬盘、主存、CD-ROM

17.下列计算机外围设备中,可以作为输入设备的是_____。

　　A.打印机　　　　　　B.绘图仪　　　　　　C.扫描仪　　　　　　D.数码相机

18.下列设备中,可以作为输出设备的是_____。

　　A.键盘　　　　　　　B.鼠标　　　　　　　C.音箱　　　　　　　D.数码相机

19.下列关于打印机表述中,正确的是_____。

　　A.激光打印机是击打式打印机

　　B.目前打印质量最好,分辨率最高的是激光打印机

　　C.针式打印机的打印速度比非击打式打印机快

　　D.喷墨打印机的噪声最小

20.CRT 显示器的像素光点的直径(点距)有多种规格,下列直径(点距)中,现实质量最好的是_____ mm。

　　A.0.33　　　　　　　B.0.31　　　　　　　C.0.28　　　　　　　D.0.24

21.显示器规格中,数据 640×480,1024×768 等表示_____。

　　A.显示器屏幕的大小　　　　　　　　B.显示器显示字符的最大列数和行数

　　C.显示器的显示分辨率　　　　　　　D.显示器的颜色指标

22.在计算机上运行一个程序时,如果发现存储容量不够,可以采取的解决方法是_____。

　　A.将软盘换成大容量硬盘　　　　　　B.将硬盘换成光盘

　　C.增加扩展内存　　　　　　　　　　D.将软盘由低密度的换成高密度的

23.下列_____组设备中包括有输入设备、输出设备和存储器。

　　A.CPU、ROM、CRT　　　　　　　　B.键盘、光盘、扫描仪

　　C.鼠标、绘图仪、磁盘　　　　　　　D.磁盘,打印机、显示器

三、多选题

1.下列有关计算机的性能指标中,影响计算机运行速度的指标有_____。

　　A.主频　　　　　　　　　　　　　　B.内存容量

　　C.字长　　　　　　　　　　　　　　D.所链接的外部设备数量

　　E.外存容量　　　　　　　　　　　　F.存取周期

　　G.兼容性　　　　　　　　　　　　　H.平均无故障工作时间

2.下列选项中,属于外存储器的有_____。

　　A.RAM　　　　　　B.硬盘　　　　　　C.ROM　　　　　　D.磁带

　　E.软盘　　　　　　F.寄存器　　　　　G.计数器　　　　　H.译码器

　　I.CPU　　　　　　J.CD-ROM　　　　　K.EPROM

3.当软盘处于写保护状态时,以下可以实现的操作有_____。

　　A.将软盘的当前目录改为根目录　　　　B.格式化软盘

　　C.将软盘中的所有内容复制到 C 盘　　　D.在软盘上建立文件 AA.C

　　E.将软盘中 A.TXT 文件改名为 B.TXT　F.显示软盘目录窗口

　　G.删除软盘中的目录　　　　　　　　　H.在软盘上建立目录

4.以下哪些是属于固态硬盘的优点?_____

　　A.启动比普通硬盘快

B. 基本无噪音

C. 快速随机读取,延迟小,读写比普通硬盘快

D. 内部不存在机械部件,不会发生机械故障,也不怕碰撞、震动,更安全

E. 读取数据跟数据存储位置有直接关系

F. 不会发热

G. 工作温度范围比普通磁盘大

5. 常见的 USB 接口有哪些类型?　_____

　　A. USB　　　　　　B. Micoro USB　　　　C. Mini USB　　　　　D. USB1.1

　　E. USB2.0　　　　　F. USB3.0

四、填空题

1. 衡量计算机运算速度主要和 CPU 的主频、_____和指令系统的合理性有关。

2. CPU 主要由_____和_____两部分组成。

3. 计算机内进行算术与逻辑运算的功能部件是_____。

4. 计算机内部的指令用来规定计算机执行的操作及操作对象所在的位置,它通常由_____和_____两部分组成。

5. 下列各英文缩写词所代表的含义是什么?

RAM　_____

ROM　_____

EPROM　_____

FAT　_____

CD-ROM　_____

USB　_____

6. 键盘鼠标常见的连接接口有_____、_____。

7. 一台微型计算机必须具备的输出设备是_____。

8. 计算机系统的总线分成_____、_____和_____3 种类型。

五、问答题

1. CPU 是指什么,它由哪几部分组成?

2. 什么是机器字长? 常见的字长有哪些?

3. 计算机内部传输信息的通道称为总线(BUS),根据传输信息的种类,总线可以分为哪几种?

4. CPU 的基本功能有哪些?

5. 什么是系统时钟、机器周期和指令周期,它们之间有什么区别?

6. 目前常见主流的 CPU 有哪些种类?

7. 主存储器的主要技术指标有哪些? 在购买时候需要考虑哪些技术参数?

8. 什么是辅助存储器,目前常用的辅助存储器有哪几种?

9. 存储介质的访问方式有哪几种,他们有什么区别?

10. 假设一块 10000r/min(每分钟转速)的硬盘,格式化后每个磁道 256 个扇区,每个扇区的容量为 4KB,那么其硬盘的数据传输率为多少?

11. 磁盘的主要技术指标有哪些,在购买磁盘(硬盘)时候,需要考虑哪些技术参数?

12. 什么是文件系统? 常见的文件系统有哪几种?

13. 输入输出设备是计算机的基本组成部件,他们分别实现什么功能?

14. 选购液晶显示器时,一般要考虑哪些技术参数?

15. 针式打印机、喷墨打印机、激光打印机各有什么优缺点?

第4章

操作系统

当我们组装好了一台计算机,打开电源,它并不能运行,这样的机器人们通常称之为"裸机"。要使"裸机"成为我们可以使用的计算机,必须有一个系统资源的管理者,这就是操作系统。

目前主要的计算机操作系统有两大类:一类是字符界面操作系统,如磁盘操作系统 DOS、OS/2、Unix,它们的特点是操作速度快,但需要记忆相关的操作命令;另一类操作系统是图形界面类操作系统,如 Windows,Mac OS 以及 Linux 的 X Windows 系列,形象直观,操作简单,只需要使用鼠标即可操作。

本章将介绍操作系统的分类、操作系统的功能、各个操作系统之间异同点、以及如何正确理解操作系统。

4.1　操作系统概述

操作系统在计算机中是系统软件的核心,其主要任务是管理和控制计算机的资源(如内存、硬盘、各种输入输出设备等),通过友好的人机交互界面,提供硬件和用户(程序和人)的接口,使得其他程序更加方便有效地执行,并能允许一个应用程序与其他系统资源进行交互。

图 4.1 展示了操作系统在计算机系统中的所处位置。

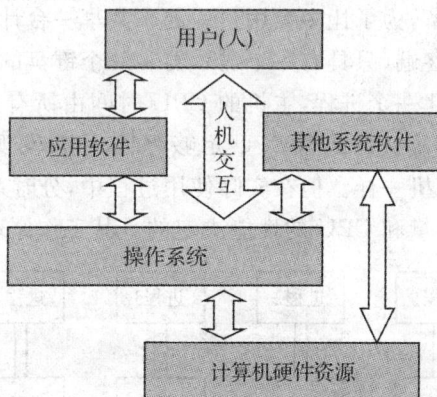

图 4.1　操作系统与计算机系统多个元素的交互

4.2　操作系统的发展历史

操作系统的发展经历了很长的一段历程,并且随着计算机技术的发展而不断进步。

4.2.1　批处理操作系统

批处理操作系统设计于 20 世纪 50 年代。当时的计算机是一台专门放在房间中的庞大机器,它的操作由专门的操作员来完成。每个执行的程序叫作业,想要执行作业的程序员通过穿孔卡片将程序和数据交给操作员,操作员根据要求启动必需的设备,载入特定的系统软件,并把运行结果交还给程序员。因此在早期的系统中,要执行一个程序是一个耗时的过程。

在实际操作过程中,多个用户提交上来的作业中有些可能会使用相同或相似的资源,为了节省时间提高效率,操作员常常会根据需求把多个作业进行分批。

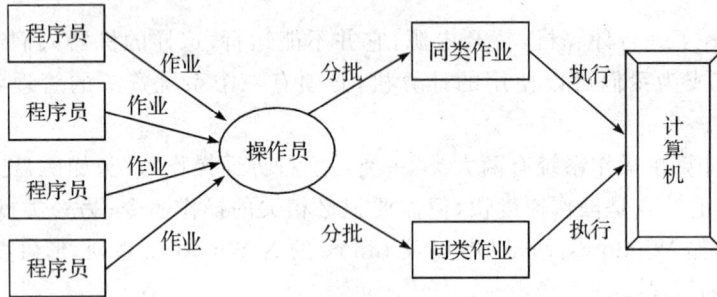

图 4.2　批处理系统的执行流程

由图 4.2 可以看到批处理系统中操作员是主角,掌握着何时执行哪个作业,如何分配作业,承担着现代计算机操作系统所做的工作。

批处理系统作为早期的系统现在已经不再使用,但是其概念被保留到现代的计算机操作系统中。现代操作系统中的批处理概念,是允许用户把一系列的 OS 命令定义为一个批文件,比如 Windows 中的 BAT 文件,让命令自行执行而不需要和用户交互。

4.2.2　分时系统

分时系统允许多个用户同时与一台计算机进行交互,让每个用户感觉自己在独享这台计算机,也就是说每个用户不必主动竞争计算机的资源,而是通过操作系统来为每个用户自动分配资源。

早期计算机是昂贵的设备,为了让多个用户一起来共享一台计算机,分时系统最初由一台主机和若干连接到主机的哑终端(只具有一个显示器和一个键盘的设备)构成。其工作过程如下:当用户运行程序时,将创建一个进程,主机的 CPU 时间由所有用户的所有进程共享,每个进程顺次得到一个 CPU 时间片。那么当 CPU 足够快时,用户发现自己的请求总是能够及时响应,就像单独操作一台计算机一样。但在实际使用过程中,分时系统的用户有时会发现系统响应变慢,这是由活动用户数量和 CPU 的性能决定的。其工作原理见图 4.3。

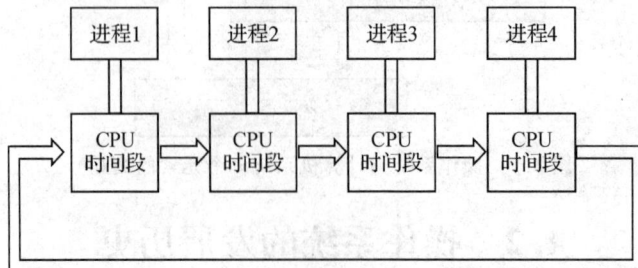

图 4.3　分时系统工作原理

在这个时期,用户或计算机的关系改变了,两者之间不再需要操作员而直接可以进行交互操作。

4.2.3　个人和网络操作系统

在个人计算机产生到大约十几年以前,PC 机的性能远远落后于今日机器,当时的许多操作系统要么适用于单一用户(如 DOS,为在家中或公司工作的用户服务),要么适用于多个用户(如 Unix,为工作在大型计算机系统或网络的用户服务)。现在,这两类操作系统之间的差别越来越模糊,某些单机(又叫桌面)操作系统往往也能够适用于家庭网络等小型网络,如国内常见的 Windows 2000 专业版(Professional),Windows XP 专业版和家庭版(Home Edition)。另外软件公司在制作操作系统的时候考虑到个人和网络用户的需求,其操作系统往往存在多个版本,即可以按单机版也可以按照网络版购买,如 Windows 系列、Unix、Linux、Mac OS,这些系统我们将在本章稍后介绍。

4.2.4　并行操作系统

一个 CPU 的性能总是有限的,当我们需要更快更有效的系统时,就要求同一个计算机中安装多个 CPU,这就导致了并行操作系统的问世。在这样的系统中,每个 CPU 可以处理一个程序或一个程序的某个部分,这意味着多个任务可以真正意义上的并行处理,即同一个时刻可以处理两个以上的任务(注意:在单 CPU 情况下,我们虽然也可以处理多个任务,而且用户看起来好像是并行处理的,但实际上它们是分别处理的,即每个任务分别占用一段 CPU 时间依次进行处理,只是这个时间够小,对于人来说可以忽略而已)。当然这样的操作系统要比单CPU 的操作系统复杂得多。

图 4.4 演示了在单 CPU 和双 CPU 下,并行处理两个任务:接收邮件和打开并显示网页的不同情况。

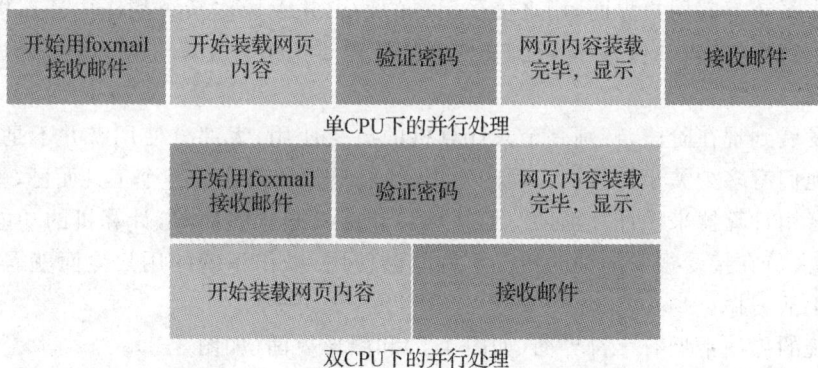

开始用foxmail接收邮件	开始装载网页内容	验证密码	网页内容装载完毕,显示	接收邮件

单CPU下的并行处理

开始用foxmail接收邮件	验证密码	网页内容装载完毕,显示

开始装载网页内容	接收邮件

双CPU下的并行处理

图 4.4　单 CPU 和双 CPU 的并行处理

4.2.5　分布式操作系统

网络化和交互网络化的发展,产生了一种新的操作系统——分布式操作系统。以往必须在一台计算机上运行的作业可以由网络中的多台计算机共同完成,即程序可以在一台计算机上运行一部分而另一部分由另外一台计算机完成,这些计算机不管它们的物理位置的距离有多远,只要它们能够通过网络连通就可以实现分布操作。

4.3 现代操作系统的功能

现代操作系统庞大而复杂,它需要管理计算机系统内大量的资源。它犹如一个生产性企业,有采购部门、生产部门、销售部门、财务部门等,每个部门的主管负责自己部门的管理,并且各部门相互协调合作,使企业正常运转。操作系统亦有很多部分组成,每个部分即它的功能。

以下讨论常见的操作系统的功能,注意并不是所有操作系统都具有,不过其中存储管理、进程管理、设备管理、文件管理是所有操作系统的四大基本功能。

4.3.1 计算机启动和设备自动配置

当用户的 PC 机第一次启动时,系统自检完成后,接下去就需要机器上安装的操作系统来帮助启动计算机。在启动过程中,操作系统的某些特定部件被装入计算机内存,在启动操作结束和控制权转交用户之前,操作系统需要确定那些硬件设备需要连接和配置,然后联机。

系统对设备的控制通过一个名为“设备驱动程序”的程序来工作,比如控制 Nvidia GeForce6显卡需要对应 GeForce6 显卡的驱动程序,ATI Radeon 显卡就需要对应 Radeon 系列显卡的驱动程序,我们发现不同的设备往往需要不同的设备驱动程序来对应,操作系统才能正常来使用它,因此现代新型操作系统往往装有其发行时市面上常见设备的驱动程序以便能够自动处理各种硬件。如果你不小心买了偏门的硬件或者最新的硬件设备,那么你就需要自己安装设备驱动程序了,虽然生产厂商会提供对应设备的安装程序并做得尽量方便,但还是令初学者头痛。

4.3.2 用户界面

每个操作系统都有用户界面,用来接受用户的请求并由操作系统翻译成计算机能够认识的形式从而执行即作出响应;另一方面,操作系统还需要把来自计算机的信息翻译成用户所能够理解的形式。

计算机发展到现在阶段,特别是个人计算机的广泛使用,大部分使用者并不是专业人员,你不能指望他们有多少关于计算机方面的知识,他们只是把它作为一个工具而已,就像以前人们用算盘或者用计算器来做计算辅助。但算盘和计算机毕竟够简单,计算机的功能要复杂得多,要非专业人员在接受很少培训的情况下就能够使用,操作系统的用户界面就需要人性化,符合人类的生活习惯。

操作系统的界面常见有字符界面(如图 4.5)和图形界面(如图 4.6)。

在图 4.6 中你要进入 C 盘的 Windows 目录只需要在图形界面上鼠标双击 Windows 的文件夹(如果是第一次接触计算机,可能需要练习一下如何来使用鼠标,但这是一件比较容易的事情);如果换成图 4.5 的方式你要做相同的工作,需要用键盘敲入“cd c:\windows”(这下麻烦了,你需要熟悉键盘,初学者可能要花很久的时间找到这些字符并一个一个敲入,并且需要记住这个命令并且不能错一个字符,他可能会说太难了,结果就是直接关闭电源)。我们发现图形界面操作容易得多,更加人性化,更加适合初学者快速入门,从而使计算机更加普及。

其实对于专业人员来说,也更愿意使用图形界面,不必再敲入那些繁琐而又冗长的命令行。

图 4.5 操作系统的字符界面

图 4.6 操作系统的图形界面

4.3.3 存储管理(Memory Management)

操作系统的存储管理实质是对存储"空间"的管理,主要指对内存(即主存储器)的管理。操作系统存储管理分为两大类:单道程序和多道程序。

1. 单道程序

单道程序在早期的计算机系统中很流行,微软在 20 世纪八九十年代期间占据 PC 操作系统大半江山的 DOS 系统也是单道程序的操作系统。其特点是:内存中只有两个程序——操作系统和正在执行的应用程序,在这样机制下,除了操作系统外,一次只能处理一个程序。

单道程序中内存管理的工作步骤很简单:将程序装入内存,运行程序,结束再装入下一个程序。图 4.7 给出了单道程序中的内存分配情况。

单道程序的缺点:

（1）应用程序一般不可能需要除了操作系统外剩余的所有内存空间，而其他程序又不能同时使用，降低了内存的使用率；另外如果一个程序需要的内存空间大于剩余内存空间，则程序无法运行。

（2）程序运行过程中往往需要和输入/输出设备进行数据交换，但输入/输出设备的速度远远慢于 CPU，在等待输入/输出设备处理数据的过程中 CPU 将空闲，而又不能同时为其他程序服务，降低了 CPU 的使用效率。

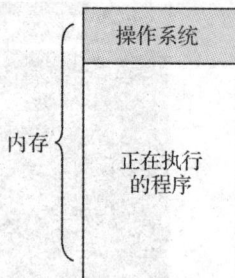
图 4.7　单道程序的内存分配

2. 多道程序

为了解决单道程序的缺点，操作系统的内存管理做了改进，允许同时在内存中装入多个程序并可同时执行这些程序，这就是多道程序。

在这种情况下存储管理就是要根据用户程序的要求为用户分配主存储区域。当多个程序共享有限的内存资源时，操作系统就按某种分配原则，为每个程序分配内存空间，使各用户的程序和数据彼此隔离，互不干扰及破坏；当某个用户程序工作结束时，要及时收回它所占的主存区域，以便再装入其他程序。

多道程序又发展出两种技术：

（1）分区调度

在分区调度模式中，内存被分为不定长的若干分区，需要执行的程序被装入足够容量的分区（内存分区的大小，有些操作系统在启动时指定，有些操作系统根据程序的需要动态分配）。多道程序的内存分配如图 4.8 所示。

这样 CPU 可以在内存中的各个程序之间交替服务，当一个程序需要等待输入/输出设备或者此程序分配的时间到达，转入为下一个程序服务。当然为了提高系统中某些重要程序的响应速度，程序的处理可以具有优先级，即优先处理优先级高的程序。

只有被装入主存储器的程序才有可能去竞争中央处理机。因此，有效地利用主存储器可保证多道程序设计技术的实现，也就保证了中央处理机的使用效率。

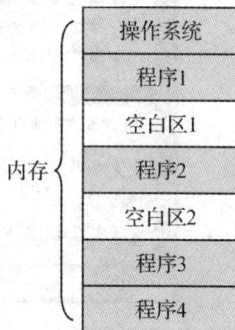
图 4.8　多道程序的内存分配

分区调度的缺点：

①整个程序必须放入分区，因此分区大小要合适（如果一个分区不够，可以是若干个连续的分区），小了无法载入整个程序，大了造成空间浪费。

②随着程序装入卸载，内存中的非连续空白区可能会增多。

③当非连续空白区过多时，内存管理器需要移动现有程序，以合并空白区，这个过程叫压缩，但这需要增加系统的负担。比如图 4.8 中，需要装入程序 5，而其需要的空间大于空白区 1 和空白区 2 但小于空白区 1＋空白区 2，由于空白区 1 和空白区 2 不连续，程序 5 就无法放入内存从而无法执行，如果进行压缩，把空白区合并，程序 5 就放入内存中执行了。

（2）分页调度

在分页调度的技术中，整个计算机的内存被分成大小相等的若干内存块，称为帧。进程（即执行中的程序）被划分为大小相等的部分，称为页。通常情况下页和帧的大小是一样的。程序执行时，进程页将被装载到内存的空白帧中，注意只要求空白即未使用，不要求连续，因此一个进程页的分布可能是分散的、无序的。操作系统为了掌握进程页的分布,将为每个进程维护一个独立的页面映射表(PMT,Page Map Table),把每个映射页载入它所对应的内存中的帧,如图 4.9 所示。

　　分页的优点在于程序执行不再需要一大块连续的空白内存区域,而只需要足够多的小块内存区域。

页面映射表(PMT)

程序1

页序号	所属帧
0	5
1	8
2	12
3	7

程序2

页序号	所属帧
0	4
1	1
2	6
3	10
4	2

内存

帧	内容
0	
1	程序2/页1
2	程序2/页4
3	
4	程序2/页0
5	程序1/页0
6	程序2/页2
7	程序1/页3
8	程序1/页1
9	
10	程序2/页3
11	
12	程序1/页2

图 4.9　分页调度中的页面映射

（3）分页调度的扩展——请求分页法

请求分页的管理机制:只有当页面被引用即被请求时,才会被载入内存中。

请求分页的具体工作原理:CPU 处理是分步进行的,任何时刻 CPU 都只能访问进程的一个页面,此时进程其他页是否在内存中无关紧要。当 CPU 需要处理一个页面时,首先查看它是否已载入内存,如果在内存中,直接执行;如果不在内存中,需要其他存储设备(通常是硬盘)把此页载入内存中的空白帧,然后再执行;如果内存中无空白帧,把其他页面写入到其他存储设备再载入此页。

这样请求分页法带来了现代操作系统流行的"虚拟内存"的思想,即小的内存可以执行一个大的程序。前面的不管分区调度还是分页调度,它们需要把整个进程放入内存才可以执行,因此进程的大小不可能大于内存的总容量,但请求分页法没有这个限制。

举个例子:在 Windows XP 系统中一个 IE 浏览器只是打开空页面就需要 14MB 的内存,如果打开了新浪的网页,就迅速飙升到 40MB 左右(在不同的系统打开不同的网页其内存消耗是不同的),我们发现这样下去系统的内存很容易被消耗完毕,那么系统是否会因为内存耗尽而不能正常工作或者死机呢? 不用担心,现在大部分的操作系统提供虚拟内存的管理功能,即把硬盘的一部分作为附加的内存量,其工作方式如下:操作系统分配一部分硬盘空间作为额外的内存,用于处理的程序和数据存储于硬盘的虚拟内存区域。内存管理常常采用分页调度管理,即把一个程序分成若干页分别存放,当一个程序需要运行某页时,此页在实际 RAM 中则立即执行,在虚拟内存中,则需要调入 RAM 再执行,如果当前 RAM 满,则需要把其他程序的页放入虚拟内存,再调入此页,这是一个非常复杂的调度机制。

4.3.4　进程管理(Process Management)

进程管理又称处理器管理,实质上是对处理器执行"时间"的管理,即如何将 CPU 真正合理地分配给每个任务。由于 CPU 的工作速度要比其他硬件快得多,而且任何程序只有占有了 CPU 才能运行。因此,为了提高 CPU 的利用率,采用多道程序设计技术。当多道程序并发运行时,引进进程的概念(进程是程序执行的动态过程)。通过进程管理,协调多道程序之间的 CPU 分配调度、冲突处理及资源回收等关系。

在操作系统的管理下,进程从创建到结束一般会经历 3 个状态:就绪状态、执行状态、等待状态。图 4.10 展示了进程的生命周期,每个框表示进程的一个状态,箭头表示在什么情况下进程状态进行转变。

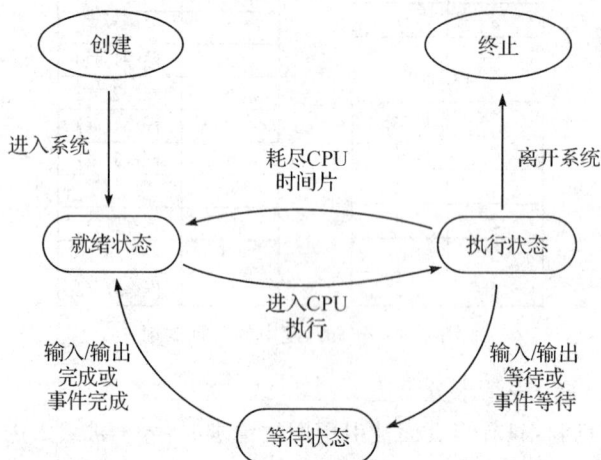

图 4.10　进程的生命周期

一个进程只经历一次创建状态和一次终止状态,而就绪状态、执行状态、等待状态这个三个状态,进程有可能需要多次进入。下面来具体说明一下这三个状态:

(1)就绪状态:进程没有任何执行的障碍,只要获得 CPU 时间片即可立即执行。

(2)执行状态:进程进入 CPU 执行,指令按照设计要求进行处理。如果执行状态中,进程需要对输入/输出设备进行操作,或者事件等待(如等待其他的进程发送消息才能继续),那么将进入等待状态。如果一个进程其分配的 CPU 时间耗尽将返回就绪状态。

(3)等待状态:即进程处于等待除 CPU 以外的资源的状态中。等待的进程取得了它所等待的资源或者信息时,将再次进入就绪状态。

4.3.5　设备管理(Device Management)

操作系统的设备管理是对除 CPU 和内存外的所有输入/输出设备的管理。

操作系统对设备的管理主要体现在两个方面:

(1)它提供了用户和外设的接口。用户只需通过键盘命令或程序向操作系统提出申请,而操作系统中设备管理程序则实现外部设备的分配、启动、回收和故障处理。

(2)为了提高设备的效率和利用率,操作系统还采取了缓冲技术和虚拟设备技术,尽可能使外设与处理器并行工作,以解决快速 CPU 与慢速外设之间的矛盾。

4.3.6 文件管理(File Management)

相对于设备管理,文件管理是操作系统对计算机系统中软件资源的管理,通常由操作系统中的文件系统来完成这一功能。文件系统是由文件、管理文件的软件和相应的数据结构组成。

文件管理器的主要职能:

(1)控制对文件的访问,解决文件的共享、保密和保护问题,并提供方便的用户界面,使用户能实现按名存取。

(2)有效地支持文件的创建、删除、检索和修改等操作。

(3)管理文件的存储,使得用户不必考虑文件如何保存以及存放在何处。

4.4 常用操作系统

现代操作系统设计的时候通常考虑既能在 PC 上运行(个人操作系统)又能在网络服务器上运行(网络操作系统),还有一类操作系统面向当今流行的移动设备,如 PDA、智能手机等移动设备。表 4.1 列出了常见的操作系统及其适用范围。

表 4.1 常见操作系统及其特性

操作系统	适用于	界面
DOS	Intel 及兼容 PC 机	字符界面,使用命令行
Windows 2000	Intel 及兼容 PC 机,主要用于服务器	图形用户界面,即 GUI
Windows XP	Intel 及兼容 PC 机	图形用户界面
Windows 2003 Windows 2008	Intel 及兼容 PC 机,主要用于服务器	图形用户界面
Windows Vista Windows 7 WIndows 8	Intel 及兼容 PC 机	图形用户界面
UNIX	主要用于服务器	传统使用字符界面,现在也有图形用户界面
Linux	Intel 及兼容 PC 机、服务器	字符界面或者图形用户界面
Mac OS	Mackintosh PC(俗称:苹果机)	图形用户界面
Windows CE	移动设备	图形用户界面
Palm OS	移动设备	图形用户界面

4.4.1 早期 PC 操作系统——DOS

DOS 似乎只有早期使用个人计算机的人有过接触,新学电脑的人常常对 DOS 只是一知半解或者一无所知。它曾经占领了个人电脑操作系统领域的大半江山,全球绝大多数电脑上都能看到它的身影。由于 DOS 系统并不需要十分强劲的硬件系统来支持,所以从商业用户到家庭用户都能使用。

DOS 操作系统有两种主要形式:PC-DOS 和 MS-DOS,它们最初都是由现今的软件巨头——微软编制的,PC-DOS 最初为 IBM 微机设计,而 MS-DOS 则用于 IBM 兼容机。

我们目前使用的 Windows 系列操作系统最初是从 DOS 发展起来,虽然用现在的眼光看 DOS 不是出色的操作系统,但微软软件向下兼容的特点,决定了 Windows 出问题的时候,很多时候需要在 DOS 下才能得到解决,因此了解与学习 DOS 还是很有必要的。关于 DOS 的详细介绍见 4.5 节。

4.4.2　视窗操作系统——Windows

从微软 1985 年推出 Windows 1.0 以来，Windows 系统经历了十多年风风雨雨。从最初运行在 DOS 下的 Windows 3.x，到风靡全球的 Windows 9x、Windows NT、Windows 2000、Windows XP、Windows 2003 以及最新的 Windows vista，Windows 几乎代替了 DOS 曾经担当的位子，成为了新一代操作系统的大亨。

1. Windows 3.x

在 4.3.2 用户界面这一节，我们看到了图形界面比字符界面操作更简便，也不需要记忆如 4.5 节所介绍的大部分 DOS 命令，微软推出 Windows3.x 就是为了在使用 DOS 的计算机上产生图形界面，通过菜单、窗口和图标来代替 DOS 命令。当然它还不是一个十分完整的操作系统，只能称为运行在 DOS 操作系统下的图形外壳。

2. Windows95 和 Windows 98

Windows 3.x 后的版本，微软不再采用原有的编号方式，而采用发布年份来命名新的操作系统，如 1995 年发布的 Windows 95，1998 年发布的 Windows 98。

Windows 95 和 Windows 98 采用图形用户界面（即 GUI），其界面比 Windows 3.x 有很大的改进，并且本身是一个独立的操作系统，而不再是建立在 DOS 下的图形外壳。它们支持 32 位处理系统，允许多任务和长文件名。

因为网络的发展和新硬件的出现，Windows 98 比 Windows 95 增加了 IE 浏览器集成（这个也让微软受到了其他公司的垄断诉讼）、改进了对大容量硬盘的支持、对 DVD 和 USB 的支持等等。

3. Windows NT 和 Windows 2000

Windows NT 是一个网络型操作系统，它在应用、管理、性能、内联网/互联网服务、通信及网络集成服务等方面拥有多项其他操作系统无可比拟的优势。因此，它常用于要求严格的商用台式机、工作站和网络服务器。

Windows 2000 是在 Windows NT 内核基础上构建起来的，同时吸收了 Windows 9x 的优点，因此，Windows 2000 更易于使用和管理，可靠性更强，执行更迅速、更稳定和更安全，网络功能更齐全，娱乐效果更佳。

Windows NT 和 Windows 2000 与 Windows 9x 相比在操作系统内核设计上更加优秀，除了提供强大的网络服务能力之外，系统更加稳定，基本杜绝了 9x 系统常常出现的系统崩溃（即通常所称的系统蓝屏）现象。

4. Windows XP

Windows XP 发布于 2001 年，是目前 PC 上使用最广泛的 Windows 操作系统。微软在 Windows 2000 的时候期望借用 NT 的稳定和 9x 的友好操作把用于个人和商业的版本合并在一起，这点在 Windows XP 上实现的更好。

Windows XP 提供了一个全新的用户界面（考虑到用户原有习惯，可以使用原有的经典 Windows 界面），提供了许多与多媒体和通信相关的新特性，可以在无需关闭一个用户账号的情况下切换到另一个账号。

5. Windows 2003（全称 Windows Server 2003）

相比 Windows XP 的左右摇摆，Windows 2003 才是微软朝.NET 战略进发而真正迈出的第一步。并于 2003 年 5 月正式进入中国大陆市场，包括 Standard Edition（标准版）、Enterprise Edition(企业版)、Data Center Edition(数据中心版)、Web Edition(网络版)四个版本。

　　Windows 2003 大量继承了 Windows XP 的友好操作性和 Windows 2000 sever 的网络特性,是一个同时适合个人用户和服务器使用的操作系统。Windows 2003 完全延续了 Windows XP 安装时方便、快捷、高效的特点,几乎不需要多少人工参与就可以自动完成硬件的检测、安装、配置等工作。

　　6. Windows Vista

　　Windows Vista 商业用户版本于 2006 年 11 月 30 发布。作为微软的最新操作系统,Windows Vista 第一次在操作系统中引入了"Life Immersion"概念,即在系统中集成许多人性的因素,一切以人为本。使得操作系统尽最大可能贴近用户,了解用户的感受,从而方便用户。

　　Windows Vista 三大重要特点:

　　(1)Connected:Windows Vista 更加紧密和快捷地将你和你的朋友、你所需要的信息以及你的电子设备无缝连接起来,使所有的计算机和电子设备连为一体。

　　(2)Clear:这将会有两层意思,第一,Windows Vista 所使用的用户界面看起来将会有一种水晶的感觉,从用户界面上让人感到更加整洁。第二,Windows Vista 将会更加有效地处理和归类用户的数据,Windows Vista 将会为用户带来最快捷的个人数据服务,让用户更加快捷地管理自己的信息。

　　(3)Confidence:由于间谍软件和大量的网络蠕虫病毒,使得用户越来越不信任自己的计算机,Windows Vista 将会为用户带来最好的安全措施,Windows Vista 将会比以往任何操作系统更加安全地保护你的计算机不受病毒侵害。

　　7. Windows 7

　　Windows 7 可供家庭及商业工作环境、笔记本电脑、平板电脑、多媒体中心等使用。2009年 7 月 14 日 Windows 7 RTM(Build 7600.16385)正式上线,2009 年 10 月 22 日微软于美国正式发布 Windows 7。其有以下几大特色:

　　(1)易用

　　Windows 7 做了许多方便用户的设计,如快速最大化,窗口半屏显示,跳转列表(Jump List),系统故障快速修复等。

　　(2)快速

　　Windows 7 大幅缩减了 Windows 的启动时间,据实测,在 2008 年的中低端配置下运行,系统加载时间一般不超过 20 秒,这比 Windows Vista 的 40 余秒相比,是一个很大的进步。(系统加载时间是指加载系统文件所需时间,而不包括计算机主板的自检以及用户登录,且在没有进行任何优化时所得出的数据,实际时间可能根据计算机配置、使用的情况的不同而不同。)

　　(3)简单

　　Windows 7 将会让搜索和使用信息更加简单,包括本地、网络和互联网搜索功能,直观的用户体验将更加高级,还会整合自动化应用程序提交和交叉程序数据透明性。

　　(4)安全

　　Windows 7 包括了改进了的安全和功能合法性,还会把数据保护和管理扩展到外围设备。Windows 7 改进了基于角色的计算方案和用户账户管理,在数据保护和坚固协作的固有冲突之间搭建沟通桥梁,同时也会开启企业级的数据保护和权限许可。

　　(5)特效

　　Windows 7 的 Aero 效果华丽,有碰撞效果,水滴效果,还有丰富的桌面小工具。这些都比 Vista 增色不少。

（6）效率

Windows 7 中,系统集成的搜索功能非常的强大,只要用户打开开始菜单并开始输入搜索内容,无论要查找应用程序、文本文档等,搜索功能都能自动运行,给用户的操作带来极大的便利。

（7）小工具

Windows 7 的小工具更加丰富,并没有了像 Windows Vista 的侧边栏,这样,小工具可以放在桌面的任何位置,而不只是固定在侧边栏。

（8）高效搜索框

Windows 7 系统资源管理器的搜索框在菜单栏的右侧,可以灵活调节宽窄。它能快速搜索 Windows 中的文档、图片、程序、Windows 帮助甚至网络等信息。Windows 7 系统的搜索是动态的,当我们在搜索框中输入第一个字的时刻,Windows 7 的搜索就已经开始工作,大大提高了搜索效率。

（9）节能

Windows 7 是迄今为止最华丽但最节能的 Windows。

8. Windows 8

Windows 8 是由微软公司于 2012 年 10 月 26 日正式推出,具有革命性变化的操作系统。系统独特的开始界面和触控式交互系统,旨在让人们的日常电脑操作更加简单和快捷,为人们提供高效易行的工作环境。Windows 8 支持来自 Intel、AMD 和 ARM 的芯片架构,被应用于个人电脑和平板电脑上。

4.4.3　Unix

Unix 系统在 1969 诞生于美国的贝尔实验室。它是一个非常强大的操作系统,首先,Unix 是一个面向多用户、多任务的操作系统,经过长期发展,成千上万的应用软件在 Unix 系统上开发并施用于几乎每个应用领域,Unix 是世界上用途最广的通用操作系统;其次,Unix 是可移植的操作系统,是笔记本电脑、PC、PC 服务器、中小型机、工作站、大巨型机及群集、SMP、MPP 上全系列通用的操作系统,即 Unix 可以使用于多种不同的微处理器,到目前为止还没有哪一种操作系统可以担此重任。而 Windows 只能使用于 Intel 微处理器及其兼容微处理器,Mac OS 只能使用于 PowerPC 微处理器。

现在由于 Unix 操作系统的可靠性和稳定性是其他系统所无法比拟的,是公认的最好的 Internet 服务器操作系统,因而整个因特网的主干几乎都是建立在运行 Unix 的众多机器和网络设备之上的。

当然也有一些不足之处限制了 Unix 的发展。它通常使用命令行的用户界面,对于初学者和非专业用户来说使用起来很困难,需要记忆的命令太多;设计者赋予 Unix 可以使用于多种不同类型微处理器的特征,但是这个特征又使它的性能远远低于专门为某种微处理器量身订制的操作系统。因此在目前广泛使用的 PC 上,我们很难看到 Unix 的身影。

4.4.4　Linux

1. Linux 的诞生

Linux 是一种为 Intel 架构的个人计算机和工作站设计的操作系统,它具有像 Windows 视窗和 Macintosh 苹果电脑那样功能齐全的图形用户界面,同时 Linux 被普遍认为性能稳定。

另一方面,Linux 从它一开始就是一个自由软件,是免费的开放源代码的产品,编制它的一个重要目的就是建立不受任何商品化软件版权制约的,全世界都能自由使用的和 Unix 兼容的产品。自从 20 世纪 90 年代初期 Linus Torvalds 开发出 Linux 系统以来,世界上众多的程序员对它进行了改进和提高。如今,经过十多年的努力,Linux 已被应用到多个领域,小至手机、PDA 等嵌入式系统,大至过千个主机的超级电脑及银行、太空实验等要求极高稳定性的高端系统。在纷繁的商业软件产品中,Linux 的存在为广大的计算机爱好者提供了学习、探索以及修改计算机操作系统内核的机会。

2. Linux 的兴起

Linux 的兴起可以说是 Internet 创造的一个奇迹。到 1992 年 1 月止,全世界大约只有 100 个人在使用 Linux,但由于它是在 Internet 发布的,网上的任何人在任何地方都可以得到 Linux 的基本文件,并可以通过电子邮件发表评论或者提供修正代码,这些 Linux 的热心者有将之作为学习和研究对象的大专院校的学生和科研机构的科研人员,也有网络黑客等。他们所提供的所有初期上载代码和评论,后来证明对 Linux 的发展至关重要。正是在这众多热心者的努力下,Linux 在不到三年的时间里成为了一个功能完善、稳定可靠的操作系统。此时的 Linux 也拥有了一个属于自己的标志性吉祥图案,这就是 Linus 亲自挑选的一个可爱的胖企鹅,它叫 Tux。

代表 Linux 的企鹅 Tux

3. 开源、自由的 Linux

当今流行的软件按其提供方式和是否赢利可以划分为三种模式,即商业软件(Commercial Software)、共享软件(Shareware)和自由软件(Free Software)。

商业软件由开发者出售拷贝并提供技术服务,用户只有使用权,但不得进行非法拷贝、扩散和修改;共享软件由开发者提供软件试用程序拷贝授权,用户在试用该程序拷贝一段时间之后,必须向开发者交纳使用费用,开发者则提供相应的升级和技术服务;而自由软件则由开发者提供软件全部源代码,任何用户都有权使用、拷贝、扩散、修改该软件,同时用户也有义务将自己修改过的程序代码公开。

4. Linux 操作系统的发展

现在 Linux 已拥有了许多第一流的企业用户和团体用户,其中包括 NASA、迪斯尼、洛克希德、通用电气、波音、Ernst & Yound、UPS、IRS、纳斯达克、Amazon、Google 等世界级的企业以及世界上一流的大学机构。Linux 正在以一种惊人的速度不断发展,IBM、HP、Dell、Oracle、SGL、AMD、Transmeta 等大型公司也均在为 Linux 的发展贡献着力量。

目前,Linux 在企业应用中已经相当成熟,成为增长最快的操作系统,占据了服务器领域近 40% 的市场。由于全球各国政府大力支持,Linux 在桌面市场也行将获得突破。同时,Linux 在嵌入式系统中也成为最受欢迎的操作系统之一。市场的发展显示出,Linux 已经突破发展瓶颈,开始冲击以往由 Unix 主导的服务器市场份额和微软主导的桌面系统市场份额,全面步入爆发式发展的黄金时期。

5. Linux 的常见版本

(1)Red Hat

Red Hat Linux 是目前最流行的 Linux 版本。它是 Red Hat 公司发行的,以使用方便、功能强大著称,它完善的系统配置,丰富的预装应用软件,还有图形用户界面都适合于初学者。

Red Hat 的另一优点是它的 RPM(Red Hat Package Manager)包系统,提供了方便的软件安装和反安装管理工具。Red Hat 的发行版本同时提供 GNOME 和 KDE 桌面系统。Red Hat Linux 是一个业界相当成功的商业产品,支持简体中文。它与许多大的公司保持着软件同盟关系,这包括 Oracle、IBM 和 Sun。

(2)Debian

Debian 发行版是 Internet 上应用第二广泛的版本,特别在 Linux 爱好者中较为流行,它是由一群志愿者程序员维护的完全非商业的系统。但是,在它的发行版中也支持商业产品。这是一个最为自由的 Linux 发行版本,其中的软件包被包装成一个容易安装的格式(.deb),它的 APT 包管理工具类似于 Red Hat 的 RPM 系统,可以很方便地进行软件的安装和升级。同时它也是一个同网络紧密联系的发行版本,由于它的开放以及自由的特性,所有最新的软件出现,很快就会有相应的.deb 包出现。现在 Debian 与 Corel 和 Sun 等公司保持着软件协作关系。目前,Debian 支持 Alpha、Intel、Mac86K 和 Sparc 平台。

(3)红旗 Red Flag

红旗 Linux 是国产的 Linux 发行版中最有影响的产品,由北京中科红旗软件技术有限公司推出。除了以良好的中文支持见长,该版本的主要特点是重新设计了 KDE 图形界面风格和操作习惯,菜单结构设计一目了然,配置工具设置快捷方便,十分接近 Windows 系统的界面和操作方式,保证用户能够轻松完成系统从安装、配置到使用的整个过程。红旗 Linux 包含了一系列常用的工具,基本能满足个人用户和政府的办公、上网、教育以及娱乐等需求。该发行版本在国内政府部门中推广使用。图 4.11 给出了 Red Flag 的图形用户界面。

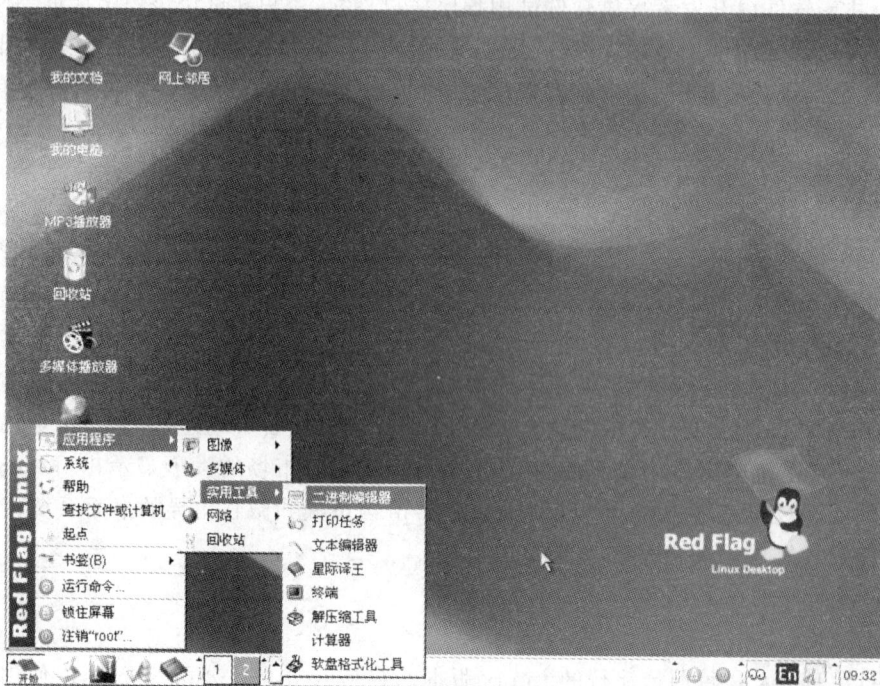

图 4.11　Red Flag 的图形用户界面

（4）Ubuntu

Ubuntu 就是一个拥有 Debian 所有的优点，以及自己所加强的优点的近乎完美的 Linux 操作系统。从前人们会认为 Linux 难以安装、难以使用，Ubuntu 出现后，这些都成为了历史。Ubuntu 默认采用的 GNOME 桌面系统也将 Ubuntu 的界面装饰得简易而不失华丽。Ubuntu 的安装非常人性化，只要按照提示一步一步进行，安装和 Windows 同样简便。Ubuntu 被誉为对硬件支持最好最全面的 Linux 发行版之一，许多在其他发行版上无法使用，或者默认配置时无法使用的硬件，在 Ubuntu 上轻松搞定。并且，Ubuntu 采用自行加强的内核（kernel），安全性方面更上一层楼。并且，Ubuntu 默认不能直接 root 登陆，必须从第一个创建的用户通过 su 或 sudo 来获取 root 权限。Ubuntu 的版本周期为六个月，弥补了 Debian 更新缓慢的不足。

4.4.5　Mac OS

Mac OS 是一种在专门为 Apple 公司生产的计算机而设计的操作系统，1984 年 Apple 公司发布的 Macintosh 操作系统确定了图形用户界面的标准，可以说它是图形界面操作系统的创始者。

Mac OS 随着时间和 Apple 公司的每一次新微处理器的问世而不断更新发展。此类操作系统的最新版本为 Mac OS X 10.2，它是一个不同一般的操作系统，它将 UNIX 坚固的可靠性同 Macintosh 的易用性结合到一起，这一版本的 Mac OS X 具有同运行它的电脑一样的创新性。Mac OS 图形用户界面如图 4.12 所示。

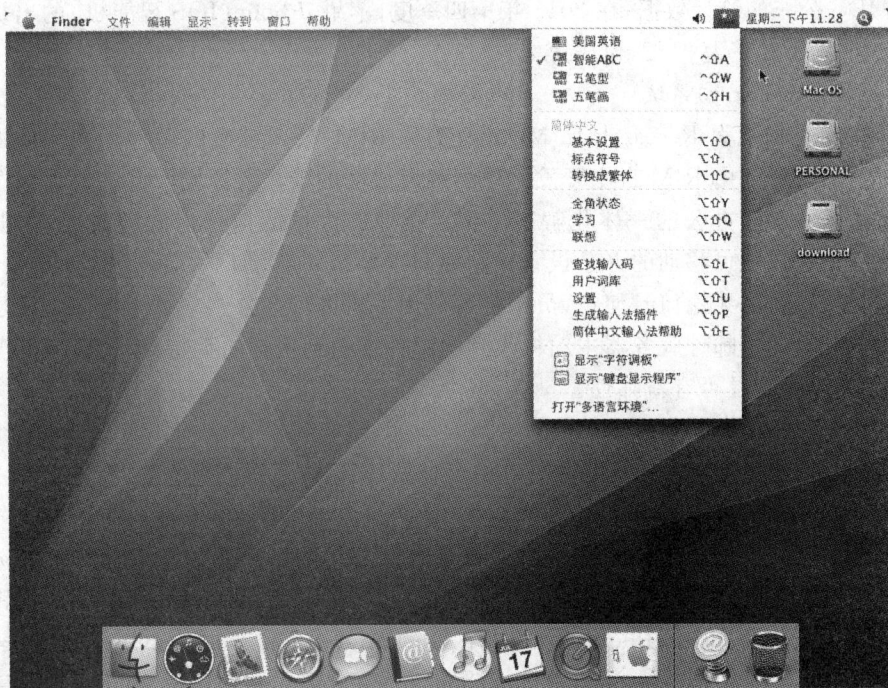

图 4.12　Mac OS 的图形界面

4.4.6　面向移动设备的操作系统

自 PDA（掌上电脑）问世以来，越来越多的移动通讯设备（比如智能手机、网络电话等其他类似设备）以及平板电脑已融入我们的生活当中，而最常见的 Android 和 IOS 等就是专门为这些设备而设计的操作系统。

1. Android 系统

Android 是一种基于 Linux 的自由及开放源代码的操作系统,主要使用于移动设备,如智能手机和平板电脑,由 Google 公司和开放手机联盟领导及开发。尚未有统一中文名称,中国内地较多人称其为"安卓"或"安致"。Android 操作系统最初由 Andy Rubin 开发,主要支持手机。2005 年 8 月由 Google 收购注资。2007 年 11 月,Google 与 84 家硬件制造商、软件开发商及电信营运商组建开放手机联盟共同研发改良 Android 系统。随后 Google 以 Apache 开源许可证的授权方式,发布了 Android 的源代码。第一部 Android 智能手机发布于 2008 年 10 月。Android 逐渐扩展到平板电脑及其他领域上,如电视、数码相机、游戏机等。到本书出版时的最新版号为 Android 4.2。

根据 IDC 公布的统计数据,在 2012 年第四季度,Android 智能手机的出货量为 1.598 亿台,市场占有率为 70.1%,位居第一。

2. IOS 系统

IOS 是由苹果公司开发的手持设备操作系统。苹果公司最早于 2007 年 1 月 9 日的 Macworld 大会上公布这个系统,最初是设计给 iPhone 使用的,后来陆续在 iPod Touch、iPad 以及 Apple TV 等苹果产品上使用。IOS 与苹果的 Mac OS X 操作系统一样,它也是以 Darwin 为基础的,因此同样属于类 Unix 的商业操作系统。到本书出版时的最新版号为 IOS 6,IOS 7 处于 Beta 版测试中。

根据 IDC 公布的统计数据,在 2012 年第四季度,苹果 iPhone(IOS 智能机)的出货量则为 4780 万台,市场占有率为 21%,位居第二。

3. 黑莓(Black Berry)系统

黑莓系统,是加拿大 Research In Motion(简称 RIM)公司推出的一种无线手持邮件解决终端设备的操作系统,由 RIM 自主开发。黑莓赖以成功的最重要原则——针对高级白领和企业人士,提供企业移动办公的一体化解决方案。企业有大量的信息需要即时处理,出差在外时,也需要一个无线的可移动的办公设备。企业只要装一个移动网关,一个软件系统,用手机的平台实现无缝链接,无论何时何地,员工都可以用手机进行办公。它最大方便之处是提供了邮件的推送功能:即由邮件服务器主动将收到的邮件推送到用户的手持设备上,而不需要用户频繁地连接网络查看是否有新邮件。

根据 IDC 公布的统计数据,在 2012 年第四季度,黑莓智能手机的出货量为 740 万台,市场占有率为 3.2%,位居第三。可惜中国市场上难见其身影。

4. Windows Phone

Windows Phone 是微软发布的一款手机操作系统,它将微软旗下的 Xbox Live 游戏、Xbox Music 音乐与独特的视频体验整合至手机中。2010 年 10 月 11 日,微软公司正式发布了智能手机操作系统 Windows Phone,同时将谷歌的 Android 和苹果的 IOS 列为主要竞争对手。2011 年 2 月,诺基亚与微软达成全球战略同盟并深度合作共同研发。2012 年 6 月 21 日,微软正式发布最新手机操作系统 Windows Phone 8,Windows Phone 8 采用和 Windows 8 相同的内核。

根据 IDC 公布的统计数据,在 2012 年第四季度,Windows Phone/Windows Mobile 智能机的出货量则为 600 万台,市场占有率为 2.6%,位居第四。

4.5　DOS 操作系统

4.5.1　DOS 操作系统的组成

DOS 采用层次模块结构,由一个引导程序 BOOT 和三个程序模块组成。这三个程序模块是:输入输出系统 IO. SYS,磁盘管理系统 MSDOS. SYS 和命令处理程序逻辑 COMMAND. COM。其中输入输出模块还包括直接与计算机硬件设备打交道的 BIOS。IO. SYS 和 MS-DOS. SYS 是 DOS 系统的两个主要模块。它们是以隐含的方式存储在 DOS 系统盘上的,一般用户看不见这两个文件。

在 COMMAND. COM 模块中,包含了 DOS 中所有内部命令的处理程序。除此之外,还具有下列功能:

(1)对用户输入的 DOS 内部命令进行解释并执行。

(2)对错误中断和键盘进行处理。

(3)负责将用户的外部命令文件(程序)调入内存,然后把控制权交给调入的程序。

4.5.2　DOS 的文件系统和目录结构

DOS 的最突出优点是文件管理功能很强。文件目录的树形结构亦是 DOS 文件组织的突出优点之一。

1. 文件与文件名

(1)文件名的命名规则

文件就是一组符号(信息)的有序集合。文件的内容可以是评议程序、数据文件、目标程序、文书资料或其他能为计算机接受并处理的信息。文件一般可以记录在存储介质上。总之,按一定格式建立在外存上的一批信息的有序集合称为一个文件。每个文件必须有一个名字,称为文件名。

文件名由主名和扩展名两部分组成。主名给出文件的名称;扩展名一般用以指出文件的类别,因此也可以将扩展名叫做文件的属性名或后缀。

主名:由 1~8 个 ASCII 字符组成。

扩展名:由圆点“.”后的 0~3 个 ASCII 字符组成。扩展名可以没有,如无扩展名,则“.”可省略。

在主名和扩展名内允许出现的 ASCII 字符是:

①26 个英文字母:无大小写之分;

②10 个数字;

③汉字;

④特殊符号,如 $,♯,&.,@,!,(,),%,—,{,},^,等;

⑤注意以下符号不能出现在文件名中:、/,:,＊,?,“,<,>,|等;

⑥注意在命名一个文件的时候,不能使用下面第(4)点用到的设备文件名。

(2)两个通配符“?”和“＊”

“?”代表该位置为任意一个字符,“＊”代表从该位置起任意个(包括文件名或扩展名)的任何字符序列。

（3）常用扩展名

文件常用类型如下：

.COM 系统命令文件　　　　　　　.BAT 批处理文件

.EXE 可执行程序文件　　　　　　.OBJ 目标程序文件

.SYS 系统专用文件　　　　　　　.BAK 后备文件

（4）设备文件

DOS 系统将除外存储器以外的其他外部设备都统一作为文件处理，因此称为设备文件。DOS 系统对设备文件有约定的文件名：

CON：用作输入时表示键盘，用作输出时表示显示器。

AUX 或 COM1：表示第一个串行接口（异步通讯接口）。

COM2：表示第二个串行接口。

LPT1 或 PRN：表示第一台并行打印机。

LPT2 或 LPT3：表示第二台或第三台并行打印机。

NUL：表示虚拟设备，即实际上不存在的设备。它相当于一个空文件，输入时立即产生文件结束符；输出时仅作模拟写操作，实际上未写任何数据。NUL 设备文件一般仅用在程序测试时使用。

2. 树形结构目录

所谓树形目录结构是指在一个盘（软盘或硬盘）上有一个根目录，在根目录中有若干个子目录与文件，每个子目录中又有若干个子目录或文件，如此一直可继续下去，假设硬盘的根目录下有若干命令文件和四个子目录 BAS-IC、DBASE、DOS、WPS，在每个子目录中各有若干个子目录或文件，其目录结构见图 4.13。图中的 C:\ 表示 C 盘的根目录。从上面可以知道 DOS 有两类文件目录即根目录和子目录，根目录是在磁盘格式化时由系统自动建立在磁盘上的，目录名的命名规则与文件名相同。

3. 路径和文件名

（1）当前目录

当前目录是系统当前正在使用的目录。当搜索文件时，该目录总是第一个被搜索。在 DOS 系统刚启动时，DOS 总是自动把启动盘的根目录选择为当前目录。

（2）路径

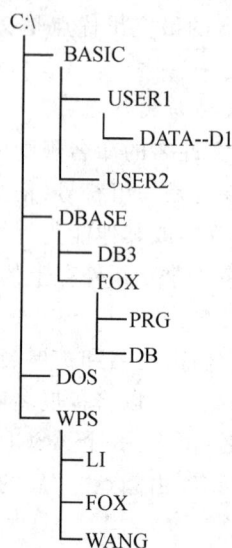

图 4.13　DOS 树形目录结构

路径就是从根目录或当前目录开始到文件所在目录的路线上的各级子目录名与分隔符"\"所组成的字符串。

路径分为绝对路径和相对路径两种：

①绝对路径是指从根目录开始到文件所在目录的路径，即"\"符号开始的路径。其具体表示形式为：根目录\一级子目录名\二级子目录名\…\$n$级子目录名。

②相对路径是指从当前开始到文件所在目录的路径，其具体表示形式为：当前目录的次级子目录\…\次n级子目录名。

（3）驱动器号及文件标识符

由前述可知，DOS 系统中一个文件的完整标识（文件标识符）由四部分组成，既如下形式：

$$\{drive:\}\{path\}filename\{.ext\}$$

｛｝中的内容表示可省略，如果省略了驱动器号 drive:，则表明是当前驱动器；若省略了路径 path，则表明是当前目录或曾经预先设定的目录；如果省略了扩展名.ext，则表明扩展名没有或是隐含的（自动识别）；filename 表示文件名。

在任何时刻，总是有一个驱动器被系统直接控制，在使用时不用指明其驱动器号，该驱动器就称为当前驱动器或缺省驱动器。

4.5.3　DOS 操作系统的常用命令

表 4.2 给出了 DOS 操作系统中常用命令及其示例。

表 4.2　DOS 操作系统中常用命令及其示例

命令	功能	示例	说明
DIR	显示磁盘上的目录及文件名	DIR	显示当前目录上的子目录和文件名
		DIR C:\	显示 C 盘根目录上的子目录和文件名
COPY	复制文件	COPY C:\Test.txt D:\	把 C 盘下的 Test.ext 文件复制到 D 盘根目录
DEL	删除文件	DEL C:\Test.txt	删除 C 盘下的 test.txt 文件
		DEL C:\T*.*	删除 C 盘下所有文件名以 T 开头的文件
MD	建立子目录	MD C:\ Myfile\Image	在 C 盘建立一个目录 Myfile，并在此目录中再建子目录 Image
RD	删除子目录命令	例：要求把 C 盘 Myfile 目录下的 Image 目录删除，操作如下： 第一步：先将 Image 子目录下的文件删空； DEL　C:\Myfile\Image*.* 第二步，删除 Image 子目录。 RD　C:\Myfile\Image	子目录在删除前必须是空的；否则不能删除当前目录
CD	改变当前目录	CD　C:\Windows	进入 C 盘的 Windows 目录，如果当前盘符为 C，则可以写成：CD　Windows
FORMAT	磁盘格式化命令	FORMAT D:	格式化 D 盘，慎用，D 盘上的所有文件将丢失
REN	文件改名命令	REN C:\Test.txt MyTest.doc	把 C 盘下的 Test.txt 修改为 MyTest.doc
VER	查看系统版本号		

4.6　Windows XP 操作系统

4.6.1　Windows XP 操作系统的界面组成

1. Windows XP 的桌面风格

试想一下办公室职员坐在办公桌前工作的情形——同时要处理多件事务，各种文件稿纸散乱地铺在桌面上或有序地放在一起，桌面上还摆放了各种随时可以使用的工具，如电话、记事本和便笺等。

Windows 的设计就是想模拟这种典型的桌面形式，给用户一个熟悉的环境。在具体设计上，它把整个屏幕看作是一个桌面,每件事情均以图标的形式摆放在桌面上。桌面的组成如图 4.14 所示。用户可以根据自己的爱好更改桌面外观并可以为常用的程序、文档和打印机添加快捷方式。

图 4.14　Windows XP 桌面

2. Windows XP 桌面组成

在 Windows XP 中,很多操作都是通过桌面和窗口完成的,桌面可以放置各种应用程序的快捷图标。用户可以对桌面上布置的许多图标进行建立、移动、复制、重命名、删除、排列等操作。一个良好设计的桌面,不仅会使用户感到愉悦,还会加快用户的工作效率。桌面的基本元素主要有:

(1)任务栏

任务栏处于屏幕的底部,打开程序、文档或窗口时,任务栏上将出现一个按钮,用户可随时单击任务栏上的按钮实现在应用程序窗口之间的转换。另外,任务栏上还有一些常用程序的命令按钮,单击该按钮可启动相应的应用程序

(2)"开始"菜单

"开始"按钮在任务栏上,是运行 Windows XP 应用程序的入口,是执行程序最常用的方式。单击该按钮可以打开"开始"菜单(如图 4.15 所示)。这是个级联菜单,菜单中的命令可快速启动应用程序、查找文件/文件夹等信息、打开文档、改变系统设置和获取帮助等。

(3)我的电脑

使用"我的电脑"可查看计算机上的所有资源,包括文件、软硬件配置、打印机、光驱等。

(4)网上邻居

双击"网上邻居"图标打开如图 4.16 所示的窗口。在此窗口中可浏览工作组中的计算机和网上的全部计算机,双击各计算机名,可访问其上的共享资源。

图 4.15　开始菜单

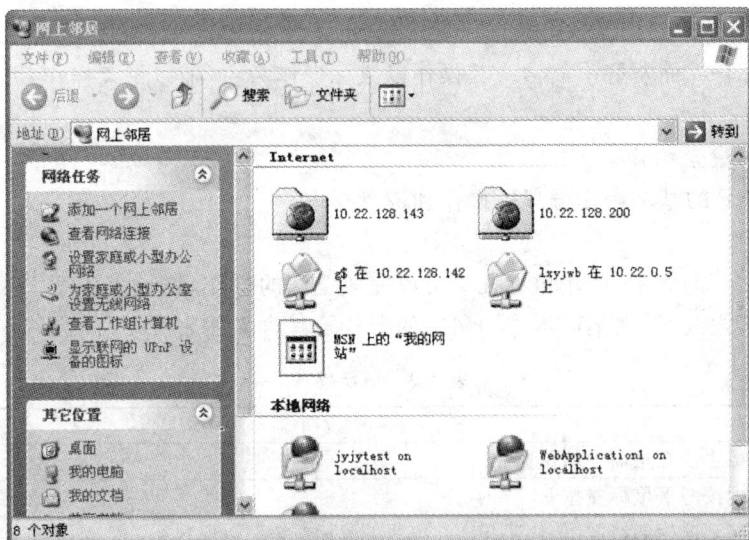

图 4.16 "网上邻居"窗口

（5）桌面（Desktop）

在桌面上，使用鼠标右键单击桌面的空白处，即可弹出快捷菜单，如图 4.17 所示，菜单包含可用于该项的常规命令。利用快捷菜单，可完成调整桌面图标的排列方式、设置显示属性。

（6）回收站

双击"回收站"图标，即打开回收站窗口如图 4.18 所示。用户在计算机上删除的文件、文件夹等都被转到回收站中。回收站为用户提供了恢复误删除的文件或文件夹功能，用户也应定期清除其中的内容以免回收站过满。清除回收站内容时执行文件菜单中的"清空回收站"命令。

图 4.17 快捷菜单

图 4.18 回收站

4.6.2　Windows XP 的基本操作

Windows XP 界面友好、简洁。其操作以鼠标操作为主,辅以键盘操作,并配合有呼之即出的快捷菜单。

1.鼠标器和键盘操作

Windows XP 的基本操作分鼠标操作和键盘操作。

(1)鼠标操作

鼠标是最常用的设备,使用鼠标几乎可以完成全部的操作,详见表 4.3。在不同的操作中鼠标的形状也随之改变,在不同操作中鼠标的形状及其含义如表 4.4 所示。

表 4.3　鼠标操作

术语		说明
鼠标操作	指针	指鼠标当前在桌面上的位置。
	单击	快速地按一下鼠标左按钮。
	双击	在不移动鼠标的情况下,快速并连续按两下鼠标左按钮以便执行一个动作,如启动应用程序。
	拖拽	按住鼠标左按钮并移动鼠标。

表 4.4　常见鼠标形状及其含义

指针形状	含义	指针形状	含义
↖	正常选择	⊘	不可用
↖?	求助	↕	垂直调整
↖⧖	后台运行	↔	水平调整
⧖	忙	↘	沿对角线1调整
+	精确定位	↗	沿对角线2调整
I	选定文字	✛	移动
✎	手写	↑	候选

(2)键盘操作

使用键盘可完成很多操作。常用的键盘操作如表 4.5 所示。

表 4.5　键盘操作

术　语		说　明
键盘操作	连键符"+"	在方框内的两个键间的"+"符号,表示先按住"+"号左边的键后立刻按下"+"号右边的键,最后一起放开。
	Alt+Space	打开应用程序的控制菜单。
	Alt+—	打开文档窗口(图标)的控制菜单。
	Alt+	菜单有下划线的字母打开菜单。
	Alt+Esc	切换当前窗口(图标)。
	Alt+Tab	切换当前窗口(图标)。
	Ctrl+Esc	打开开始菜单。
	Alt+F4	结束应用程序。
	Ctrl+F4	关闭文档窗口。
	F1	启动帮助。
	Ctrl+Space	切换中英文输入状态。
	Ctrl+Shift	切换输入法。
	PrintScreen	拷贝当前的桌面到系统剪贴板。
	Alt+PrintScreen	拷贝当前的窗口到系统剪贴板

2. 窗口操作

(1)窗口的基本组成

Windows XP 应用程序以窗口形式出现,如图 4.19 所示。窗口由若干要素组成,窗口是随应用程序打开的屏幕上的一块矩形区域,可以打开、关闭、移动和改变大小。Windows XP 允许同时打开多个窗口,但每时刻只能有一个窗口是活动的,即用户当前正在处理的窗口。

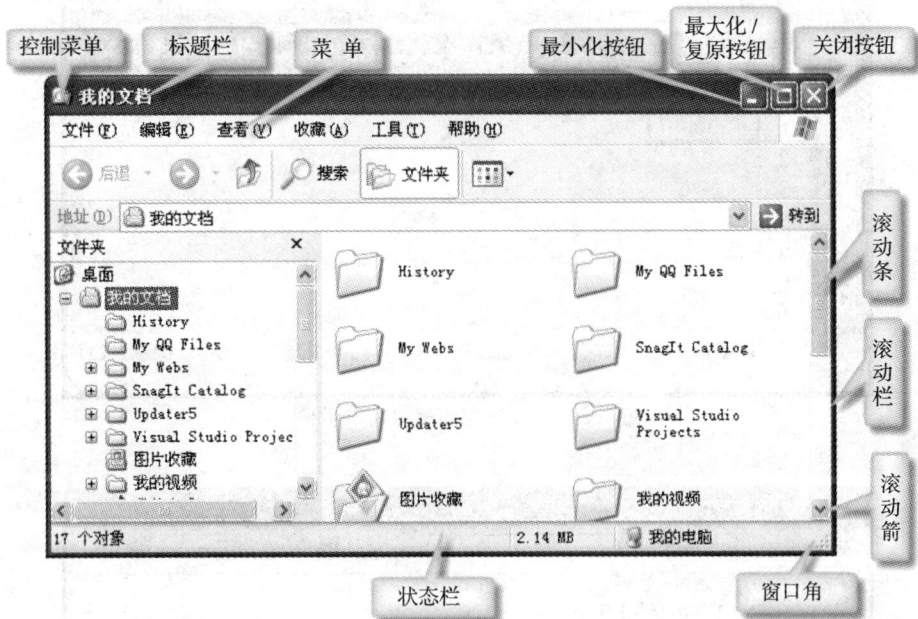

图 4.19　Windows XP 窗口示例

(2)窗口的类型

在 Windows XP 中,窗口按用途可分为应用程序窗口、文档窗口和对话框窗口三种类型。

①应用程序窗口

应用程序(又称"程序")是完成某种特定工作的计算机程序,如 Excel 电子表格处理程序。如图 4.20 所示,应用程序窗口是应用程序的主窗口,该窗口中包含应用程序的菜单行和工作区。一个应用程序窗口可以打开多个文档窗口。在图 4.20 中我们可以看到,在 Excel 的应用程序窗口中打开两个文档窗口 Book1 和 Book2。

②文档窗口

文档窗口是应用程序窗口中的一个窗口,文档窗口内常存放正在执行的应用程序的数据或文件。文档窗口有下列几个特性:

• 活动范围仅限于所属应用程序窗口工作空间内部。

• 窗口内也有最大化按钮及最小化按钮。最大化时只能占满所属应用程序窗口的工作空间,不能占满整个桌面。

• 没有自己的菜单条,与应用程序窗口共用一个菜单条。

③对话框窗口

对话框是 Windows XP 和用户通信的窗口,对话框不能调整大小。在对话框中用户可以输入信息、阅读提示、选择选项等。不同的对话框有不同的外观,但它们的组成部分都是标准化的,图 4.21 是一个典型打开文件的对话框。

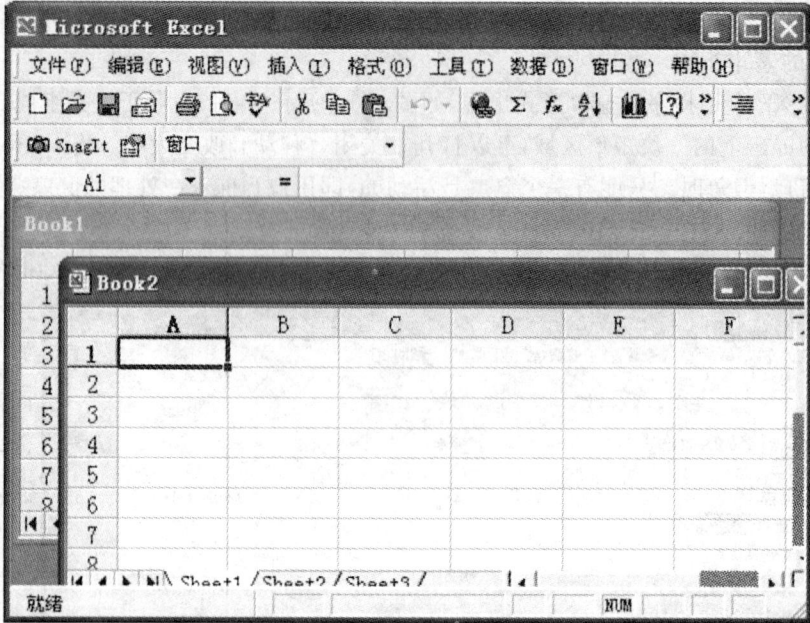

图 4.20 Excel 应用程序窗口示例

图 4.21 打开文件对话框

图 4.22 列出了常见的对话框组件,其操作方法叙述如下:

- 选择框:单击小数字箭头更改数字。
- 复选框:单击所需选项,可多选。
- 下拉列表:单击箭头查看列表,然后单击所需选项。
- 输入栏:用户可在其中输入一定的内容,如文件名等。
- 单选按钮:单击所需选项,只能选择一个选项。
- 滑尺:移动滑块选择一种设置。
- 列表:单击滚动箭头翻阅,然后单击选项。

•命令按钮:单击其一命令按钮,可执行相应命令。若命令按钮上后跟"...",单击它将可打开另一对话框。

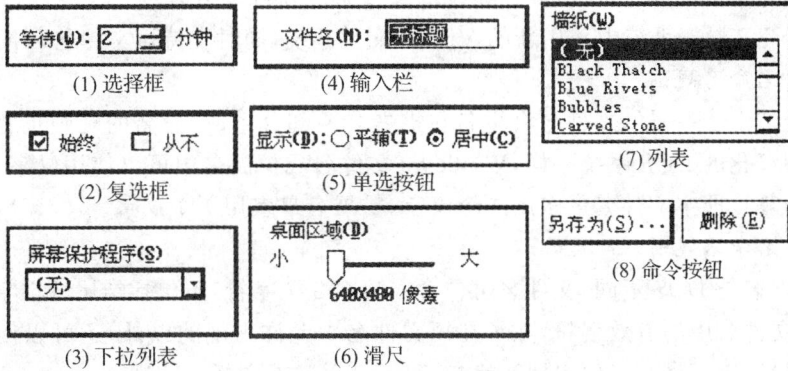

图示组件:

(1) 选择框：等待(W): 2 分钟

(2) 复选框：☑ 始终　□ 从不

(3) 下拉列表：屏幕保护程序(S)：(无)

(4) 输入栏：文件名(N): 无标题

(5) 单选按钮：显示(D):○平铺(T) ◉居中(C)

(6) 滑尺：桌面区域(D) 小——大　640X480 像素

(7) 列表：墙纸(W)：(无)、Black Thatch、Blue Rivets、Bubbles、Carved Stone

(8) 命令按钮：另存为(S)...　删除(E)

图 4.22　对话框组件

(3)窗口的基本操作

Windows XP 窗口操作主要有改变窗口大小,变换窗口位置和关闭,窗口的移动、缩放、滚动、切换和层叠等。

3.菜单操作

菜单是 Windows XP 系统接收用户指令的主要途径。熟练使用菜单能够提高工作效率。

(1)菜单类型

Windows XP 的菜单有三种形式:一个是窗口菜单;另一个是开始按钮菜单,它包括了几乎所有的 Windows XP 应用程序项;第三个是快捷菜单,它是通过鼠标右键单击某个项目而弹出的菜单。

(2)菜单显示的约定

为使用方便,Windows XP 菜单有一些约定如表 4.6 所示。

表 4.6　Windows XP 菜单符号的约定

命令项符号	约定
"▶"	表示有下级菜单,当鼠标指向时,子菜单会自动出现。
热键	当按下热键时,可执行相应的命令,而不必通过菜单。如在 Word 2000 中,"编辑"菜单的"粘贴"命令项后有热键"Ctrl+V"。
菜单呈浅色	当菜单呈浅色时表示不可用菜单。如 Word 2000 的"编辑"菜单中,只有在选取了文档中的某些文字后,"剪切"和"复制"等命令才从禁止使用的浅色变成可使用的深色。
"..."	该菜单项有对话框。
"√"	选择标记。当命令项前有此符号时,表示该命令有效,如果再次选择,则删除该标记,表明该命令不再有效。
"·"	在分组菜单中,有且仅有一个选项带有"·",当在分组菜单中选择某一项时,该项之前带有"·",表示被选中。
"⌄"	当菜单太长时,在菜单中会出现此符号。当鼠标指针指向该符号时,菜单自动会伸长。
"»"	一般出现在常用工具栏中。当单击该符号时,会弹出工具栏中其余项目。

4.6.3　资源管理器

在 Windows XP 中,"资源管理器"和"我的电脑"是用于管理文件和文件夹的两个应用程序,利用它们可以显示文件夹的结构和文件的详细信息、启动应用程序、打开文件、查找文件、复制文件、格式化磁盘以及直接访问 Internet 等。这两种工具的使用方法基本相同,用户可以根据自己的习惯和要求选择这两个工具中的一种。

下面详细介绍一下 Windows 操作系统的文件系统和目录结构。

Windows XP 操作系统中采用新的 VFAT 文件系统,同时支持短文件名和长文件名。

1. 短文件名命名规则

与 4.5.2 节 DOS 一样,文件名由主名和扩展名两部分组成,命名的规则也相同。值得注意的是与各种汉化的 DOS 系统一样,Windows 文件名或扩展名中可以使用汉字,但一个汉字以两个字符计算。即主文件名最多用 4 个汉字,扩展名最多用 1 个汉字。

2. 长文件名命名规则

(1)长文件名与 DOS 不同,文件名可包含多达 255 个字符,不包括结尾的空字符。

(2)用于文件名中的有效字符,除了在短文件名中允许出现的以外,还可以使用以下这些字符:+(加号)、,(逗号)、;(分号)、=(等号)、[](左右方括号)。

(3)忽略文件名首尾的空白字。

3. 磁盘文件和设备文件

不论是以短文件名命名的还是以长文件名命名的,这些文件都要保存到磁盘中去的,因而称为磁盘文件。DOS 和 Windows 系统还将除存储器外的其他外部设备都当作文件处理,我们把这些和设备相关的文件称之为设备文件。这些设备文件都有约定的文件名。在对磁盘文件命名时,不能和这些设备文件名重名,约定设备文件名请见 4.5.2 节。

4. 树状结构

在 Windows XP 中,为便于管理,将系统资源组织成树状结构,以桌面(Desktop)为最高单元,桌面中包含系统的所有资源,如图 4.23 所示。"我的文档"、"我的电脑"、"网上邻居"、"回收站"以及某些文件夹或文件的快捷方式等作为桌面的下一级单元。而"我的电脑"等下级单元中又包含硬盘、光盘等资源对象作为其下一级单元。因此,我们将桌面作为整个树状结构的树根,树根下的每一个结点都可以有其自己的树状结构,我们称结点的树状结构为树枝。显然,树枝中的每一个结点可以是文件夹,也可以是具体的文件。

图 4.23　Windows XP 系统资源结构

　　为叙述方便,在"资源管理器"的树状结构中,所有资源对象名称的前面均有一个图标,我们称为结点图标,对象名称称为结点名称。

　　在资源管理器中,按树状结构的树枝的展开情况,又有三种表示:

　　(1)若某结点有树枝,即有下级文件夹,该结点图标前用加号(＋)或减号(－)表示。"＋"号表示该结点的树枝未展开,即其下级文件夹等内容没有在左边窗格中显示出来。"－"号表示该结点的树枝已展开,即其下级文件夹等内容已在左边窗格中显示出来。

　　(2)若某结点没有树枝,该结点图标前则没有任何符号。

　　(3)若某结点的内容已在右边窗格中显示,则该结点图标(仅对文件夹图标)呈打开形状。如图 4.23 中,"我的电脑"结点呈打开形状,右边内容格中显示的是"我的电脑"的所有驱动器。

4.6.4　Windows 注册表

　　每次出现死机、应用程序非法操作,或者计算机启动时报告某个文件找不到,这个时候你是不是会特别心烦,又觉得无从下手。这些问题的出现,一般都与 Windows 的注册表有关。那么,现在我们就来学习一下 Windows 的注册表,这可能是很多对 Windows 非常熟悉的人都感到神秘,而又特别想掌握的。了解了注册表,我们对以后出现的各式各样的问题就不会再束手无策。

图 4.24　访问注册表编辑器

　　Windows 注册表是存储 Windows 配置信息的数据库,Windows 在其运行过程中不断引用这些信息。随 Windows 一起提供了注册表编辑器 regedit.exe,我们可以在开始菜单——运行中打入该文件名来访问注册表,如图 4.24 所示。一般情况下尽量不要去修改注册表设置,以防止操作不当而损坏系统。

　　注册表编辑器的界面如图 4.25 所示。在 Windows XP 中注册表有 5 个分支,分别如下:

　　(1)HKEY_CLASSES_ROOT

　　存放可打开文件的类型、扩展名以及与应用程序的关联等。HKEY_CLASSES_ROOT主键与当前注册使用的用户有关。

　　(2)HKEY_CURRENT_USER

　　存放当前登录用户有关的配置信息。如当前登录用户的系统设置、控制面板选项、映射的网络驱动器等。

　　(3)KEY_LOCAL_MACHINE

　　保存机器上的所有硬件信息、本机上安装的应用软件信息。

　　(4)HKEY_USERS

　　保存所有用户的信息,例如安装的应用软件、自定义桌面等。

　　(5)HKEY_CURRENT_CONFIG

计算机上连接的硬件(例如显示器、打印机等)配置信息。

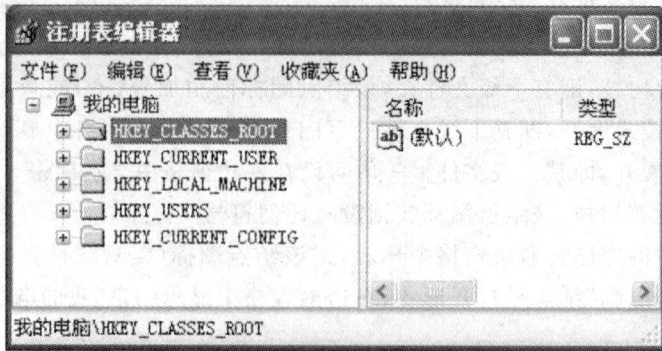

图 4.25　注册表编辑器

例如：HKEY_LOCAL_MACHINE\SOFTWARE\Microsoft\Windows\CurrentVersion\Run,在 Run 子键中保存了当前用户进入 Windows 时将自动执行的程序文件,如图 4.26,将会有 5 个程序文件自动执行。

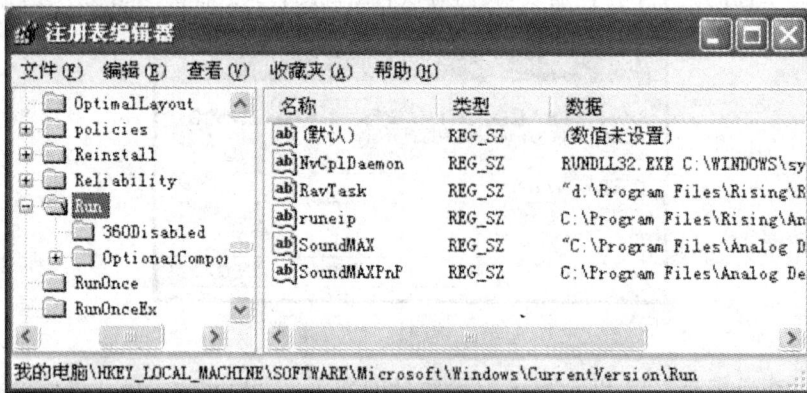

图 4.26　注册表——当前用户系统启动时将自动执行的程序文件

4.7　正确理解操作系统

很多人可能对于计算机操作很熟悉,但并不十分了解操作系统的功能,因此也会产生一些错误的观念。

4.7.1　错误 1:只要安装了操作系统,计算机就可以处理任何问题

有人认为只要安装了操作系统,就能在计算机上做电子文档、电子表格、制作图片等操作,这种想法是不正确的。我们要记住操作系统并不是万能的,看起来它的界面操作很方便,功能很强大,但是要处理一些具体的应用问题,需要安装其他的应用程序,比如处理电子文档可以使用 Word,处理电子表格可以使用 Excel,处理图片可以使用 Photoshop。

4.7.2　错误 2:计算机上不能安装多个操作系统

因为大部分人买计算机,其操作系统是商家安装或厂家预装的,出现问题也是请专业人员解决的,而自己从来不去改变它,由此会认为计算机要正常使用,需要正常的操作系统,但可能

意识不到一台计算机上可以安装多个操作系统,比如 Windows 2000 和 Windows XP 并存。其实操作系统在安装的时候可以选择安装的硬盘盘符(即逻辑驱动器),如果把不同的操作系统安装到不同盘符,就可以实现多操作系统并存,在计算机启动的时候可以选择需要使用的操作系统。

4.7.3　错误 3:刚刚安装好的操作系统是最安全的

大多数人总是认为操作系统是安全可靠的,没有意识到操作系统是有漏洞的,需要不断地更新补丁,只有当他们因为受到病毒攻击或者网络上非法侵入,导致计算机出问题时,才会意识到事情麻烦了。

有些比较熟悉计算机操作系统安装的,但不够精通的(甚至是一些学习计算机专业的人),当他们的计算机出现病毒或网络攻击问题时,他们知道出问题了,于是采用最直接办法:重新安装操作系统以解决这些问题。这确实不错,安装一个"干净"的系统可以解决很多的问题。但当安装完毕,他们的电脑恢复正常之后,就会以为万事大吉高枕无忧了,往往过了不久又会发现问题重新出现了(曾经有人向本人咨询计算机问题的时候,就信誓旦旦地说:我的操作系统刚刚安装好的,不可能会有问题的,他们就是属于这种情况)。其实操作系统并非完美的,总存在一些缺陷而被某些人利用搞破坏,解决的方法就是打上厂商提供的对应补丁,一个刚刚安装好的操作系统,因为没有打过任何补丁,其实它是最容易受到各种攻击的,是最不安全的。

4.7.4　错误 4:PC 机中除了 Windows,就没有其他的操作系统

由于在 PC 机上,Windows 系列操作系统的强势,让一般人很难意识到有其他操作系统的存在,从上面的章节我们看到,除了 Windows 系列,还有其他很多优秀的操作系统可以用于 PC 机,像 Linux 就是十分不错的选择。

习题四

一、判断题

1. 如果一个文件的扩展名为.exe,那么该文件必定是可执行的。　　　　　　　(　　)

2. 在 Windows 中,有对话框窗口、应用程序窗口和文档窗口,它们都可以任意移动和改变其大小。　　　　　　　　　　　　　　　　　　　　　　　　　　　　　(　　)

3. Windows 不需要安装相应的多媒体外部设备驱动程序就可以操作某种特定的多媒体设备。　　　　　　　　　　　　　　　　　　　　　　　　　　　　　　　(　　)

4. 从磁盘根目录开始到文件所在目录的路径,称为相对路径。　　　　　　　(　　)

5. 在 Windows 中,任务栏的位置和大小是可以由用户改变的。　　　　　　(　　)

6. Windows 支持面向对象的程序设计。　　　　　　　　　　　　　　　　(　　)

7. Windows 本身不需要 CONFIG.SYS 和 AUTOEXEC.BAT 文件。　　　　(　　)

8. 计算机系统中的所有文件一般可以分为可执行文件和非可执行文件两大类,可执行文件的扩展名主要有.EXE 和.COM。　　　　　　　　　　　　　　　　　　　(　　)

9. 在 Windows 系统下,把文件放入回收站并不意味文件一定从磁盘上清除了。　(　　)

10. 剪贴板的内容只能被应用程序粘贴，不能予以保存。　　　　　　　（　　）

11. Windows 提供了一个基于图形的多任务、多窗口的操作系统。　　　（　　）

12. Windows XP 是一个多任务、单用户的个人操作系统。　　　　　　（　　）

13. Windows 的桌面外观可以根据喜好进行更改。　　　　　　　　　（　　）

14. 在 Windows 目录结构中，任何地方文件都不允许同名。　　　　　（　　）

15. Windows 中的回收站是用来暂时存放被删除的文件及文件夹，一旦放入"回收站"便不可再删除了，只可进行恢复操作。　　　　　　　　　　　　　　（　　）

16. 系统文件一定以.SYS 为扩展名。　　　　　　　　　　　　　　（　　）

17. 在桌面上可以为同一个应用程序建立多个快捷方式。　　　　　　（　　）

18. 由于 Unix 是很早被开发使用的操作系统之一，所以它是一种多用户单任务的操作系统。　　　　　　　　　　　　　　　　　　　　　　　　　（　　）

二、选择题

1. 在 Windows2000 中一个文件夹中可以包含_____。

　　A. 文件夹　　　　　　　　　　　　　　B. 文件

　　C. 快捷方式　　　　　　　　　　　　　D. 以上三个都可以

2. 如果使用鼠标拖放在同一个磁盘中的文件，进行复制文件操作，拖动时应按住_____。

　　A. Shift　　　　　B. Ctrl　　　　　C. Ctrl＋Shift　　　　D. Ctrl＋Alt

3. 在 WindowsXP 中使用汉字时可切换各汉字输入法，其中在各输入法之间循环切换的操作是_____。

　　A. Ctrl＋Shift　　　　　　　　　　　B. Ctrl＋空格键

　　C. Ctrl＋Alt＋Shift　　　　　　　　　D. Shift＋空格键

4. 有四个文件 a. bmp、b. sys、c. txt、d. exe，它们的文件类型依次为_____。

　　A. 图片文件、可执行文件、超文本文件和系统文件

　　B. 图片文件、系统文件、文本文件和可执行文件

　　C. 文本文件、图片文件、可执行文件和系统文件

　　D. 图片文件、可执行文件、文本文件和系统文件

5. 在 Windows 中安装打印机驱动程序，下列说法正确的是_____。

　　A. Windows 提供的打印驱动程序支持任何打印机

　　B. Windows 提供的可供选择的打印驱动程序中，列出了所有打印机打印驱动程序

　　C. 即使要安装的打印机与默认的打印机兼容，也需要安装驱动程序

　　D. 如果要安装的打印机与默认的打印机兼容，则不必安装

6. Windows 提供了长文件名命名的方法，一个文件名的长度最多可以达到_____。

　　A. 128　　　　　B. 256　　　　　C. 8　　　　　D. 255

7. Windows 的文件组织结构是一种_____。

　　A. 表形结构　　　　　B. 树形结构　　　　　C. 网状结构　　　　　D. 线形结构

8. 在某个文档窗口中，已经进行了多次剪贴操作，当关闭了该文档窗口后，剪贴板中的内容为_____。

　　A. 第一次剪切的内容　　　　　　　　　B. 最后一次剪切的内容

　　C. 所有剪切的内容　　　　　　　　　　D. 空白

9. Windows2000 操作系统是一个_____。

   A.单用户多任务操作系统　　　　　　B.单用户单任务操作系统

   C.多用户单任务操作系统　　　　　　D.多用户多任务操作系统

10. 用户需要使用某一个文件时,在命令中指出_____是必要的。

   A.文件的性质　　　　　　　　　　　B.文件的内容

   C.文件路径　　　　　　　　　　　　D.文件的路径和文件名

11. 在以下 4 个字符中,不能作为一个文件的文件名的组成部分的是_____。

   A. A　　　　　　B. *　　　　　　C. $　　　　　　D. 8

三、填空题

1. 操作系统的四大基本功能是_____管理、_____管理、_____管理和_____管理。

2. 操作系统是_____和_____的接口。

3. 文件名通配符中,_____代表该位置上任意一个字符,_____代表该位置起任意个任何字符序列。

4. 在 DOS 和 Windows 系统中规定了几个设备文件名。

CON 表示_____;

AUX 表示_____;

COM2 表示_____;

LPT1 表示_____;

LPT2 表示_____;

NUL 表示_____。

5. 在 DOS 和 Windows 系统中,有三类扩展名的文件可以直接执行,它们分别是_____、_____、_____。

6. 在 Windows 的键盘操作中,_____可以快速关闭当前窗口,_____快速切换中英文输入状态,_____拷贝当前的桌面到系统剪贴板,_____可以快速启动帮助。

7. Windows 中的窗口分为_____窗口、_____窗口和_____窗口三类。

四、问答题

1. 到目前为止,你接触过哪些操作系统?

2. 请简述如何让你的计算机的操作系统更加安全。

3. 一个进程具有哪五种状态?其中哪些只进入一次,哪些可以多次进入?

4. 使用 DOS 中的删除目录命令时,如果此目录不为空,能否删除?在 Windows 的图形界面下,此种情况是否可以删除?

第5章

计算机软件系统

计算机系统包括硬件系统和软件系统两部分。硬件系统是指构成计算机的物理设备,如中央处理器和内存条;而计算机的软件系统是运行、管理和维护计算机的各类程序和文档的总称。硬件是计算机的物质基础,软件是它的灵魂。计算机系统在硬件系统的基础上,通过软件系统的支持,向用户呈现出强大的功能和友好的界面。

5.1　计算机软件分类和发展

5.1.1　软件的概念

所谓软件是指为了特定的目的和任务而开发的程序、数据和文档的集合。与传统观念不同的是单独的程序不等同于软件。也就是说,软件是由程序、数据和文档组成的,三位一体,缺一不可。

程序:是指计算机如何去解决问题或完成任务的一组详细的、逐步执行的指令集合。

数据:执行程序所必需的数据和程序中数据的数据结构。

文档:与程序开发、维护和使用相关的图文资料。

5.1.2　软件的分类

根据软件的用途,我们通常将软件分为系统软件和应用软件。如图 5.1 所示。

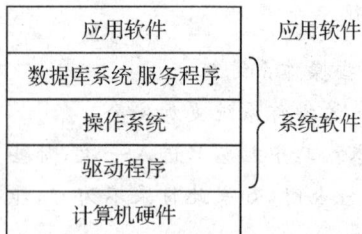

图 5.1　计算机软件的层次结构

1. 系统软件

系统软件是最基本的软件,在计算机系统中最靠近硬件系统,是用于计算机管理、监控、维护和运行的软件,使计算机系统各个部件、相关的软件和数据协调、高效地工作,保证计算机的正常运行。这些程序能够完成诸如以下的任务:管理用户的程序和数据文件,把用户的命令翻译成计算机能够识别的格式,保证用户的应用软件和硬件能够协调工作等。它包括操作系统、语言处理程序、数据库管理系统以及一些常用的服务程序等。

(1)操作系统

用于对计算机全部软、硬件资源进行控制和管理的大型程序,是管理计算机行为的最主要的程序包。其他软件必须在操作系统的支持下才能运行,是软件系统的核心。实际上,操作系统提供了用户使用计算机的接口。用户想要让计算机做什么,不是直接告诉计算机,而是通过操作系统来调度计算机的硬件完成用户需要完成的功能。操作系统确保用户要求的所有动作都是有效的,并确保所有的动作都按照依次运行的方式进行处理。操作系统还对计算机系统的资源进行管理以便有效一致地完成上述操作。

(2)程序设计语言和语言处理程序

程序设计语言是用户用来编制程序的语言,是人与计算机交换信息的工具。程序设计语言一般分为机器语言、汇编语言、高级语言三类。常见的高级语言如 C、JAVA 等。对于汇编语言和高级语言编写的源程序,不能被机器直接执行,必须把它们翻译成机器语言程序,才能被识别和执行。不同的语言有不同的翻译程序,这些翻译程序称为语言处理程序。

(3)数据库管理系统

数据库管理系统是建立信息系统的主要系统软件工具。常见的有 ORACLE、INFORMIX、MYSQL、SQL Server 等。

(4)服务程序

服务程序是指公用的服务程序,支持计算机的正常运行。如编辑程序、测试程序、诊断程序等。

2.应用软件

当今,软件产品成千上万,用户可以根据自己的需要购买相应的软件,如管理财务、发送电子邮件、制作音乐和电影等。我们把这些专门为某一应用目的而编制的软件称为应用软件。较常见的如文字处理软件、信息管理软件、辅助设计软件、实时控制软件等。

(1)文字处理软件

用于输入、存贮、修改、编辑、打印文字材料等,例如 WORD、WPS 等。

(2)信息管理软件

用于输入、存贮、修改、检索各种信息,例如工资管理软件、人事管理软件、仓库管理软件、计划管理软件等。这种软件发展到一定水平后,各个单项的软件相互联系起来,计算机和管理人员组成一个和谐的整体,各种信息在其中合理地流动,形成一个完整、高效的管理信息系统,简称 MIS。

(3)辅助设计软件

用于高效地绘制、修改工程图纸,进行设计中的常规计算,帮助人寻求好的设计方案。

(4)实时控制软件

用于随时搜集生产装置、飞行器等的运行状态信息,以此为依据按预定的方案实施自动或半自动控制,安全、准确地完成任务。

随着计算机应用领域的扩大,应用软件越来越多。相比于日益自动化生产的硬件,软件开发水平还是比较低,对此包括我国在内的许多国家正在投入大量的人力、物力从事软件开发的研究。

5.1.3　计算机软件的发展

自软件开发到现在已有五十多年历史了,计算机软件历史真正开始是在美国和欧洲的实验室里,大多数研究结果也产生于实验室。它们多数来自于学术界,其余产生于政府和私人公司。在整个软件发展历史过程中,已经取得了划时代的成就,我们将计算机软件历史分成三个时代:

程序设计时代(1946—1955 年)。这一阶段是软件的发展初期。高级语言还没有出现,软件开发使用的是低级语言,效率低下,应用领域基本局限于科学和工程的数值计算。人们只关心硬件的性能和指标,编程处于从属地位,这时只有程序和程序设计的概念。开发方法追求编程技巧和运行效率,这使得程序难读、难理解并且维护困难;程序规模小,结构简单。但这时的程序设计方法尚能满足计算机应用的要求。

软件时代(1956—1970 年)。这一阶段程序设计工具使用第二代语言,如 Fortran,Cobol 等。随着大量的高级语言诞生,程序开发的效率显著提高。各种应用软件大量涌现,大量软件开发项目的需求被提出,人们逐渐意识到文档的重要性,并出现了软件这一术语。但是落后的软件开发技术不适应大规模、结构复杂的软件开发的需要,导致了"软件危机"的产生。

软件工程时代(1970 年至今)。这一阶段是软件的发展阶段。计算机应用深入到各个领域,出现了面向对象的程序设计语言和方法,软件生产方式向工程化的方向发展,由此产生了"软件工程"。软件工程的各种概念、新方法、新思想不断涌现,软件开发技术有了很大进步。

5.2　程序设计语言及其处理程序

5.2.1　程序设计语言

程序设计语言是一组用来定义计算机程序的语法规则。它是一种被标准化的交流技巧,用来向计算机发出指令。一种计算机语言让程序员能够准确地定义计算机所需要使用的数据,并精确地定义在不同情况下所应当采取的行动。从解决问题的角度看,程序是用计算机语言表示的解题方法和步骤。

程序设计语言通常分为机器语言、汇编语言和高级语言。

1. 机器语言

机器语言或称为二进制代码语言,计算机可以直接识别,不需要进行任何翻译。每台机器的指令,其格式和代码所代表的含义都是硬性规定的,故称之为面向机器的语言,也称为机器语言。它是第一代的计算机语言,机器语言对不同型号的计算机来说一般是不同的。

用机器语言编写程序是一种相当烦琐的工作,既难于记忆也难于操作,编写出来的程序全是由 0 和 1 的数字组成,直观性差、难以阅读。不仅难学、难记、难检查、又缺乏通用性,给计算机的推广使用带来很大的障碍。

2. 汇编语言

汇编语言是用助记符表示指令功能的计算机语言。与机器语言相比,汇编语言具有以下的几个特点:第一,它使用符号来表示操作码和地址码,这种符号便于记忆,称为记忆码。第二,汇编程序自动处理存储分配,不需要程序员做存储分配工作。第三,程序员可以直接书写十进制数。

例 5.1 计算 $C=7+8$,可以用如下几条汇编命令:

标号	指令	说明
START	GET 7;	把 7 送进累加器 ACC 中
	ADD 8;	累加器 ACC+8 送进累加器 ACC 中
	PUT C;	把累加器 ACC 送进 C 中
END	STOP;	停机

可以看出用汇编语言编写程序或阅读比起机器语言来要简单和方便多了。但是汇编语言和机器语言存在对应关系,仍然依赖于计算机的指令系统,兼容性问题依然存在。

3.高级语言

机器语言和汇编语言都是面向机器的,都是基于 CPU 指令系统的程序设计语言,属于低级语言,掌握这样的语言还是存在一定的难度。为了使程序设计语言更接近人类的思维,更容易被掌握,到了 20 世纪 50 年代中期,出现程序设计的高级语言,如 Fortran,Algol60 以及后来的 PL/1,Pascal 等,算法的程序表达才产生一次大的飞跃。用高级语言编写的程序叫做高级语言源程序,高级语言是面向用户的。

高级语言是一类程序设计语言的统称。高级语言采用接近人们日常使用的自然语言和数学表达式,并按照一定的语法规则来编写程序。一般用高级语言编程效率高,而执行速度没有低级语言快。

例如,用"+"来表示加法,而不是使用助记符"ADD"。使用"if ... else ..."这样的自然语言表示分支和分支条件。

例 5.2 设 $a=1$,$b=2$ 将其和放到 c 中的 C 语言部分代码为

```
int a=1, b=2, c;
c=a+b;
```

4.第四代语言

第四代语言(Fourth-Generation Language,4GL)的出现是出于商业需要。4GL 这个词最早是在 20 世纪 80 年代初期出现在软件厂商的广告和产品介绍中的。第四代语言出现的目的是提高程序设计的效率。传统的程序设计语言,无论是汇编语言还是高级语言,都是告诉计算机"怎么做"来实现程序的功能,而第四代语言告诉计算机"做什么"就可以了。

这一类语言是"面向问题"的程序,只要告诉计算机做什么,而不必说明如何做。这样的程序当然就很容易编写,软件开发的效率可以大大提高。

1985 年,美国召开了全国性的 4GL 研讨会,也正是在这前后,许多著名的计算机科学家对 4GL 展开了全面研究,从而使 4GL 进入了计算机科学的研究范畴。目前,第四代语言都属于一定的软件开发环境,应用领域比较有限,还没有一种通用的第四代语言。第四代语言仍然是一种处于发展中的程序设计语言。

5.2.2 语言处理程序

除了机器语言,其他的任何语言编写的源程序都不能直接在计算机上直接执行,需要进行适当的转换和翻译。这个任务是由语言处理程序承担的。语言处理程序包括编译程序、解释程序、汇编程序等。程序的编制过程如图 5.2 所示。

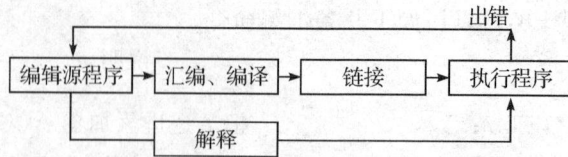

图 5.2　从源程序到执行程序的过程

将汇编语言源程序翻译成指令代码的程序称为汇编程序。翻译以后的结果称为目标程序，这个过程称为汇编过程。但这时产生的目标程序机器还不能执行，需要将产生的目标程序模块和其他模块相连接，才能构成可执行模块。同时还需要完成地址的分配。

编译程序是对高级语言编写的源程序进行扫描和翻译，如果源程序中有语法错误，编译程序会列出所有错误的语句，并给出它认为错误的理由，同时翻译停止，不产生目标程序。只有源程序完全没有错误才会完成翻译，产生目标程序文件。编译产生的目标代码可以反复执行，不需要重新编译，因此，执行速度更高、更快。对于高级语言来说，产生目标程序后，仍然要经过连接程序的连接，产生可执行程序。

解释程序是将高级语言编写的源程序中的语句一句一句的翻译为目标代码，每译完一句，就执行一句，直到最后一个语句。如遇到语句错误，就停止翻译和执行。同编译程序相比，解释程序本身的编写比较容易。解释程序对源程序的解释执行比编译程序产生的目标代码程序的执行速度要慢。早期的 BASIC 语言和 APL 语言以及网络上使用的 HTML 语言等就是采用解释方法运行的。

5.3　问题求解和算法设计

5.3.1　问题求解

对于问题的求解的理解，是否想到我们遇到要完成的事情的时候制定方案？一个孩子无精打采地做着数学作业？想到妈妈面对涨了的学费在制定新的预算？我们即将出游计划的安排？问题在字典中定义为调查、思考和解决而提出的难题。在数学中，问题通常是用明确的数学法则来解决的情况。还有一种定义，说问题是复杂的、未解决的难题。综合这些定义，问题求解就是找到令人感到困惑、痛苦、烦恼或未解决的难题的解决方案的行动。

当然，计算机可以解决部分问题，但对于涉及物理和情感的问题，计算机不能解决。此外，如果不告诉计算机要做什么，它什么也做不了。计算机是没有智能的。它不能分析问题并产生解决问题的方案。人（程序员）必须分析这些问题，为解决问题开发指令集（程序），然后让计算机执行这些指令。

如果口头地给你一个任务或问题，通常情况下，你会问何时、为什么、在哪里之类的问题，直到自己完全明白了要做什么为止。如果给你的指令是书面的，你可能会在空白的地方加问号，对关键的词语或句子进行标注或者用其他方式标示出任务中不明确的地方。

1. 寻找熟悉的情况

如果以前曾经解决过相同问题，或相似的问题，只需要再次使用那种成功的解决方案即可。例如，我们不必去学习如何到商店买牛奶，然后学习卖鸡蛋等。我们知道，去商店购物这件事都是一样的，只是买的东西不一样。

在计算机领域中，你会看到某种问题不停地以不同形式出现。一个好的程序员看到以前解决的任务或者任务的一部分(子任务)时,会直接选择已有的解决方案。例如,我们求出班级里的最高分和最低分和在所有的人员中找出年龄最大的和年龄最小的,其实是完全相同的任务,其实就是在一组数字中求出最大值和最小值。

2. 分治法

一般情况下,我们会把一个大问题划分成几个小问题,然后解决小问题。例如,我们进行一栋房子的卫生打扫的时候,看起来任务繁重。而把这些任务分割成:起居室、餐厅、厨房、卫生间等独立进行打扫,看起来就比较容易了。这种原则尤其适用于计算机领域,把大问题分割成能够独立解决的小问题。也就是,把一项大任务分成若干子任务,而子任务还可以继续划分为子任务,如此进行下去,可以反复利用分治法,直到每个子任务都是可以实现的为止。

5.3.2　计算机问题的求解

计算领域中的问题求解过程包括三个步骤:算法开发阶段、实现阶段和维护阶段。算法开发阶段是指得到问题的通用解决方案。第二阶段是指利用计算机的解决方案(算法),得到可以运行的程序。如果运行过程中出现错误,或者需要改变程序,则重新回到第一阶段和第二阶段。如果正确,则进入到第三阶段。在这个过程中,我们重点讲解一下算法。

算法的开发阶段

分析	理解(定义)问题
提出算法	开发用于解决问题的逻辑序列步骤
测试算法	执行列出的步骤,看它们是否能真正地解决问题

实现阶段

编码	用程序设计语言翻译算法
测试	让计算机执行指令序列。检索结果,修改程序,直到得到正确答案

维护阶段

使用	使用程序
维护	修改程序,使它满足改变了的要求,或者纠正其中的错误

5.3.3　算法的基本概念

算法是对特定问题求解步骤的一种描述。计算机解决问题的方法和步骤就是计算机的算法。算法并不给出问题的精确的解,只是说明怎样才能得到解。每一个算法都是由一系列操作指令组成的。程序设计的关键就在于设计出一个好的算法。因此,算法是程序设计的核心。我们可以通过图 5.3 来理解算法的定义。

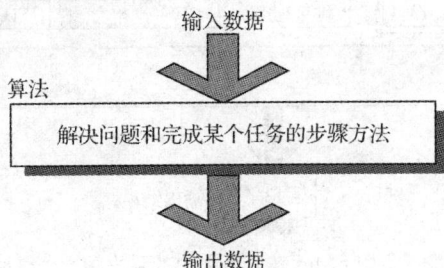

输入数据

算法

解决问题和完成某个任务的步骤方法

输出数据

图 5.3　计算机算法的一般定义

由此可见,算法是问题求解规则的一种过程描述。在算法中,要精确定义一系列操作,以便在有限的步骤内得到问题的解。

表达算法的方式有很多种,我们通过一个例子来说明。

例 5.3　数学游戏:有一堆火柴棒,三根三根地数,最后余下两根;五根五根地数,最后余下三根;七根七根地数,最后也余下两根。问这火柴可能有多少根?

分析　我们可以这样想:假设火柴有 m 根。则

m 从 2 开始

While(m 除以 3 的余数不为 2 或者 m 除以 5 的余数不为 3 或者 m 除以 7 的余数不为 2)

m 加 1

endwhile

输出 m

这种表示算法的形式是伪代码。它利用自然语言和格式明确显示出解决方案中的步骤。我们再通过一个例子来加强对算法的认识。

例 5.4　用计算机在若干个数(如 100 个或者 1000 个)中将最大值找出来。

分析　对于上面的问题,很明显,不能一步就能得到最大值,需要一个数一个数地比较。

我们首先考虑用较少数量的数进行测试,然后再将算法扩展应用到大量数的问题求解。假定我们先求解在 5 个数中找最大值。输入 5 个数,通过算法,得到 5 个数中的最大值,如图 5.4 所示。

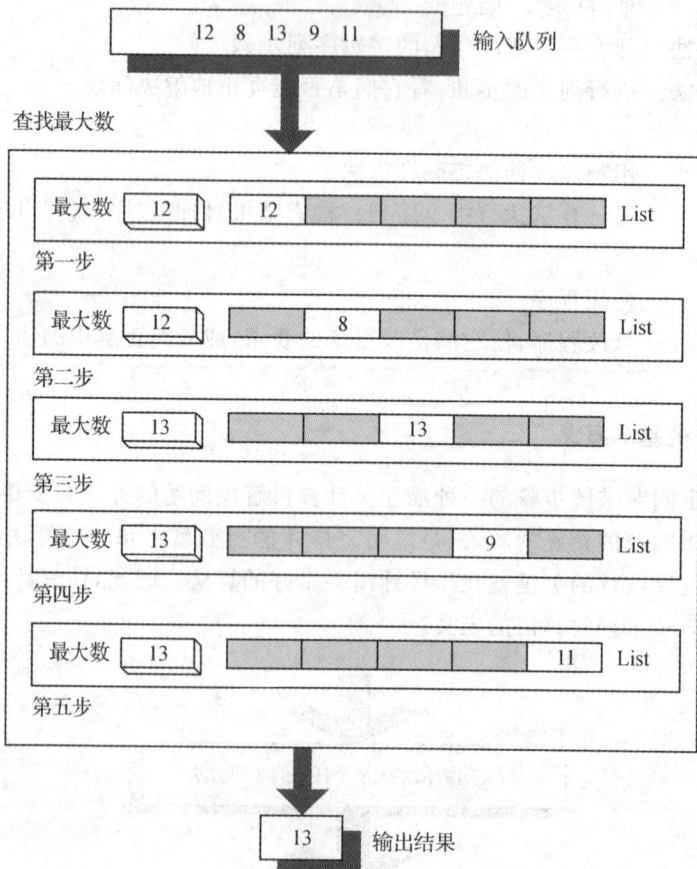

图 5.4　在 5 个数中找最大值

这个算法用下面的 5 步得到最大值。

(1)我们假定最大值是第一个数 12,将 12 给数据项 largest。

(2)将数据项 largest 中的 12 和第二个输入数 8 比较,因为 12 比 8 大,无需改变 largest 中的值。

(3)将数据项 largest 中的 12 和第三个输入数 13 比较,因为 12 比 13 小,所以,将 largest 中的值修改为 13。

(4)将数据项 largest 中的 13 和第四个输入数 9 比较,因为 13 比 9 大,无需改变 largest 中的值。

(5)将数据项 largest 中的 13 和第五个输入数 11 比较,因为 13 比 11 大,无需改变 largest 中的值。

这样,5 个数比较完,所以得出最后的结果,最大值是 13。

我们可以通过图 5.5 的描述,将算法扩展到对任意的数进行处理,第一步:将第一个数赋给最大项 Largest。第二步到第五步,将当前项与最大项比较,如果当前项比最大项大,则修改最大项的值为当前项。

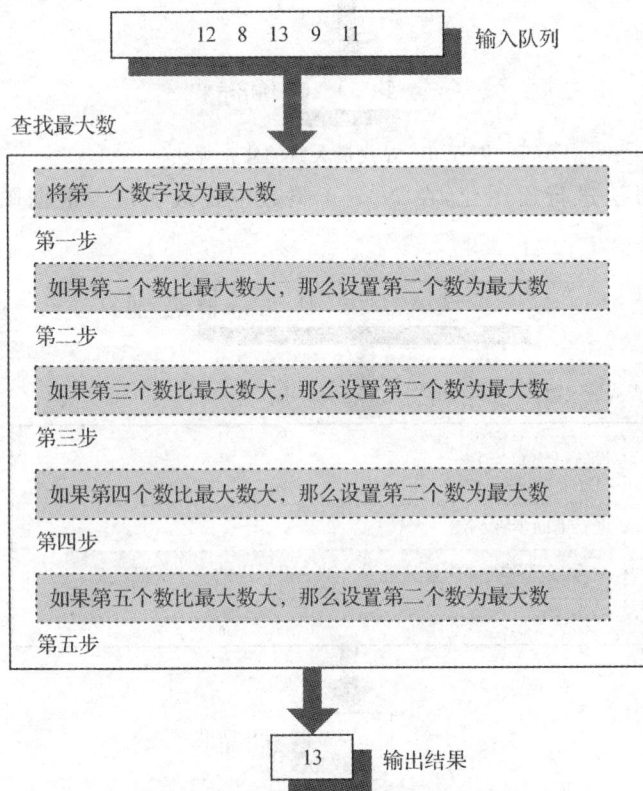

图 5.5　寻找最大数的算法描述

虽然这个算法看上去已经可以得出最大值,但仍然需要修正。在这个算法中存在两个问题:首先,第一步和其他各步处理不一样。其次,第二步到第五步描述也不一样。我们可以将第二步到第五步统一描述为"如果当前项比最大值大,则将最大值修改为当前项的值"。将最大值进行初始化来解决第一个问题。我们将最大值初始化为 0(任何正整数都比 0 大),那就可以将第一步和其他各步一样进行处理。在整个算法中增加一步,我们可以叫它第 0 步。这个处理的过程如图 5.6 所示。

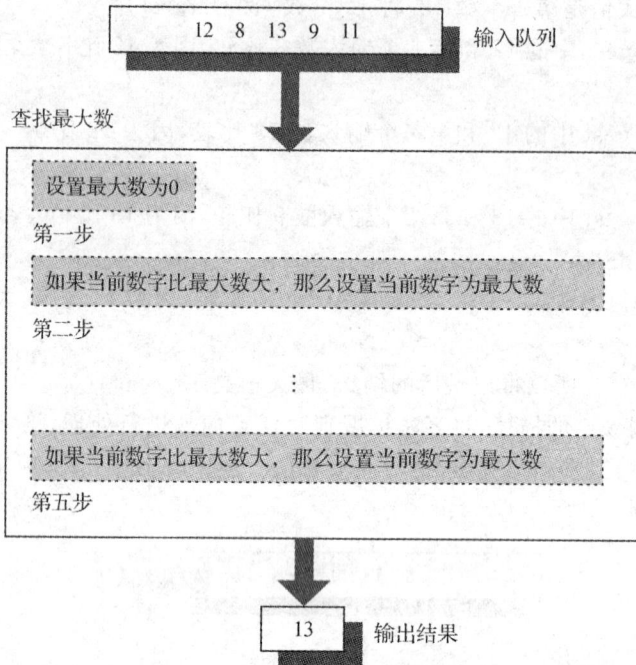

图 5.6 寻找最大数的修正算法

我们可以将该算法进行通用化,在 N 个正整数中找最大值。根据图 5.7,我们重复执行各步。

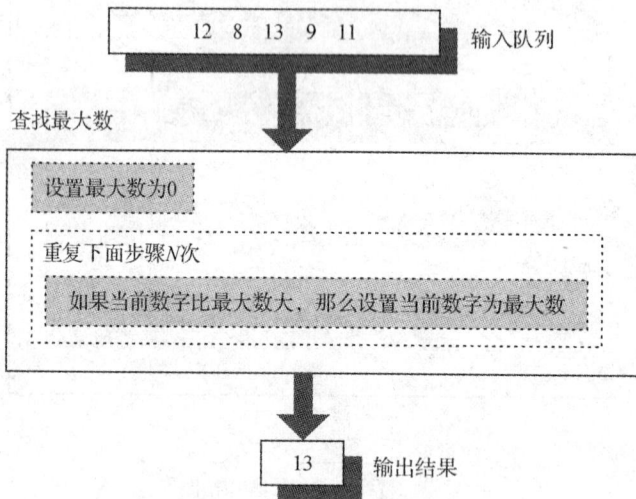

图 5.7 寻找最大值的通用算法

5.3.4 算法的特性

(1)确定性:算法中的每个步骤必须有明确的定义,不存在歧义。

(2)有穷性:算法必须在有限的步骤之后终止。

(3)可行性:算法的每一步骤都可以通过有限个已经实现的基本操作来实现。

(4)输入:一个算法有零个或多个输入。

(5)输出：一个算法至少有一个输出。

5.3.5　算法的控制结构

算法的控制结构描述了算法的基本框架，也决定了算法中各操作的执行顺序。算法的控制结构有顺序、选择和循环三种基本结构（如图 5.8）。

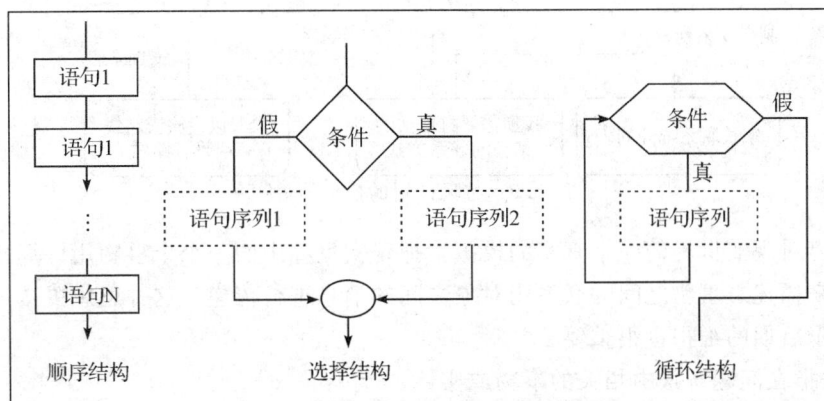

图 5.8　三种基本结构

顺序结构：顺序结构就是按照语句的书写顺序依次执行的控制结构。

选择结构：选择结构就是根据给定的条件决定某些语句执行或不执行的控制结构。

循环结构：循环结构为重复执行某一段程序代码提供了控制手段。

5.3.6　程序设计中的方法

当我们想把解决方案想转换成计算机能执行的形式，我们必须有程序设计的方法，在这里介绍两种方法：自顶向下设计（又称为功能分解）和面向对象设计（OOD）。

1. 自顶向下设计

自顶向下设计是一种逐步求精的设计程序的过程和方法。最初把问题分解成若干子问题，然后再把子问题分解成子问题，直到每个子问题足够基础，不需要再分解为止。

例如，筹划一个小学生班级游玩活动。简单想一下，可以发现两个主要任务，即统计参加游玩的同学和准备旅游的路线策划安排。

统计参加游玩的小学生的时候，我们要和学生的家长联系，确定是否参加，这个过程也需要有计划的安排，哪些家长通知了，家长有几个人参加，住宿要求等。需要有个通知计划表。

游玩路线的策划，不可能直接去玩，需要进行路线的选择，可以根据以往游玩路线的推荐或者大家的综合意见，关于游玩中的细节问题，可以再确定路线后再考虑。

如图 5.9 是有关游玩计划的模块划分。

2. 面向对象的设计

自顶向下能反映人们解决问题的方式，是将任务进行分层。面向对象的设计的方法使用对象这样的独立实体生成解决方案的问题求解方法。这里的对象是由描述事物的静态属性和动态行为构成的。面向对象设计的重点就是对象和它们在问题中之间的联系和相互交互。

在面向对象的思想中，数据和处理数据的算法绑定在一起。每个对象负责自己的处理行为。面向对象中最基本的两个概念是类（class）和对象（object）。面向对象设计的思想就是将

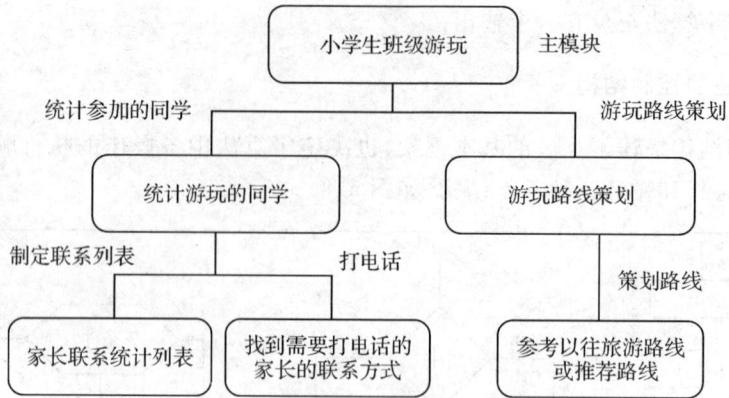

图 5.9　游玩计划的模块划分

在计算机世界对现实世界的一个真实的模拟。把现实世界中的一个个事物用计算机世界中的一个个对象来描述。事物之间的联系用对象之间的消息进行传递。这种思想更接近于人的思维特点。对于后期的维护也很重要。

对象:是指在问题背景中相关的事物或实体。

类:一组具有相似的属性和行为的对象的描述。类是创建对象的模板,对象是类的实例。

属性:描述对象的静态特性。

方法:对象的动态特性,也就是描述行为的特定算法。

如图 5.10 所示,定义了一个简单的学生类。

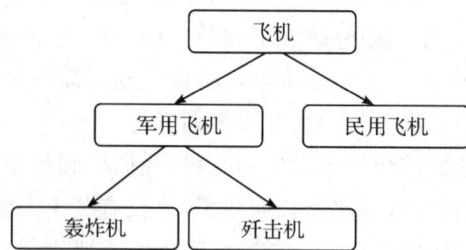

类的继承:一个类继承了另外一个类的属性和方法的机制。被继承的类称为父类,继承的类称为子类。如我们定义了飞机类、军用飞机类、民用飞机类,又定义了一个轰炸机类和歼击机类。它们之间就有继承关系。如轰炸机类和歼击机类继承了军用飞机类,具有军用飞机的特性,军用飞机和民用飞机又继承了飞机类,具有飞机的特性。如图 5.11 表示了它们之间的继承关系。

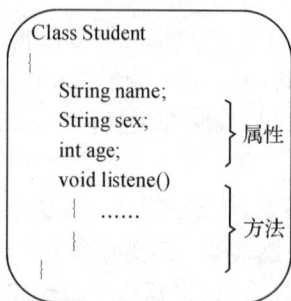

图 5.10　一个简单的学生类　　　　　图 5.11　继承关系

类之间的协作:一个类可以调用另一个类来提供信息和服务,学生类能够调用图书馆类的服务来借书。

5.4　数据结构基础

数据结构(Data Structure)是指相互之间存在一种或多种关系的数据元素的集合。在任何问题中,数据元素之间不会是孤立的,在它们之间都存在着这样或那样的关系,这种数据元素之间的关系称为结构。它一般包含以下三个方面的内容:

(1)数据元素之间的逻辑关系,也称为数据的逻辑结构。

(2)数据元素及其关系在计算机存储器内的表示,称为数据的存储结构。

(3)数据的运算,即对数据施加的操作。

5.4.1　数据的逻辑结构

根据数据元素之间逻辑关系的不同特性,通常有以下三种基本结构:

(1)线性结构:结构中的每个元素之间存在一对一的关系。元素之间是简单的顺序关系,即第一个元素有一个唯一的后继,最后一个元素有一个唯一的前继,其他元素之间同时有一个前继和一个后继。

(2)树型结构:结构中的每个元素存在一对多的关系。

(3)图形结构或网状结构:结构中的元素存在多对多的关系。

其中:树型结构和图形结构又统称为非线性结构。

图 5.12 为上述 3 类基本结构的示意图。在此基础上还可以形成更多的逻辑结构,如二叉树、多重表等。

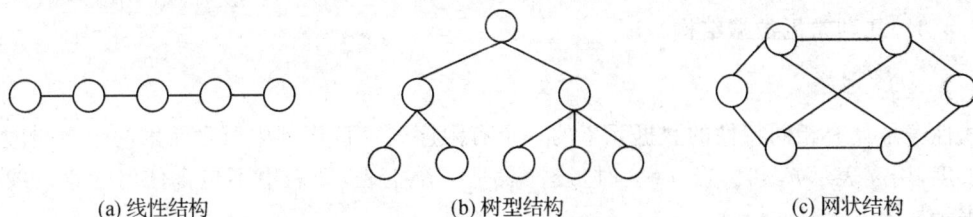

(a) 线性结构　　　　　(b) 树型结构　　　　　(c) 网状结构

图 5.12　数据的三种基本逻辑结构

5.4.2　数据的存储结构

数据的逻辑结构在计算机存储器上的存储表示称为数据的存储结构或物理结构。一种数据结构可以根据需要表示成一种或多种存储结构,采用不同的存储表示,其数据处理的效率也不同,因此在进行数据处理设计算法时,选择合适的存储结构是很重要的。

数据的存储结构主要有顺序存储结构和链式存储结构。

顺序存储结构的特点是把逻辑上相邻的元素存储在物理位置相邻的存储单元中,借助元素在存储器中的相对位置来表示数据元素之间的关系。常见的顺序存储方法通常借助于程序设计语言中的数组来实现,如图 5.13 所示。

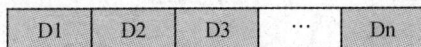

图 5.13　顺序存储结构

链式存储结构的特点是对逻辑上相邻的元素不要求其物理位置相邻,借助指示元素存储位置的指针表示数据元素之间的关系。常见的链式存储方法通常借助于程序设计语言中的指针类型来实现,如图 5.14 所示。

除了通常采用的顺序存储方法和链式存储方法外,有时为了查找方便还采用索引存储方法和散列存储方法。

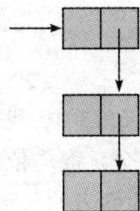

图 5.14　链式存储结构

5.4.3 数据的运算

数据的运算即定义在数据的逻辑结构上的对数据的操作。每种逻辑结构都有一个运算的集合。数据运算种类有很多,常见的有以下几种:

(1)检索(查找):在给定的数据结构中,找出满足一定条件的结点来,这个条件往往与一个或几个数据项的值有关。

(2)排序:根据给定的条件,将数据结构中所有结点重新排序。

(3)插入:在给定的数据结构中,根据某些条件,将一个结点插入到一个合适的位置。

(4)删除:在给定的数据结构中,根据某些条件,将一个结点删除。

(5)修改:修改数据结构中某些结点的值。

在一种数据结构中要进行哪一种或哪几种运算,往往取决于要解决的实际问题。同一种运算也存在各种各样的算法,所以,对于某个运算,要选择一种最好的算法。但对于一种具体的数据结构来说,完成一种运算的效率较高,完成另外一种则可能较低,对于另一种数据结构来说,情况可能正好相反。因此,要解决一个实际的问题,数据结构的设计和算法的选择要综合起来考虑。计算机科学家 Niklaus 在 20 世纪 70 年代就指出,程序＝算法＋数据结构。也就是说,一个好的程序,需要好的算法和数据结构。

5.4.4 几种常见数据结构

1.线性表

线性表是具有相同特性的数据元素的一个有限序列。该序列中所含元素的个数叫做线性表的长度,用 n 表示 $n \geqslant 0$。当 $n=0$ 时,线性表是一个空表,即表中不包含任何元素。线性表一般表示如图 5.15 所示。

图 5.15 线性表顺序存储结构

线性表在顺序存储结构下的插入运算。在线性表的第 $i-1$ 和第 i 个元素之间插入一个新的元素 x,就是使长度为 n 的线性表变成长度为 $n+1$ 的线性表,如图 5.16 所示。

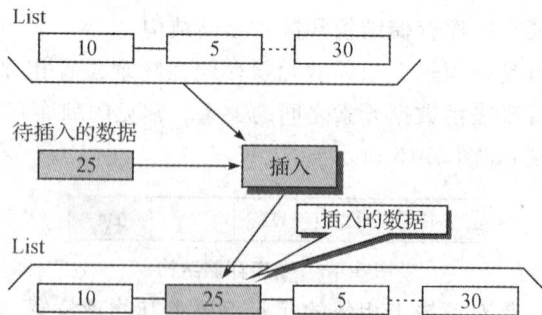

图 5.16 线性表在顺序存储结构下的插入

图 5.13 中,我们在第 2 个元素之前插入一个新的元素 25。首先从最后一个元素开始直到第 2 个元素均依次往后移动一个位置,然后将新元素 25 插入到第 2 个位置。插入一个新元素后,线性表的长度增加 1。要注意的是当线性表的存储空间占满时,就不能再插入新的元素,否则会造成"溢出"的错误。

　　线性表在顺序存储结构下的删除运算:将表中的第 i 个元素删除,使长度为 n 的线性表变成长度为 $n-1$ 的线性表。此时与插入运算一样要移动元素,只不过插入是后移元素,而删除是前移元素。只有 $i=n$ 时直接删除最后一个元素,不需移动元素,如图 5.17 所示。

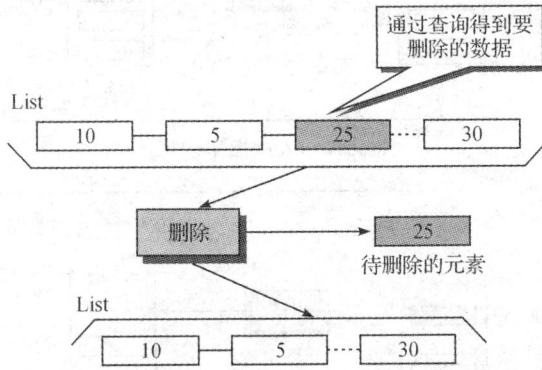

图 5.17　线性表在顺序存储结构下的删除

　　上图中,通过查询找到要删除的元素位置 $i=3$,依次将后面的元素均向前移动一个就可以,线性表长度变为 $n-1$。

　　一般情况下,要删除第 $i(1 \leqslant i \leqslant n)$ 个元素时,则要从第 $i+1$ 个元素开始,直到第 n 个元素之间共 $n-i$ 个元素依次向前移动一个位置。删除结束后,线性表的长度就减少了 1。

　　与插入操作类似,平均情况下,要在线性表中删除一个元素,需要移动表中一半的元素。

　　因此,在线性表顺序存储的情况下,要插入和删除一个元素,其效率是很低的,特别是在线性表比较大的情况下更为突出。因此,线性表的顺序存储结构适合于小线性表或者其中元素不常变动的线性表,因为顺序存储结构比较简单。

　　2. 堆栈

　　栈(stack)实际上是一种特殊的线性表。其特殊性主要体现在做插入和删除时只允许在一端进行操作。我们把允许插入和删除的一端叫栈顶,设置栈顶指针,另一端叫栈底,设置栈底指针。向栈顶插入元素叫入栈,进栈或压栈,从栈顶删除元素叫出栈或退栈。

　　栈顶元素总是最后被插入的元素,但也是最先被删除的元素;栈底元素总是最先被插入的元素,但也是最后才能被删除的元素。即栈按照"先进后出"(first in last out,FILO)或"后进先出"(last in first out,LIFO)的原则组织数据的,因此,栈也被称为"先进后出"表或"后进先出"表。图 5.18 为栈的示意图。

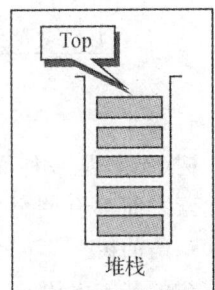

图 5.18　堆栈

　　入栈运算:指的是在栈顶位置插入一个新的元素,其算法思想是先将栈顶指针加 1,使之上移,然后将新元素插入到栈顶指针指向的位置。有一种特殊的情况要注意,就是"栈满",不能进行压栈操作。图 5.19 为入栈示意图。

　　出栈运算:出栈也叫退栈,取出栈顶元素,栈顶指针下移。当出现栈空情况时,就不能进行出栈操作。图 5.20 为出栈操作的示意图。

　　3. 队列

　　队列是指允许在一端进行插入而在另一端进行删除的特殊线性表。允许插入运算的一端叫队尾,允许进行删除运算的一端叫队头。当队列中没有元素时叫空队列。在队列这种数据结构中,最先插入的元素将最先被删除,最后插入的元素将最后被删除。因此,队列又称为"先

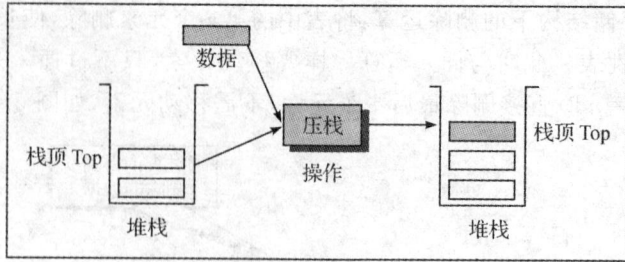

图 5.19　入栈操作运算

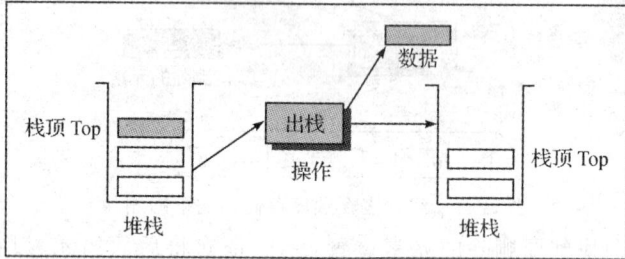

图 5.20　出栈操作运算

进先出"(first in first out,FIFO)或"后进后出"(last in last out,LILO)的线性表。图 5.21 是队列示意图。

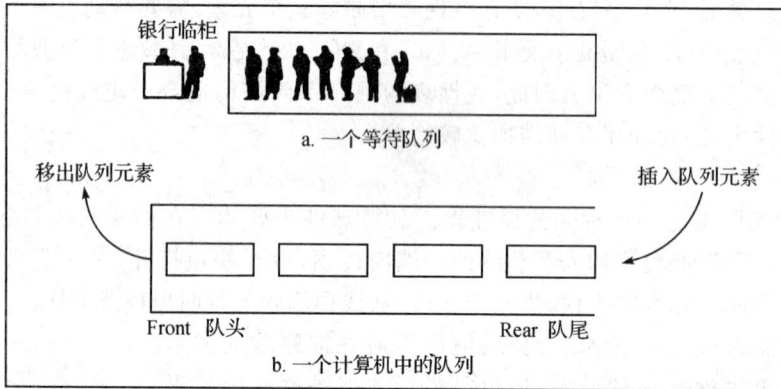

图 5.21　队列

4. 树

树(tree)是一种简单的非线性结构。树中所有的元素之间都有明显的层次特性。图 5.22 表示了一棵一般的树。

树的基本术语：

结点的度：一个结点的拥有的子树数目为结点的度。

叶子结点(终端结点)：度为 0 的结点为叶子结点。

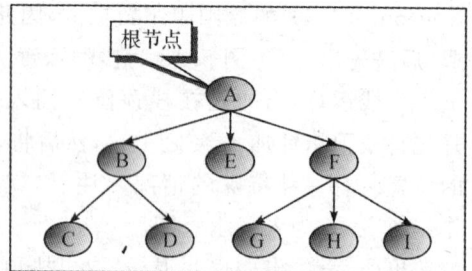

图 5.22　树

分支结点(非终端结点)：度不为 0 的结点为分支结点。

树的度：树中各结点的度的最大值。

孩子结点和双亲结点：结点子树的根称为该结点的孩子,相应地,该结点称为孩子的双亲。

兄弟结点:同一双亲的孩子之间称为兄弟。

祖先结点:从根到该结点所经分支上的所有结点都称为该结点的祖先。

子孙结点:以某结点为根的子树中的任一结点都称为该结点的子孙。

结点的层次:从根开始定义,根为第一层,其余结点的层数为其双亲结点的层数加 1。

树的深度:树中结点的最大层次称为树的深度。

有序树和无序树:树中结点同层间从左到右有次序排列,不能互换的树称为有序树,否则为无序树。

森林:$m(m \geqslant 0)$ 棵互不相交的树的集合。

5.二叉树

二叉树中每个结点至多只有二棵子树(即二叉树中不存在度大于 2 的结点),并且二叉树有左右之分,分别称为左子树和右子树,其次序不能任意颠倒。如图 5.23 所示表示一棵二叉树。

二叉树的遍历:不重复地访问二叉树中的所有结点。

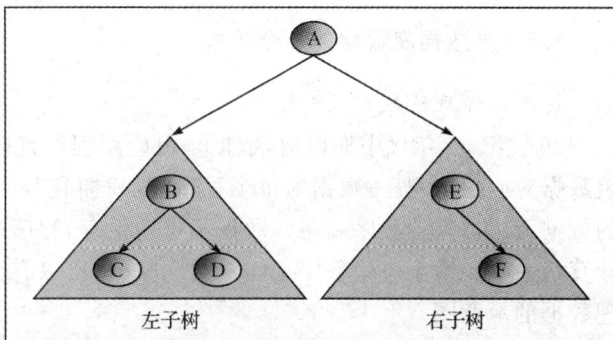

(1)先序遍历二叉树:访问根结点;先序遍历左子树;先序遍历右子树。

图 5.23　二叉树

(2)中序遍历二叉树:中序遍历左子树,访问根结点;中序遍历右子树。

(3)后序遍历二叉树:后序遍历左子树;后序遍历右子树;访问根结点。

图 5.24 分别给出了三种遍历的示意图。

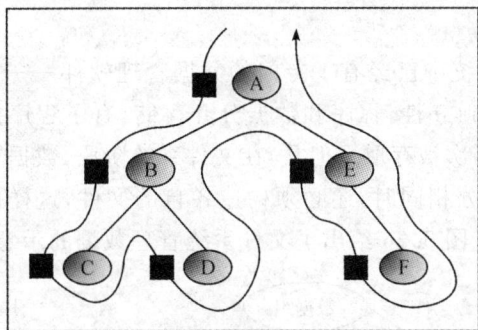

先序遍历(ABCDEF)

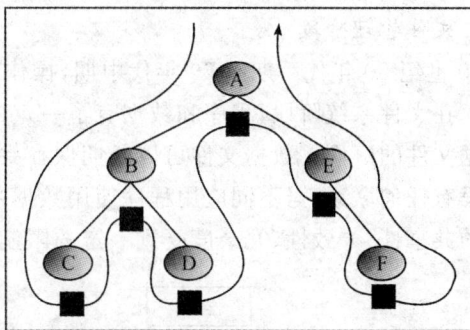

中序遍历(CBDAEF)

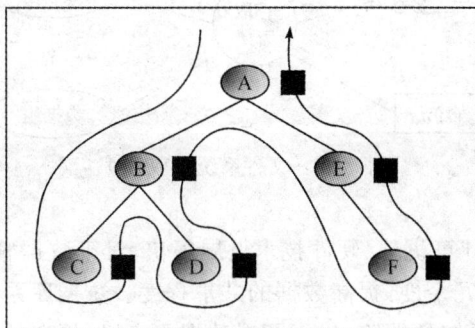

后序遍历(CDBEFA)

图 5.24　三种遍历

5.5 数据库

数据库技术是数据管理的技术,随着计算机在信息处理领域的应用越来越普遍,数据库的使用也是越来越普遍。数据库能借助计算机保存和管理大量复杂的数据,快速而有效地为不同的用户和各种应用程序提供需要的数据。数据库技术产生于 20 世纪 60 年代末,现在已形成相当规模的理论体系和实用技术。

5.5.1 数据库管理的三个阶段

1. 人工管理阶段

20 世纪 50 年代中期以前,数据是由应用程序直接管理的。数据和程序不具有独立性,一组数据对应一组程序,数据为每个程序"自我拥有",应用程序处理数据单个进行,一个程序中的数据无法被其他程序利用。数据不长期保存,程序运行时输入数据,程序运行结束后就退出计算机系统。由于应用程序之间不共享数据,所以有大量数据的冗余。图 5.25 给出了人工管理数据的示意图。

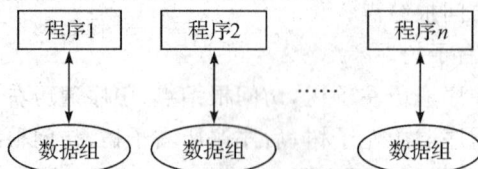

图 5.25 人工管理数据

2. 文件管理阶段

20 世纪 50 年代后期到 60 年代中期,操作系统中已经有了专门的数据管理软件——文件系统。在文件系统阶段,程序和数据有了一定的独立性,程序和数据分开存储,有了程序文件和数据文件的区别。数据文件可以长期保存并多次被存取。但是,在文件系统阶段,数据文件之间没有任何联系,当不同应用程序使用数据部分相同时,还必须构造各自的文件,这样使得数据的共享性、一致性、冗余度受到一定的限制。图 5.26 给出了文件系统管理数据的示意图。

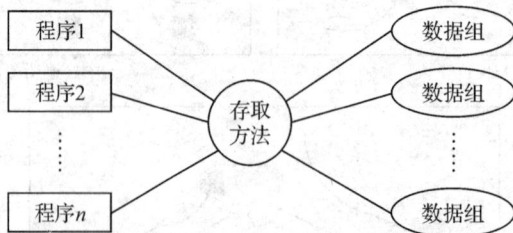

图 5.26 文件系统管理数据

3. 数据库系统阶段

20 世纪 60 年代以后,计算机软、硬件技术发展很快,对于数据管理的要求也越来越高,希望数据能够集中管理,减少冗余度,提高数据的共享程度。数据库系统就开始发展起来了。数据库管理系统克服了文件系统的缺陷,提供了对数据更高级、更有效地管理。这个阶段应用程序和数据之间的关系如图 5.27 所示。

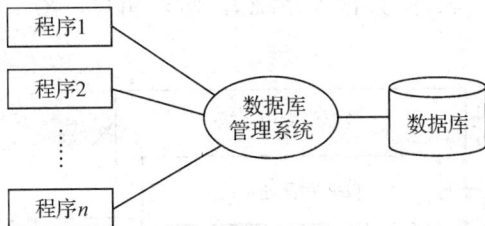

图 5.27　数据库系统管理数据

1964 年,美国通用电气公司成功开发了世界上第一个数据库系统——IDS(Integrated Data Store)。IDS 系统采用网状型数据模型,成为数据库系统发展史上的第一个标志。

1969 年,美国国际商用机器公司(IBM)推出了世界上第一个层次型数据库系统 IMS (Information Management System),同样在数据库系统发展史上占有重要的地位。

1970 年,IBM 公司的研究员 Codd 发表了题为《大型数据库的数据关系模型(A Relational Model of Data for Shared Data Base)》的著名文章。20 世纪 70 年代以后,关系数据库系统从理论上和实践上都得到了快速的发展。目前,关系数据库技术的发展已经相当成熟。

随着计算机处理能力的增强和越来越广泛的应用,数据库技术发展迅速。一般认为,未来的数据库系统应支持数据、对象和知识管理,应该具有面向对象的基本特征。在关于数据库的诸多新技术中,有三种是比较重要的:

(1)面向对象的数据库系统。用面向对象方法构建面向对象数据模型使其具有比关系数据库系统更为通用的能力。

(2)知识库系统。用人工智能方法特别是用谓词逻辑知识表示方法构建数据模型,使其模型具有特别通用的能力。

(3)关系数据库的扩充。利用关系数据库作进一步扩展,使其在模型的表达能力和功能上有进一步的加强,如与网络技术相结合的 Web 数据库、数据仓库及嵌入式数据库等。

5.5.2　数据库、数据库管理系统和数据库系统

1. 数据库

数据库(database,DB)是以一定的格式存放在计算机存储设备上的、结构化的相关数据的集合。它既对事物的数据本身进行描述,而且还包括相关事物之间的联系。数据库内的数据是按照一定的数据模型来组织的,并且是按照一定的格式在存储介质中存放的,具有较少的冗余度,数据间既密切联系又具有很高的数据独立性和易扩充性,并可为各种用户共享。对数据库中的访问是通过数据管理系统来进行的。

2. 数据库管理系统

数据库管理系统(Database Management System,DBMS)是位于用户和操作系统之间的一层数据管理软件。数据库在建立、运用和维护时由数据库管理系统统一管理、统一控制。数据库管理系统使用户能方便地定义数据和操纵数据,并能够保证数据的安全性、完整性、多用户对数据的并发使用及发生故障后的系统恢复。

3. 数据库系统

数据库系统(Database System,DBS)是引进数据库技术后的计算机系统,实现有组织、动态地存储大量相关数据,提供数据处理和信息资源共享的手段,方便多用户访问的计算机软件、硬件和数据资源的计算机系统。一个数据库系统一般由 5 部分组成,包括计算机硬件、数

据库、数据库管理系统、相关软件、数据库系统管理员、用户。图 5.28 是数据库系统层次示意图。

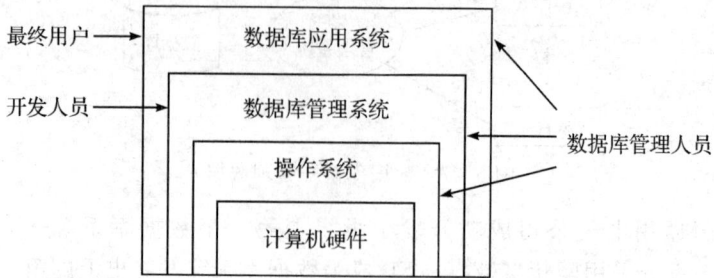

图 5.28　数据库系统层次

5.5.3　关系数据库

数据模型是建立数据库的基础。数据库类型的划分主要是根据所采用的不同数据模型进行划分的。数据模型是现实世界数据特征的抽象，通俗地说，数据模型就是现实世界的模拟。数据库采用的数据模型常见的主要有 3 种：层次模型、网状模型和关系模型。图 5.29 和图 5.30分别是层次模型和网状模型的示意图。现在使用最多的是关系数据模型。

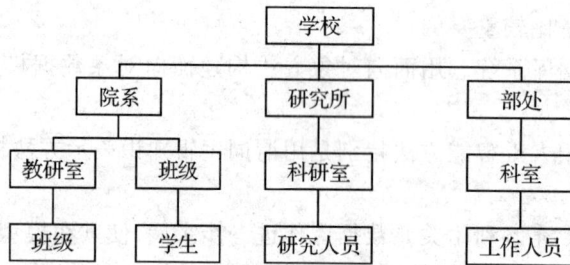

图 5.29　层次模型

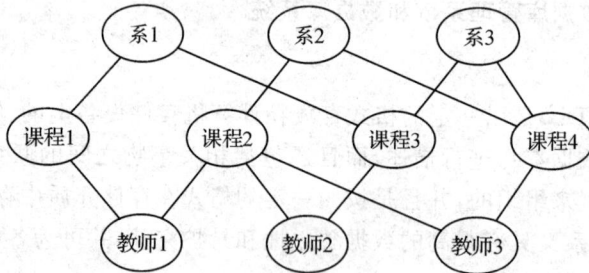

图 5.30　网状模型

1.关系模型的逻辑结构

关系模型的逻辑结构是一张二维表，由行、列组成。表 5.1 是一张学生成绩表。

表 5.1　学生成绩

学号	姓名	数学	英语	计算机
064177701	王理	90	78	85
064177702	张琪	87	80	80
064177703	李响	75	90	90
064177704	李晓伟	92	75	90
064177705	陈光菊	95	90	87

关系表中的每一行称为一个元组。每一列称为一个属性。可以唯一确定一个元组的属性或者属性组合,称为主键(Primary Key)。

一张二维表就是数据的一个关系,可以表示为:

关系名(属性 1,属性 2,…,属性 n)

以上的学生成绩表可以表示为关系:

学生成绩(学号,姓名,数学,英语,计算机)

关系数据库是建立在关系数据模型基础上的数据库。目前广泛使用的数据库系统几乎都是关系数据库系统。关系数据库是由若干张二维表以及它们之间的关系组成的。

2.关系数据库的特点

关系数据库作为现在使用最多的数据库,有其本身的特点:

(1)关系数据库是建立在严格的数学理论基础上的,本身的理论基础如规范化理论也很成熟,对于关系数据库的建立和实现有很好的指导作用。

(2)关系数据库具有单一的数据结构,无论是事物还是事物之间的联系,在关系模型中都是用关系来描述的。对于用户来说,无论原始数据,还是用户查询到的数据,数据的逻辑结构都是表,也就是关系。

(3)关系数据库中的数据操作是集合操作,即数据操作的对象和结果都是元组的集合。

(4)关系数据库的数据存取路径对用户是透明的。用户不必关心数据具体是怎样存放的,只需要提出操作要求,其他的事情由系统来完成,大大提高数据的独立性,简化程序员的工作,从而提高应用程序的生产效率。

3.对关系的操作

关系数据库中的操作是对一张表或多张表中的数据进行操作。一般来说,大多数数据库管理系统都提供了标准的查询语言 SQL 来支持对表中数据的各种操作。这些操作主要有:

(1)建立表;

(2)查询记录;

(3)插入记录;

(4)删除记录;

(5)修改记录。

SQL 语言中功能最强大,使用最频繁的语句就是查询语句。用户只需要利用查询语句向系统提出"查什么"、"从哪里查"、"按什么条件查",就可以得到所需要的结果。查询语句的基本格式是:

SELECT <属性列表>

FROM<数据来源>

[WHERE <选择条件>];

其中的<属性列表>就是表示要"查什么属性";<数据来源>表示"从哪里查";[WHERE <选择条件>]就是"按什么条件查"。

例 5.5 说明以下 SQL 查询语句所完成的功能。

SELECT 姓名,性别 FROM 学生 WHERE 学号="0001"

这个语句的功能就是在学生表中查询学号为"0001"的学生的姓名和性别信息。

这里简单介绍了一点 SQL 的查询语句,只是想给各位一点印象,即 SQL 语句的功能强大,使用也不是很难。

5.5.4　常见的数据库简介

现在市场上有很多数据库和数据库管理系统,这里对其中的一部分作简单介绍。

1. Access 数据库

Access 是微软公司的办公套装软件 Office 中的一个组件。是一种小型关系数据库管理系统,适合于小型企业、学校、个人等用户。Access 数据文件的后缀为. MDB,是 Access 数据库的物理存储方式。可以通过多种方式实现对数据收集、分类、筛选处理,提供用户查询和报表打印。

但是,Access 还是属于桌面小型的数据库管理系统,数据完整性、安全性等特性还是无法与大型数据库相比。

2. Sybase

美国 Sybase 公司的名称是由 system(系统)和 database(数据库)相结合的含义。该公司的最大功绩是促进了客户/服务器的迅猛发展。自 1992 年进入我国以来,十分重视中国市场的发展,引进了最新的技术和研究手段,促进了中国软件业的发展。

3. SQL Server 数据库

SQL Server 是 Microsoft 公司的一个关系型数据库管理系统,只能用于 Windows 系统,适合中型企业应用。

SQL Server 最初是由 Microsoft,Sybase 和 Ashton-Tate 三家公司共同开发的,几年之后,合作取消。1996 年,Microsoft 公司推出了 SQL Server6.5 版本,1998 年,又将 SQL Server 升级到 7.0 版本。2000 年,发布了 SQL Server 2000 版本,其中包括企业版、开发版和个人版 3 个版本。2005 年,微软公司发布了 SQL Server 2005 版,SQL Server 2005 在 SQL Server 2000 的功能之上,提供了一个完整的数据管理和分析解决方案。希望实现以下功能:

(1)更加安全、伸缩性更强和更可靠地构建、部署和管理企业应用程序。

(2)降低开发和支持数据库应用程序的复杂性。

(3)在多个平台、应用程序和设备之间共享数据,更易于连接内部和外部系统。

(4)在不影响性能的前提下,有效控制成本。

4. Oracle 数据库

Oracle 是目前世界上最流行的大型关系数据库管理系统,具有移植性好,使用方便,功能强大、性能优越等特点。适合于各类大、中、小、微机和专用服务器环境。Oracle 具有丰富的开发工具;系统安全级别高;支持大型数据库;采用标准的 SQL 结构化查询语言;为数据库的面向对象存储提供数据支持。

Oracle1.0 于 1979 年推出,目前最新版本 Oracle10i。Oracle 提供有 SQL Plus 的命令界面,还提供了 DBA Studio 的管理工具。支持多种平台,提供了在 Internet 上运行电子商务所必需的可靠性、可扩展性、安全性和易用性,是目前功能最强大的数据库管理系统,适用于开发大型数据库应用系统。

5. MySQL

MySQL 是一个快速、多线程、多用户、开放源代码的 SQL 数据库。可运行在多种操作平台上,是一种具有客户机/服务器体系结构的分布式数据库管理系统。MySQL 适用于网络环境,可在 Internet 上共享。它适合互联网企业(例如动态网站建设),许多互联网上的办公和交易系统也采用 MySQL 数据库。

6. DB2

DB2 数据库是 IBM 公司的,适合于各种硬件平台,可移植性好,能满足不同用户的需求。目前市面上较为普遍的是 DB2 7. x 版本。用户可以轻松地实现从 Oracle,Microsoft,Sybase 的数据库向 DB2 通用数据库移植。目前,全球 30 万个企业中的 4000 万个用户已经将 DB2 通用数据库用于客户关系管理、决策支持和业务分析等领域。总的来说,DB2 和 Oracle 一样,功能十分强大,是市场上受欢迎的大型数据库管理系统。

5.6　软件工程

5.6.1　软件危机和软件工程

从 20 世纪 60 年代开始,计算机的硬件和软件技术都得到了快速的发展。计算机的速度、容量和可靠性显著提高,使得计算机应用得以普及和深化;同时,计算机软件的需求急剧增加,不仅软件的规模越来越大,而且软件的复杂程度越来越高。

但是,随着计算机软件技术的发展,软件开发和维护过程中出现的矛盾也日益明显,主要表现在:软件的质量难以保证,开发的软件难以满足用户要求;软件开发费用的增长难以控制;软件开发的周期难以确定;软件的可靠性和可维护性差。软件开发的高成本与软件产品低质量之间的尖锐矛盾,最终导致了"软件危机"的发生。"软件危机"是指在计算机软件的开发和维护过程中所遇到的一系列严重问题。在这样的背景之下,软件工程产生了。

1968 年北大西洋公约组织的工作会议上首次提出了"软件工程"概念,提出了用工程化的思想来开发软件。软件工程是运用工程、数学、计算机等学科的概念、方法和原理来指导软件开发、管理和维护的一门学科。自提出软件工程以来,软件工程一直是计算机科学和技术领域的一个重要分支。1993 年,IEEE 计算机学会和美国计算机学会(ACM)联合成立了软件工程协调委员会,积极推进软件工程成为独立专业。1998 年,软件工程协调委员会发起了软件工程知识体系(Software Engineering Body of Knowledge,SWEBOK)研究项目。

5.6.2　软件工程研究的主要内容

软件工程研究的主要内容包括软件开发技术和软件开发管理两个方面。软件开发技术主要研究软件开发方法、软件开发过程、软件开发工具和环境,软件开发管理主要研究软件管理学、软件心理学和软件经济等。

1. 软件开发方法

国外大的软件公司和机构一直在研究软件开发方法这个概念性的东西,而且也提出了很多实际的开发方法,比如:生命周期法、原型化方法、面向对象方法等等。下面介绍几种常见的软件开发方法。

(1)结构化方法

结构化开发方法是由 E. Yourdon 和 L. L. Constantine 提出的,即所谓的 SASD 方法,也可称为面向功能的软件开发方法或面向数据流的软件开发方法。Yourdon 方法是 20 世纪 80 年代使用最广泛的软件开发方法。它首先用结构化分析(SA)对软件进行需求分析,然后用结构化设计(SD)方法进行总体设计,最后是结构化编程(SP)。结构化分析就是面对一个复杂的问题,将其划分成若干个小问题,然后再分别解决,使问题的复杂性降低到可以掌握的程度。

该方法简单实用,在理论和实践上较为成熟,其指导思想是自顶向下、逐步求精。它给出了两类典型的软件结构(变换型和事务型)使软件开发的成功率大大提高。但是,结构化方法对于规模大的项目以及特别复杂的项目不太适应,难以解决软件重用问题,难以适应需求的变化。

(2)面向数据结构的软件开发方法

Jackson方法是最典型的面向数据结构的软件开发方法,Jackson方法把问题分解为可由三种基本结构形式表示的各部分的层次结构。三种基本的结构形式就是顺序、选择和重复。三种数据结构可以进行组合,形成复杂的结构体系。这一方法从目标系统的输入、输出数据结构入手,导出程序框架结构,再补充其他细节,就可得到完整的程序结构图。这一方法对输入、输出数据结构明确的中小型系统特别有效,如商业应用中的文件表格处理。该方法也可与其他方法结合,用于模块的详细设计。

(3)面向问题的分析法

PAM(Problem Analysis Method)是20世纪80年代末由日立公司提出的一种软件开发方法。它的基本思想是考虑到输入、输出数据结构,指导系统的分解,在系统分析指导下逐步综合。这一方法的具体步骤是:从输入、输出数据结构导出基本处理框;分析这些处理框之间的先后关系;按先后关系逐步综合处理框,直到画出整个系统的PAD图。这一方法本质上是综合的自底向上的方法,但在逐步综合之前已进行了有目的的分解,这个目的就是充分考虑系统的输入、输出数据结构。PAM方法的另一个优点是使用PAD图。这是一种二维树形结构图,是到目前为止最好的详细设计表示方法之一。当然由于在输入、输出数据结构与整个系统之间同样存在着鸿沟,这一方法仍只适用于中小型问题。

(4)原型化方法

产生原型化方法的原因很多,主要是因为随着我们系统开发经验的增多,我们也发现并非所有的需求都能够预先定义,而且反复修改是不可避免的。当然能够采用原型化方法是因为开发工具的快速发展,比如用VB,DELPHI等工具我们可以迅速地开发出一个可以让用户看得见、摸得着的系统框架,这样,对于计算机不是很熟悉的用户就可以根据这个样板提出自己的需求。

开发原型化系统一般由以下几个阶段:

①确定用户需求;

②开发原始模型;

③征求用户对初始原型的改进意见;

④修改原型。

原型化开发比较适合于用户需求不清、业务理论不确定、需求经常变化的情况。当系统规模不是很大也不太复杂时采用该方法是比较好的。

(5)面向对象的软件开发方法

当前计算机业界最流行的几个单词就是分布式、并行和面向对象这几个术语。由此可以看到面向对象这个概念在当前计算机业界的地位。比如当前流行的两大面向对象技术DCOM和CORBA就是例子。当然我们实际用到的还是面向对象的编程语言,比如C++,JAVA。不可否认,面向对象技术是软件技术的一次革命,在软件开发史上具有里程碑的意义。随着OOP(面向对象编程)向OOD(面向对象设计)和OOA(面向对象分析)的发展,最终形成面向对象的软件开发方法OMT(Object Modeling Technique)。这是一种自底向上和自顶向下相结合的方法,而且它以对象建模为基础,从而不仅考虑了输入、输出数据结构,实际上也包含了所有对象的数据结构。所以OMT彻底实现了PAM没有完全实现的目标。不仅如此,OO 技术在需求分析、可维护性和可靠性这三个软件开发的关键环节和质量指标上有了实质性的突破,基本解决了在这些方面存在的严重问题。综上所述,面向对象系统采用了自底向上的归纳、自顶向下的分解方法,它通过对对象模型的建立,能够真正建立基于用户的需求,而且系统的可维护性大大改善。

(6)可视化开发方法

其实可视化开发并不能单独的作为一种开发方法,更加贴切地说可以认为它是一种辅助工具,比如使用 VB,DELPHI,C＋＋Builder 等开发工具,实际上你就是在使用可视化开发工具。当然,不可否认的是,你只是在编程这个环节上用了可视化,而不是在系统分析和系统设计这个高层次上用了可视化的方法。实际上,建立系统分析和系统设计的可视化工具是一个很好的卖点,国外有很多工具都致力于这方面产品的设计。比如 Business Object 就是一个非常好的数据库可视化分析工具。可视化开发使我们把注意力集中在业务逻辑和业务流程上,用户界面可以用可视化工具方便地构成。通过操作界面元素,诸如菜单、按钮、对话框、编辑框、单选框、复选框、列表框和滚动条等,由可视开发工具自动生成应用软件。

2.软件开发过程

软件工程所提出的用工程的原则和方法来开发软件,也就是要把软件开发纳入一个可以控制的过程,即软件工程过程。

软件工程过程既包括软件产品生产的直接过程,如计划过程、需求分析过程、维护过程等,还包括管理过程。一般把管理过程称为软件生产的间接过程。

我们把软件的直接过程也称为软件的生命周期。软件的生命周期是指一个软件从问题的提出到最终被废弃的时间间隔。一般将软件的生命周期划分为 8 个阶段,即问题定义、可行性研究、需求分析、系统设计、详细设计、编码、测试和运行维护。每个阶段都有相对独立的任务,每个阶段任务的结束就是下一阶段的开始。但是,每个阶段结束之前,都需要按照标准对这个阶段的工作进行严格的技术审查和管理审查,只有审查通过后,这个阶段的任务才算完成,否则必须返工。为了明确各个时期的任务,又将这 8 个阶段划分为 3 个时期:软件定义时期、软件开发时期、软件维护时期。软件开发直接过程可以通过软件工程模型形象地表示,最经典的模型就是"瀑布"模型,如图 5.31 所示。

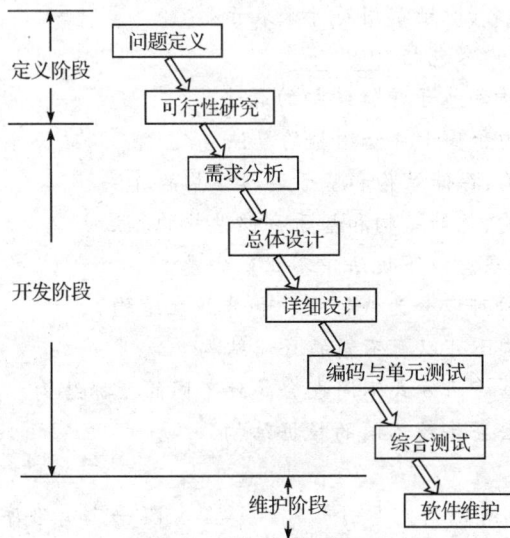

图 5.31　"瀑布"模型

习题五

一、选择题

1. 在数据管理技术的发展过程中,经历了人工管理阶段、文件管理阶段和数据库系统阶段,其中独立性最高的阶段是_____。

    A. 数据库系统　　　　　　B. 人工管理　　　　C. 文件系统　　　　D. 数据项管理

2. 数据库系统的核心是_____。

    A. 数据库　　　　　　　　B. 数据库管理系统　　C. 数据模型　　　　D. 软件工具

3. 用二维表来表示实体之间联系的模型称为_____。

    A. 关系模型　　　　　　　B. 层次模型　　　　　C. 网状模型　　　　D. 数据模型

4. 数据库 DB、数据库系统 DBS、数据库管理系统 DBMS 三者之间的关系是_____。

    A. DBMS 包括 DB 和 DBS　　　　　　　　B. DBS 包括 DB 和 DBMS

    C. DB 包括 DBS 和 DBMS　　　　　　　　D. 三者无区别

5. 下列各项中,不是一个软件产品中所必需的是_____。

    A. 程序　　　　　　　　　B. 包装　　　　　　　C. 数据　　　　　　D. 文档

6. 对程序的正确定义应该是_____。

    A. 能够执行特定功能的计算机指令序列

    B. 能够执行特定功能的汇编语言源程序

    C. 能够执行特定功能的目标代码

    D. 能够执行特定功能的高级语言源程序

7. 汇编语言和机器语言不同的地方是_____。

    A. 只用指令的助记符代替指令代码来编程

    B. 只能用指令的助记符代替指令代码,用符号代表变量名

    C. 只能用指令的助记符代替指令代码,用符号代表地址

    D. 指令代码、变量名、地址都用符号来表示

8. "数据结构"研究的内容包括_____。

    A. 数据的逻辑结构和基于逻辑结构的算法

    B. 数据的存储结构和基于存储结构的算法

    C. 数据的逻辑结构、存储结构和基于逻辑结构的算法

    D. 数据的逻辑结构、存储结构和基于存储结构的算法

9. 数据结构的类型很多。以下说法中不正确的是_____。

    A. 数据的逻辑结构可以分为线性结构和非线性结构

    B. 同样的逻辑结构还可以有不同的存储结构

    C. 对结构中的数据访问方式不同也会导致不同的数据结构

    D. 使用不同的算法会导致不同的数据结构

10. 线性表是_____。

    A. 一个有限序列,可以为空　　　　　　B. 一个有限序列,不能为空

    C. 一个无限序列,可以为空　　　　　　D. 一个无限序列,不能为空

11. 下列关于队列的叙述正确的是_____。

　　A. 在队列中只能插入数据　　　　　　B. 在队列中只能删除数据

　　C. 队列是先进先出的线性表　　　　　D. 队列是先进后出的线性表

12. 下列关于栈的叙述正确的是_____。

　　A. 在栈中只能插入数据　　　　　　　B. 在栈中只能删除数据

　　C. 栈是先进先出的线性表　　　　　　D. 栈是先进后出的线性表

13. 对顺序存储的线性表,设其长度为 n,在任何位置上插入和删除操作都是等概率的。插入一个元素时平均要移动表中的_____元素。

　　A. $n/2$　　　　　　B. $(n+1)/2$　　　　　C. $(n-1)/2$　　　　　D. n

14. 软件危机是指_____。

　　A. 软件开发缺少经费　　　　　　　　B. 软件开发得不到硬件的配合

　　C. 软件开发缺少技术人才　　　　　　D. 软件开发的成功率低,使用效果差

15. SQL 查询语句功能强大,但是不解决_____。

　　A. 从哪里查　　　　　　　　　　　　B. 查什么

　　C. 什么时间查　　　　　　　　　　　D. 按什么条件查

二、填空题

1. 数据独立性分为逻辑独立性与物理独立性。当数据的存储结构改变时,其逻辑结构可以不变,因此,基于逻辑结构的应用程序不必修改,该数据管理方式称为_____。

2. 在关系模型中,把数据看成一个二维表,每一个二维表称为一个_____。

3. 线性表、栈和队列都是_____结构,可以在线性表的_____位置插入和删除元素,对于栈只能在_____位置插入和删除元素,对于队列只能在_____位置插入和_____位置删除元素。

4. 结构化程序设计的三种基本逻辑结构为顺序、选择和_____。

5. 计算机能直接执行的程序是_____,机器内部是以_____编码形式表示的。

三、简答题

1. 栈和队列各有什么特点? 什么情况下用到栈? 什么情况下用到队列?

2. 设有编号为 A、B、C、D 的 4 辆车,顺序进入一个栈式结构的停车场,写出所有可能开出停车场的顺序。

3. 什么是程序设计语言,常见的程序设计语言有哪些?

4. 什么是结构化程序? 结构化程序有哪些基本结构?

5. 高级语言编写的源程序如何被计算机识别?

6. 已知一棵二叉树的前序序列和中序序列分别为 ABDGHCEFI 和 GDHBAECIF,请画出此二叉树。

7. 请看以下的查询语句:

SELECT 学生.学号,姓名,课程名,成绩

FROM 学生,课程,选课

WHERE 学生.学号＝选课.学号　　AND　　课程.课程号＝选课.课程号

请问,此语句在几个表中查询? 写出每个关系表的关系,说出此语句完成什么查询功能。

第 6 章

计算机网络

随着计算机应用的普及,以 Internet 为代表的网络应用逐步走入我们的生活,计算机网络成为人们获取知识的重要途径之一,并日显重要。因此学习和掌握计算机网络的基础知识,可以使我们更简捷、更方便的获取知识,也是现代生活的基本技能。

6.1 计算机网络的基本概念

计算机网络是将处在不同地理位置的多台具有独立功能的计算机通过某种通信介质连接起来,并以某种硬件和软件(网络协议和网络系统)进行管理并实行网络资源通信和共享的系统。如图 6.1 给出一个小型办公室网络的示意图,多台计算机通过交换机(也可以是集线器或路由器)连接在一起,并可以通过网络共享打印机资源;同时可以通过交换机连接 ADSL MODEM 来访问 Internet。

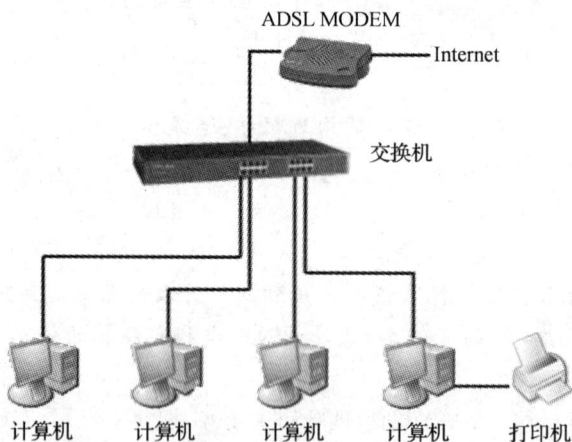

图 6.1　小型办公网络

计算机网络涉及通信与计算机两个领域,通信技术和计算机技术的结合是产生计算机网络的基本条件。一方面,通信网络为计算机之间的数据传输和交换提供了必要手段;另一方面,计算机技术的发展渗透到通信技术中,又提高了通信网络的各种性能。

6.1.1　计算机网络的发展历史

互联网产生于 1969 年初,它的前身是 ARPANET,是美国国防部高级研究计划管理局为准军事目的而建立的,开始时只连接了 4 台主机,这便是只有四个网点的"网络之父"。到了 1972 年公开展示时,由于学术研究机构及政府机构的加入,这个系统已经连接了 50 所大学和研究机构的主机。1982 年 ARPA 网又实现了与其他多个网络的互联,从而形成了以 ARPA-NET 为主干网的互联网。

1983 年,美国国家科学基金会 NSF 提供巨资,建造了全美五大超级计算中心。为使全国的科学家、工程师能共享超级计算机的设施,又建立了基于 IP 协议的计算机通信网络 NSFNET。最初的 NSF 使用传输速率为 56Kbps 的电话线通信,但根本不能满足需要。于是 NSF 便在全国按地区划分计算机广域网,并将他们与超级计算中心相连,最后又将各超级计算中心互联起来,通过连接各区域网的高速数据专线,而连接成为 NSFNET 的主干网。1986 年,NSFNET 建成后取代了 ARPA 网而成为互联网的主干网。前期以 ARPANET 为主干网的互联网只对少数的专家以及政府要员开放,而以 NSFNET 为主干网的互联网则向社会开放。到了 20 世纪 90 年代,随着电脑的普及、信息技术的发展,互联网迅速地商业化,以其独有的魅力和爆炸式的传播速度成为当今的热点。商业利用是互联网前进的发动机,一方面,网点的增加以及众多企业、商家的参与使互联网的规模急剧扩大,信息量也成倍增加;另一方面,更刺激了网络服务的发展。互联网从硬件角度讲是世界上最大的计算机互联网络,它连接了全球不计其数的网络与电脑,是世界上最为开放的系统,也是一个实用而且有趣的巨大信息资源,允许世界上数以亿计的人们进行通信和共享信息。互联网仍在迅猛发展,并在发展中不断得到更新并被重新定义。

互联网在中国起步时间虽然不长,但却保持着惊人的发展速度。全国目前已有中国科学技术网络(CSTNET)、中国教育和科研计算机网络(CERNET)、中国公用计算机互联网(ChinaNET)、中国金桥信息网(ChinaGBN)四大互联网和众多的 ISP(Internet Service Provider,Internet 服务提供者),中文网站也不断涌现。

6.1.2　计算机网络的功能

计算机网络的功能主要体现在三个方面:信息交换、资源共享、分布式处理。

1. 信息交换

这是计算机网络最基本的功能,主要完成计算机网络中各个节点之间的系统通信。用户可以在网上传送电子邮件、网络聊天、电子购物、电子教育等。

2. 资源共享

所谓的资源是指构成系统的所有要素,包括软、硬件资源,如:计算处理能力、大容量磁盘、高速打印机、绘图仪、通信线路、数据库、文件和其他计算机上的有关信息。由于受经济和其他因素的制约,这些资源并非(也不可能)所有用户都能独立拥有,所以网络上的计算机不仅可以使用自身的资源,也可以使用网络上共享的资源,从而增强了网络上计算机的处理能力,提高了计算机软硬件的利用率。

3. 分布式处理

分布式处理是指网络系统中若干台计算机可以相互协作共同完成一个任务,即把一项复杂的任务可以划分成若干个子任务,由网络内各计算机分别协作并行完成有关部分,这样可以缩短计算时间,并使整个系统的性能大为增强。

6.2　计算机网络协议及网络模型

6.2.1　网络协议

在计算机网络中为实现计算机之间的正确的数据交换,必须制定一系列有关数据传输的规则,如数据的格式是怎样的,以什么样的控制信号联络,具体传送方式是什么,发送方怎样保证数据的完整性、正确性,接收方如何应答等等。这一系列工作就是网络协议需要完成的功能。我们把计算机网络中一系列的通信规则称为网络协议。

6.2.2　OSI 模型

在人类社会中,存在很多种不同的语言,那么当两个持不同语言而且只会自己语言的人进行交流时,他们需要通过如图 6.2 的方式进行。

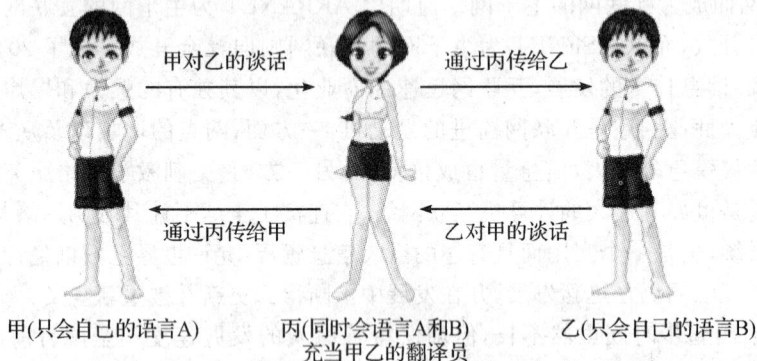

图 6.2　持不同语言的人的交流方式

想象一下,如果有 10 个人分别持不同的语言,他们希望进行交流,那么将是件痛苦而且很难完成的事情,因为我们很难找到一个会 10 种语言的翻译而且逐个翻译将十分耗时。如果这 10 个人都会一种世界上比较通用的语言比如英语,那么他们的交流将会变得轻松而愉快。

计算机网络是随着用户的不同需要而发展起来的,是一个非常复杂的系统。不同的开发者可能会使用完全不同的方式满足使用者的需求,由此产生了不同的网络系统和网络协议。在同一网络系统中网络协议是一致的,节点间通信是方便的(就像持同种语言的人在进行交流),在不同的网络系统中网络协议很可能不一致,这种不一致给网络连接和网际网之间节点的通信造成了很大的不方便(就像持不同语言的人进行交流需要翻译的参与,造成不便)。为了解决这个问题,国际标准化组织(International Standardization Organization, ISO)于 1984 年制定了"开放系统互联参考模型"即 OSI(Open System Interconnection)标准。该标准的目标是希望所有的网络系统都向此标准靠拢,消除不同系统之间因协议不同而造成的通信障碍,使得在互联网范围内,不同的网络系统可以不需要专门的转换装置就能够进行通信。

1. OSI 参考模型的 7 层结构

OSI 不是一个实际的物理模型,而是一个将网络协议规范化了的逻辑参考模型。OSI 根据网络系统的逻辑功能将其分为七层,并对每一层规定了功能、要求、技术特性等,但没有规定具体的实现方法。OSI 仅仅是一个标准,而不是特定的系统或协议。网络开发者可以根据这个标准开发网络系统,制定网络协议;网络用户可以用这个标准来考察网络系统、分析网络协议。图 6.3 是 OSI 模型中的数据流图。

OSI 模型的 7 层结构为网络设计人员提供了一种层的概念,每个层之间具有各自独立又相互联系的功能。接下来将简单介绍每层的功能以及分层的优点。

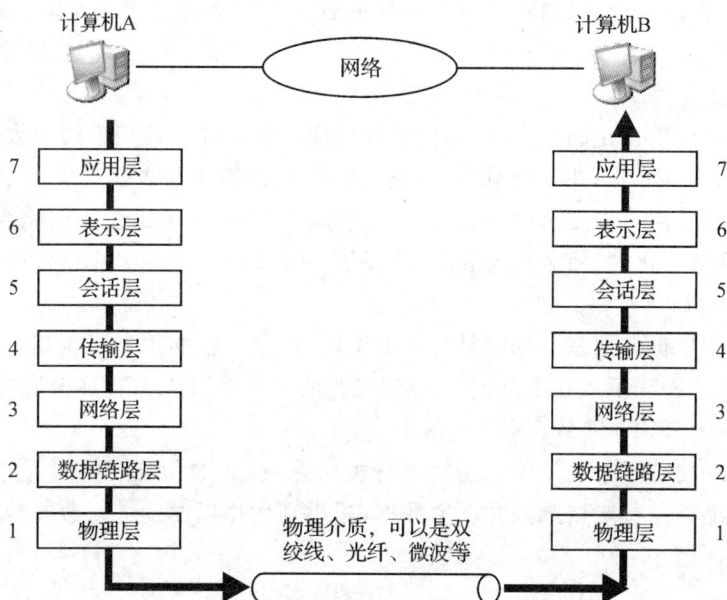

图 6.3　OSI 模型中数据流

2. 层的功能

（1）物理层

物理层负责在物理介质（比如双绞线、光纤、微波、红外线、蓝牙等）中传输位流，决定物理设备的机械和物理规范。对于上层来说不管采用何种方式它可以保存物理上是联通的。

（2）数据链路层

数据链路层的作用是将位组成帧。数据链路层负责帧的点对点传递（即从一个站点到另一个站点），当一个站点接受到非本站的帧时自动转发到下一个站点。数据链路层还要检查接收的信号，以防接收到的数据重复、不正确或是接收不完整，如果检测到了错误，就要求从发送节点一帧接一帧地重新传输数据、重新传输出错数据。因而对于上层来说数据链路层保证传递的帧是正确的。

（3）网络层

所有的网络都由物理路由（电缆路径）和逻辑路由（软件路径）组成。网络层读取包（网络层处理的数据单元称为包）协议地址信息并将每一个包沿最优路径（包括物理的和逻辑的）转发以进行有效传输，有些像交通控制器，沿几条不同路径中最有效的那一条来路由包。对于上层来说网络层保证包可以从源地址正确快捷地传递到目的地址。

（4）传输层

传输层负责整个消息（消息由一个或多个包构成）从源地址到目的地址的传递。注意网络层和传输层功能的区别。网络层负责单个包的端到端的传递，而传输层负责整个消息的端到端的传递，即传输层负责将完整的消息拆分成若干个包传送到网络层，网络层把包依次发送到目的地址的网络层，目的地址的传输层再负责把此若干包还原成原来的完整消息。因而对于上层来说传输层保证一条完整的消息从源地址正确地传递到目的地址。

（5）会话层

会话层用来控制用户间的会话，在通信系统间建立、保持和同步会话。同时为防止系统或网络出错加入了称为同步点的节点，同步点把一个较长的消息分为一些较短的部分分别传输到接受方,这样当系统或网络出错时,只需要从最后一个同步点开始重发消息即可,而不需要发送整条消息。

(6)表示层

这一层处理数据格式化问题,由于不同的软件应用程序经常使用不同的数据格式化方案,所以数据格式化是必需的。在某种意义上,表示层有些像语法检查器。它可以确保数字和文本以接收结点的表示层可以阅读的格式发送。例如,从 IBM 大型机上发送的数据可能使用的是 EBC DIC 字符格式化,要使运行 Windows 95 或 Windows 98 的工作站可以读取信息,就必须将其解释为 ASCII 字符格式。

表示层还负责数据的加密。加密是将数据编码,让未授权的用户不能截取或阅读的过程。例如,计算机的账户密码可以在 LAN 上加密,或者信用卡号可以通过加密套接字协议层(Secure Sockets Layer,SSL)在 WAN 上加密。

表示层的另一功能是数据压缩。当数据格式化后,在文本和数字中间可能会有空格也格式化了。数据压缩将这些空格删除并压紧数据,减小其大小以便发送。数据传输后,由接收节点的表示层来解压缩。

(7)应用层

应用层是 OSI 模型的最高层,控制着计算机用户绝大多数对应用程序和网络服务的直接访问。这里的网络服务包括 WWW 服务、文件传输、远程访问文件和打印机、电子邮件服务等等。计算机程序员便是使用该层来将工作站连接到网络服务上,例如,可将应用程序链接到电子邮件中,或在网络上提供数据库访问。

OSI 模型的 7 层结构将联网计算机间传输信息的任务划分为 7 个更小、更易于处理的任务组,每一个任务或任务组则被分配到各个 OSI 层,每一层都是独立存在的,因此分配到各层的任务能够独立地执行,这样使得变更其中某层提供的方案时不影响其他层。例如,随着日后的通信技术的发展,出现了新的物理传输介质,我们只需要修改物理层的相关内容,对于上面其他 6 层来说还是原来那样——物理上是联通的。而当我们需要开发应用层的网络服务程序时,你往往只需要给出传输什么内容,传输接受方的地址就可以了,接下来如何做,下面 6 层会帮你解决。

最后举个邮寄包裹的例子来说明 OSI 模型 7 层结构的工作方式。比如你要把一个礼物包裹邮寄到美国朋友那里,你只需要把礼物打包并且在包裹外写上邮寄地址,然后把包裹交给邮递公司(通常是中国邮政 EMS 或者 DHL),邮递公司会把你的包裹和其他包裹一起送到航空公司,运送到美国,再由美国的邮递公司送至目的地——包裹的邮寄地址。

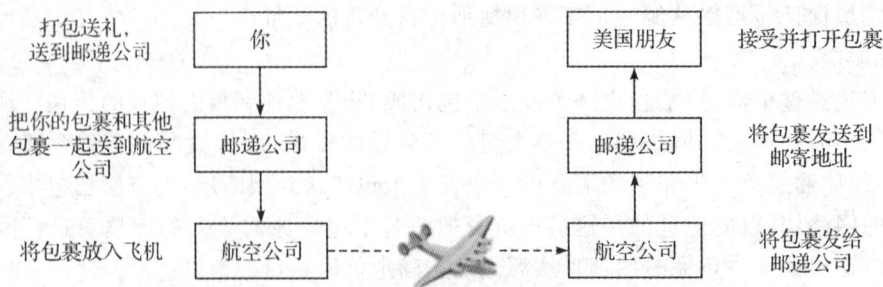

图 6.4　邮寄包裹过程

6.3　计算机网络的分类

计算机网络的分类方式有很多种,可以按地理范围、拓扑结构、传输速率和传输介质等分类。

6.3.1　按网络地理范围分类

1.局域网 LAN(Local Area Network)

局域网地理范围一般几百米到 10km 之内,属于小范围内的联网。如一个建筑物内、一个学校内、一个工厂的厂区内等。局域网的组建简单、灵活,使用方便。

2.城域网 MAN(Metropolitan Area Network)

城域网地理范围可从几十公里到上百公里,可覆盖一个城市或地区,是一种中等形式的网络。

3.广域网 WAN(Wide Area Network)

广域网地理范围一般在几千公里左右,属于大范围联网。如几个城市,一个或几个国家,它是网络系统中最大型的网络,能实现大范围的资源共享,如国际性的 Internet 网络。

从目前的发展趋势来看,局域网和广域网是网络的热点。

6.3.2　按网络拓扑结构分类

计算机网络的节点与节点间连线的几何排列方式叫做网络拓扑结构。连接在网络上的计算机、大容量的外存、高速打印机等设备均可看作是网络上的一个节点,也称为工作站。计算机网络中常用的拓扑结构有总线型、星型、环型和树型等。

1.总线型拓扑结构

总线型拓扑结构是一种共享通路的物理结构,其中用来连接计算机的通用介质(通常采用同轴电缆)称之为总线。

工作原理:当一个站点向另一个站点发送帧时,所有站点计算机均收到该帧,并检测它的目的地址,如果是本站点的则接受并处理其中数据,否则丢弃。

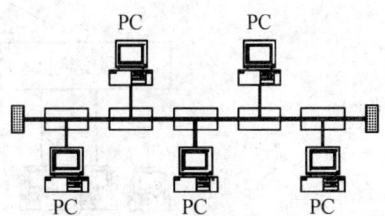

图 6.5　总线型网络

总线型拓扑结构的特点是:安装容易,扩充或删除一个节点很容易,不需停止网络的正常工作,节点的故障不会殃及系统;由于各个节点共用一个总线作为数据通路,信道的利用率高。但总线型结构也有其缺点:由于信道共享,一次仅能一个端用户发送数据,其他端用户必须等待获得发送权,因而连接的节点不宜过多;并且总线自身的故障可以导致系统的崩溃。

2.星型拓扑结构

星型拓扑结构是一种以中央节点为中心,把若干外围节点连接起来的辐射式互联结构。这种结构适用于局域网,特别是近年来连接的局域网大都采用这种连接方式。这种连接方式通常以双绞线作连接线路。中间节点通常采用集线器 Hub 或交换机。

工作原理:当使用集线器时,逻辑上等同于总线型结构,即集线器仅仅向每个接口转发数据;而使用交换机时,交换机首先检测帧的目的地址,然后只将帧发送到目的地址计算机所连接的接口上。因此为提高网络效率,组建的局域网通常使用交换机。

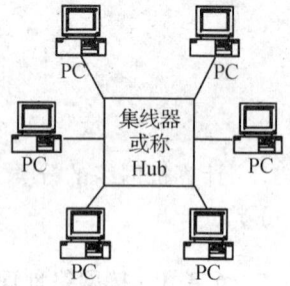

图 6.6   星型网络

星型拓扑结构的特点:安装容易,维护简单,节点用户设备因为故障而停机时也不会影响其他节点用户间的通信。但中心节点必须具有极高的可靠性,因为中心节点一旦损坏,整个系统便趋于瘫痪。

3. 环型拓扑结构

环型拓扑结构是将网络节点连接成闭合结构。信号顺着一个方向从一台设备传到另一台设备,每一台设备都配有一个收发器,信息在每台设备上的延时时间是固定的。

工作原理:当一台计算机需要向另一台计算机发送帧时,它将帧发送给它的邻居,在这里,帧被再生成并发送下一个邻居,直到目的地址。

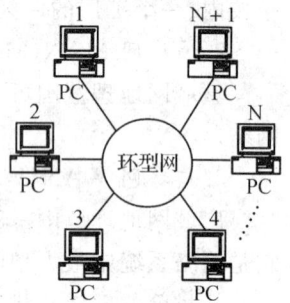

图 6.7   环型网络

环型拓扑结构的特点:安装容易,费用较低,电缆故障容易查找和排除。有些网络系统为了提高通信效率和可靠性,采用了双环结构,即在原有的单环上再套一个环,使每个节点都具有两个接收通道。环型网络的弱点是,当节点发生故障时,整个网络都不能正常工作。

4. 树型拓扑结构

树型拓扑结构就像一棵"根"朝上的树,树型结构是总线型结构的扩展,它是在总线网上加上分支形成的,其传输介质可有多条分支,但不形成闭合回路;也可以把它看成是星型结构的叠加。

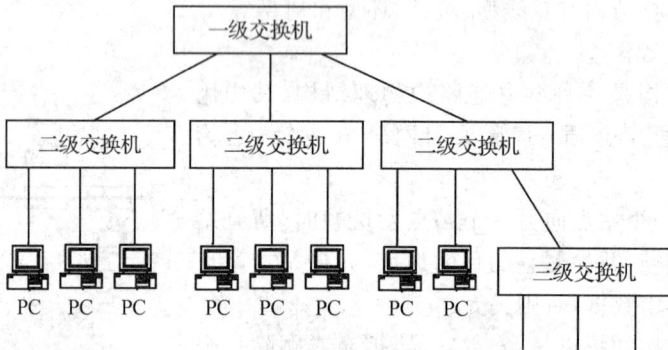

图 6.8   树型网络

树型拓扑结构的特点:优点是容易扩展、故障也容易分离处理,缺点是整个网络对根的依赖性很大,一旦网络的根发生故障,整个系统就不能正常工作。一般较大型的局域网都采用此种方式。

6.3.3   按传输速率分类

网络的传输速率有快有慢,传输速率快的称高速网,传输速率慢的称低速网。传输速率的单位是 b/s(每秒比特数,英文缩写为 bps)。一般将传输速率在 Kbps～Mbps 范围的网络称低速网,在 Mbps～Gbps 范围的网络称高速网;也可以将 Kbps 网络称低速网,将 Mbps 网络称中速网,将 Gbps 网络称高速网。网络的传输速率与网络的带宽有直接关系。带宽是指传输信道的宽度,带宽的单位是 Hz(赫兹)。按照传输信道的宽度可分为窄带网和宽带网。一般将 KHz～MHz 带宽的网络称为窄带网,将 MHz～GHz 带宽的网络称为宽带网,也可以将 kHz 带宽的网络称窄带网,将 MHz 带宽的网络称中带网,将 GHz 带宽的网络称宽带网。通常情况下,高速网就是宽带网,低速网就是窄带网。

6.3.4 按传输介质分类

传输介质是指数据传输系统中发送装置和接收装置间的物理媒体,按其物理形态可以划分为有线和无线两大类。

1. 有线网

传输介质采用有线介质连接的网络称为有线网,常用的有线传输介质有双绞线、同轴电缆和光纤。

(1)双绞线是由两根绝缘金属线互相缠绕而成,这样的一对线作为一条通信线路,由四对双绞线构成双绞线电缆,图 6.9 给出了双绞线的样式,一般有黄白和黄、绿白和绿、蓝白和蓝、棕白和棕共 4 对线。双绞线点到点的通信距离一般不能超过 100m。目前,计算机网络上使用的双绞线按其传输速率分为三类线、五类线、六类线、七类线,传输速率在 10Mbps 到 600Mbps 之间,双绞线电缆的连接器一般为 RJ-45(又称水晶头)。一般市场上常见的是五类线,支持 100Mbps 的网络。

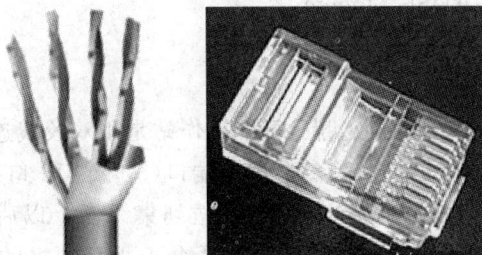

图 6.9 双绞线和 RJ-45(水晶头)

(2)同轴电缆由内、外两个导体组成,如图 6.10 所示。内导体可以由单股或多股线组成,外导体一般由金属编织网组成,内、外导体之间有绝缘材料。

图 6.10 同轴电缆

(3)光纤由两层折射率不同的材料组成。内层是具有高折射率的玻璃单根纤维体组成,外层包一层折射率较低的材料。光缆的传输形式分为单模传输和多模传输,单模传输性能优于多模传输。所以,光缆分为单模光缆和多模光缆,单模光缆传送距离为几十公里,多模光缆为几公里。光缆的传输速率可达到每秒几百兆位。光缆的优点是不会受到电磁的干扰,传输的距离也比电缆远,传输速率高。光缆的安装和维护比较困难,需要专用的设备。

2. 无线网

采用无线介质连接的网络称为无线网。目前无线网主要采用三种技术:微波通信,红外线通信和激光通信。这三种技术都是以大气为介质的。其中微波通信用途最广,目前的卫星网就是一种特殊形式的微波通信,它利用地球同步卫星作中继站来转发微波信号,一个同步卫星可以覆盖地球的三分之一以上表面,三个同步卫星就可以覆盖地球上全部通信区域。

6.4　计算机网络接入设备和互联设备

6.4.1　网卡(NIC)

网卡(Network Interface Card,NIC)也叫网络适配器,是连接计算机与网络的硬件设备。网卡插在计算机或服务器扩展槽中,通过网络线(如双绞线、同轴电缆或光纤)与网络交换数据、共享资源。目前市面上大多是 10M/100M 自适应、RJ-45 口的 PCI 网卡。由于现在网络的普及,很多主板厂商往往把网卡集成在主板上,免去了用户另外购买网卡的麻烦。另外也有无线网卡用于构建无线局域网。目前新型的笔记本电脑上往往配置无线网卡。

6.4.2　调制解调器(Modem)

调制解调器用于模拟信号与数字信号之间的转换,在线路(使用模拟信号)和计算机(使用数字信号)的交接处工作。由于宽带时代的来临,20 世纪 90 年代用于电话拨号的 56K 的Modem已逐渐被淘汰,但目前我们仍然离不开各种各样的 Modem:像用于有线电视上网的Cable Modem、宽带拨入的 ADSL Modem。

6.4.3　集线器(Hub)

集线器(Hub)是局域网的星型连接点,每个工作站是用双绞线连接到集线器上,由集线器对工作站进行集中管理。简单集线器有多个用户端口(8 口或 16 口),用双绞线连接每一端口和节点(工作站或服务器)。数据从一个网络站发送到集线器上以后,就被转发到集线器中的其他所有端口,供网络上每一用户使用。集线器适合于小型独立的工作小组、部门或者办公室。选择集线器主要网络中的节点数考虑端口数(8 口、16 口或 24 口)。

6.4.4　交换机(Switch)

交换机又称以太网交换机,外观和 Hub 相像,功能比 Hub 强。与现在基于网桥和路由器的共享媒体的局域网拓扑结构相比,网络交换机能显著地增加带宽。交换技术的加入,就可以建立地理位置相对分散的网络,使局域网交换机的每个端口可平行、安全、同时地互相传输信息,而且使局域网可以高度扩充。

它同时提供多个通道,比传统的共享式集线器提供更多的带宽,传统的共享式 100M 以太网采用广播式通信方式,每次只能在一对用户间进行通信,如果发生碰撞还得重试,而交换式以太网允许不同用户间进行传送,比如,一个 16 端口的以太网交换机允许 16 个站点在 8 条链路间通信。特别是在时间响应方面的优点,使局域网交换机备受青睐。目前,交换机以其优良的性价比,广泛应用于各类局域网中。图 6.11 演示了集线器和交换机的区别。

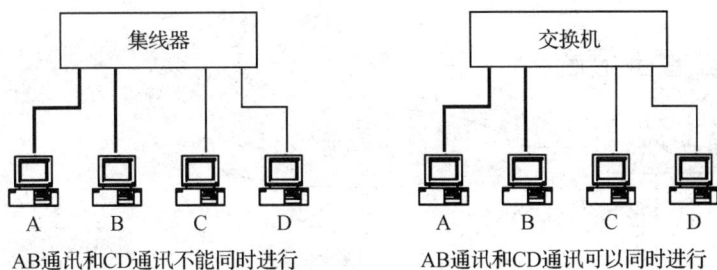

图 6.11　集线器和交换机的区别

6.4.5　中继器(Repeater)

中继器是使数据再生的电子设备,它延伸了网络的物理长度。由于信号在传输过程中会衰减,而衰减的信号可能会被接受方错误理解。中继器可以再生信号并将其发送给网络的其他部分。图 6.12 分别给出了网络中有中继器和无中继器的两种情况的示意图。

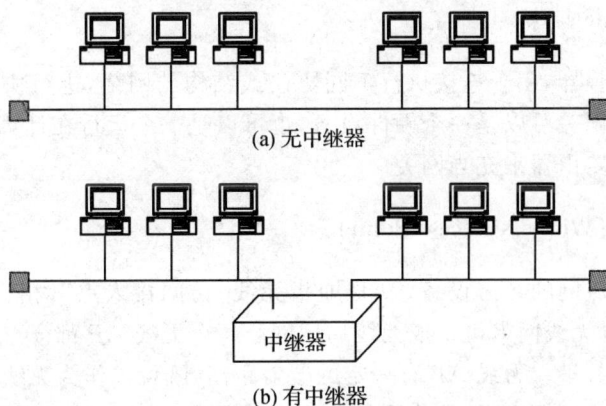

(a) 无中继器

(b) 有中继器

图 6.12　中继器

6.4.6　网桥

当网络是由总线型拓扑结构时,所有的站点共享传输介质,也就是说,当一个站点发送帧时,共用的总线将被此站点独占,其他站点不允许此时发送帧,这意味着网络性能的降低。这类似于飞机场的跑道,当一架飞机正在降落或起飞时,其他飞机就必须等待。

网桥是一个通信控制器,它可以把长总线变为一些较小的段,每段都是独立的通信。安装在两段之间的网桥根据目的地址允许或阻止帧通过(即如果一个帧的源地址和目的地址在同一个段内,就没有必要发送去其他段)。

今天,交换机已经取代了传统的网桥,成为最主要的网络互联技术。相对于网桥,交换机的数据吞吐性能更好,端口集成度更高,每个端口成本更低,使用更加灵活和方便。

6.4.7　路由器(Router)

路由器用于连接网络层、数据层、物理层执行不同协议的网络,协议的转换由路由器完成,从而消除了网络层协议之间的差别,路由器适合于连接复杂的大型网络。路由器有选择的功能,即为经过该设备的每个数组分组寻找一条最佳传输路径,并将该数据有效地转发到目的地址。

路由器可以连接两个独立的网络:局域网和广域网、局域网和城域网、广域网和广域网等,结果产生了交互式网络,图 6.13 显示了交互式网络的例子。

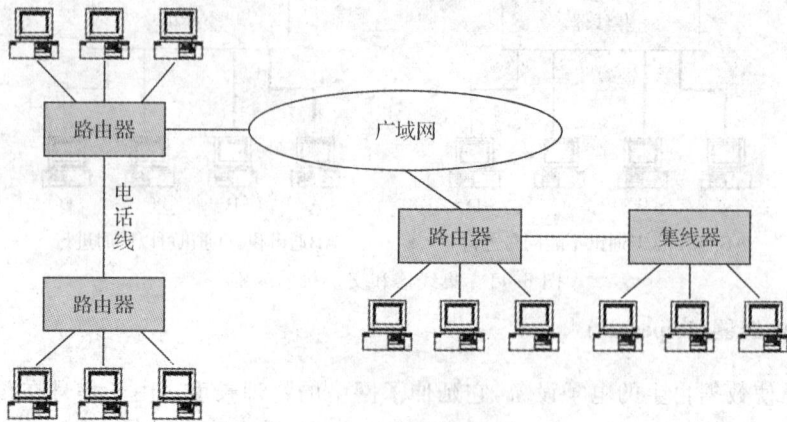

图 6.13   交互式网络中的路由器

6.4.8   网关(Gateway)

网关又称协议转换器,用于连接执行不同协议或结构的网络,进行协议转换,使数据可以在这些网络间传输。网关可以是一个硬件设备,也可以是一个运行在计算机上的软件,现在常常采用一台计算机或路由器来充当网关。

6.4.9   无线 AP(Wireless Access Point)

这是组建无线局域网的必需设备。AP 即指无线"访问接入点",相当于常规网络设备的集线器或交换机,配合无线网卡可组成无线局域网。每个无线 AP 都会有其所能容纳的信道,相当于交换机的接口数量。无线 AP 有一定的覆盖距离,既可以作为无线中心站,也可以用来当作与有线局域网的通信桥梁,用来连接其他有线客户端、互联网或是其他网络设备等。

目前市场上的无线 AP 有普通无线 AP 和带路由功能的无线 AP 两种,带路由的扩展型 AP 就是我们常说的无线宽带路由器(Wireless Router),除了基本的 AP 功能之外,还带有若干以太网交换口(大多数无线宽带路由器都内置一个四口的交换机,可以当作有线宽带路由器使用)。因为价格差别不大,无线路由器已经取代普通无线 AP。

思考:假设你家的居住面积比较大,如果只有一个无线路由器时 WiFi 信息无法覆盖整个家庭环境,该如何做? 同学们可以到网上搜索关于无线路由器桥接问题即可。

6.4.10   光纤收发器(Fiber Optic Converter)

光纤收发器又叫光电介质转换器,通过光电耦合来实现光电信号转换作用,一端是光纤,另一端是以太网接口,速度有 10M/100M/1000M。光纤收发器是使用光纤时必须要用到的。

6.5   Internet 和 TCP/IP

6.5.1   TCP/IP 协议

虽然前面指出国际标准化组织制定了 OSI 模型,但是 TCP/IP 协议是在 Internet 上使用的事实上的工业标准。TCP/IP 协议是在 OSI 模型之前开发的,所以并不完全符合 OSI 的七层参考模型。传统的 OSI 模型,是一种通信协议的七层抽象的参考模型,其中每一层执行某一特定任务。而 TCP/IP 协议采用了四层的层级结构,每一层都呼叫它的下一层所提供的网络来完成自己的需求。这四层分别为:

1. 网络接口层

网络接口层是对实际的网络媒体的管理,定义如何使用实际网络(如网卡,连接线)来传送数据。

2. 网络层

在网络层,TCP/IP 支持互联网网络协议(又称网际协议 Internet Protocol,IP)。IP 是TCP/IP 的心脏,也是网络层中最重要的协议。IP 数据包是不可靠的,因为 IP 并没有做任何事情来确认数据包是按顺序发送的或者没有被破坏。IP 数据包中含有发送它的主机的地址(源地址)和接收它的主机的地址(目的地址)。TCP/IP 要求互联网上连接的每台计算机都有一个唯一的国际地址,这个地址称为互联网地址或 IP 地址,详细介绍见 6.5.2 IP 地址。

3. 传输层

在传输层,TCP/IP 定义了两种协议:传输控制协议(TCP)和用户数据报协议(UDP)。

TCP 为应用程序提供了完整的传输层服务,是一种可靠的传输协议,TCP 将消息分成按顺序标记的连续的段,如果一个段丢失,则此段重发;如果段在接收端顺序错位,可根据顺序标记重新排序。面向连接的服务(例如 TELNET、FTP、和 SMTP)需要高度的可靠性,所以它们使用了 TCP。

UDP 与 TCP 位于同一层,但对于数据包的顺序错误或丢失错误不重发。因此,UDP 主要用于那些简单的面向查询—应答的服务,如 NTP(网络时间协议)和 DNS(DNS 也使用 TCP)。

4. 应用层

对应 OSI 模型的会话层、表示层和应用层。

它是应用程序间沟通的层,如简单电子邮件传输(SMTP)、文件传输协议(FTP)、网络远程访问协议(TELNET)等。

互联网上通信使用客户/服务器模式,即客户(本地计算机上运行的应用程序)向服务器(远程计算机上运行的程序)请求服务。通常,服务程序是一直在运行的,而客户程序只是在需要的时候才运行。举个例子:当要访问一个网站的时候,本地浏览器就是客户,而对方网站就是服务器,不管你有没有访问,对方的网站是一直开启运行的,而本地浏览器只在需要访问的时候运行,浏览器向网站服务器发送请求,然后服务器响应请求并返回包含网页内容的消息。

6.5.2　IP 地址

1. IP 地址的格式

Internet 是一个全球性的广域网,而其采用的协议是 TCP/IP,因此要求每台连上 Internet 的计算机具有唯一可标识的地址——IP 地址,就像日常生活中的邮寄信件必须写明邮寄地址一样,这样通过网络中的路由器把一台计算机的数据发送到目的计算机中,即精确地将信息由源地址发送到目的地址。

每个 IP 地址由 4 个字节(32 位)组成,IP 地址理论上共有 232 个不同地址(约 43 亿个左右)。为使 32 位 IP 地址看起来简洁明了,分成 4 个 8 位二进制组,由“.”分隔,为了便于阅读,每 8 个二进制位为 1 组转换成十进制数 0~255 表示,这种格式称为点分十进制。例如 Google 的 IP 地址为 01000010. 11111001. 01011001. 01100011,用点分十进制表示为 66.249.89.99。

二进制表示

01000010.　11111001.　01011001.　01100011

66. 249. 89. 99

点分十进制表示

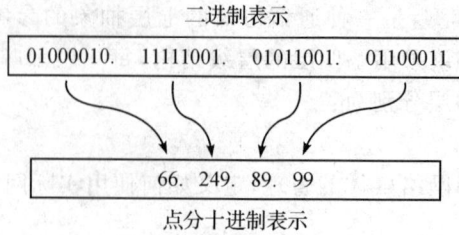

图 6.14　点分十进制表示 GOOGLE 地址

2.IP 地址的分类

Internet 是把全世界的无数个网络连接起来的一个庞大的广域网,每个网络中的计算机通过其自身的 IP 地址而被唯一标识,据此我们也可以设想,在 Internet 上这个庞大的网络中,每个网络也有自己的标识符。这与我们日常生活中的电话号码很相像,例如有一个电话号码为 02187654321,这个号码中的前三位表示该电话是属于哪个地区的(021 表示上海),后面的数字 87654321 表示该地区的某个电话号码。与上面的例子类似,我们把计算机的 IP 地址也分成两部分,分别为网络标识和主机标识。同一个物理网络上的所有主机都用同一个网络标识(就像上海的所有电话的区号都是 021),网络上的一个主机(包括网络上的工作站、服务器和路由器等)都有一个主机标识与其对应。

这样,IP 地址的 4 个字节划分为 2 个部分:一部分用以标明具体的网络段,即网络标识;另一部分用以标明具体的节点,即主机标识,也就是说某个网络中的特定的计算机号码。例如,宁波大学网页服务器的 IP 地址为 210.33.16.1,对于该 IP 地址,我们可以把它分成网络标识和主机标识两部分,这样上述的 IP 地址就可以写成:

网络标识:210.33.16.0

主机标识:　　　　　　1

合起来写:210.33.16.1

根据网络的实际需要,包含的计算机有可能不一样多,有的网络可能含有较多的计算机,也有的网络包含较少的计算机,于是人们按照网络规模的大小,把 IP 地址 A、B、C、D、E 五类,目前常用的为前 3 类,具体划分方法见表 6.1。

表 6.1　IP 地址的划分方法

类别	首字节	网络号	主机号	每类地址范围
A 类	0	7 位	24 位	0.0.0.0～127.255.255.255
B 类	10	14 位	16 位	128.0.0.0～191.255.255.255
C 类	110	21 位	8 位	192.0.0.0～223.255.255.255
D 类	1110	多播地址		224.0.0.0～239.255.255.255
E 类	11110	目前尚未使用		240.0.0.0～247.255.255.255

3.私有网络 IP 地址

私用网络:私用网络内部的计算机网络,处于私有网络的计算机不能直接与公网计算机对话。

公共网络:也被称为 Internet。处于公网的计算机可以进行对话。

在 A、B、C 类中都存在私有的 IP 地址:

A 类:10.0.0.0～10.255.255.255

B 类:172.16.0.0～172.31.255.255

C 类:192.168.0.0～192.168.255.0

私有网络通常是一个公司、一个学校的内部局域网。请问你在学校里可以顺利访问的某个教师存放学习资料的计算机,你在家里是否可以通过 Internet 访问? 通常情况下是不行的,因为你通过网通或电信接入的网络是公共网络即 Internet,而学校的内部网络是私有网络,两者不能直接访问。

换个角度,你通过学校里网络中的某台计算机是不是可以顺利访问 Internet 上的计算机? 答案是可以的。一个具有很多台计算机的私用网络,想让这些计算机都能访问公网,就需要NAT(Network Address Translation)——网络地址转换,通过 NAT 会把私有网络计算机的IP 地址转换成一个公网的 IP 地址,这样私用网络就可以和公网的计算机通信会话了。关于NAT 是个比较复杂的问题,在此不作具体介绍,感兴趣的读者可以查看网络专业类的书籍或到 Internet 上搜索相关资料。

6.5.3　域名系统

由于 IP 地址由数字构成,不便于用户记忆和使用,人们在 Internet 中就采用了层次结构的域名系统 DNS(Domain Name System)来协助用户管理 IP 地址,比如 IP 地址为 66.249. 89.99 的主机,其对应域名为 www.google.com,即我们通常所熟知的谷歌搜索网站,很显然记忆域名更为人们所接受。

那么当你在浏览器的地址栏中输入 www. google.com 的时候如何把它转换为对应的 IP 地址,从而进行访问呢? DNS 查询原理如图 6.15 所示。

为了方便 DNS 管理,提供 Internet 信息服务的主机在加入 Internet 时,DNS 允许此主机申请一个能表示其所在地理区域、行业区域、所在单位及部门、提供的服务类别等的名字,并进行分层和将此名字对应于该主机的 IP 地址。各层之间用点隔开,从右到左依次为最高域名段、次高域名段和主机名。常见的顶级域名如表 6.2 所示。

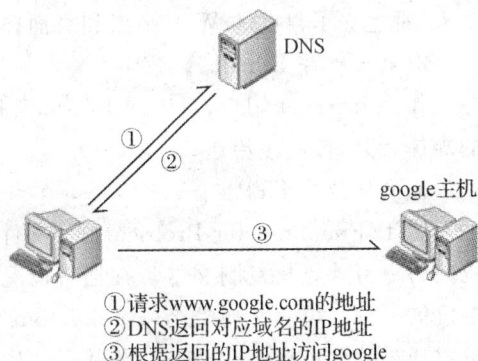

①请求 www.google.com 的地址
②DNS 返回对应域名的IP地址
③根据返回的IP地址访问 google

图 6.15　DNS 查询原理

表 6.2　常见的顶级域名

组织上的顶级域名	
com(盈利性的商业实体)	edu(教育机构或设施)
gov(非军事性政府或组织)	int(国际性机构)
net(网络资源或组织)	mil(军事机构或设施)
org(非盈利性组织机构)	
地理上的顶级域名	
Au 澳大利亚	Ca 加拿大
Cn 中国大陆	Hk 中国香港
Jp 日本	Kr 韩国
Tw 中国台湾	Ru 俄罗斯
Us 美国	Uk 英国

6.5.4 ISP、ICP 和 ASP

ISP 的英文是 Internet Service Provider，翻译为互联网服务提供商，即向广大用户综合提供互联网接入业务、信息业务和增值业务的电信运营商，主要提供是 Internet 接入服务。ISP 是经国家主管部门批准的正式运营企业，享受国家法律保护。国内常见的 ISP 是中国电信、中国网通等互联网运营企业。

ICP 的英文是 Internet Content Provider，翻译为互联网内容提供商，即向广大用户综合提供互联网信息业务和增值业务的电信运营商。国内知名 ICP 有新浪、搜狐、163、21CN 等。

ASP 的英文是 Application Service Provider，翻译为应用服务提供商，是为各种各样的商务客户和事务客户提供其所需的应用，并且这种应用通过托管或者租用的形式实现，而不是使用传统的购买方式或者用户定制开发的形式实现的，从而使客户的应用开发成本大幅度下降。

6.5.5 Internet 上的基本服务

1. 万维网 WWW

Internet 最激动人心的服务就是 WWW(World Wild Web)，它是一个集文本、图像、声音、影像等多种媒体的最大信息发布服务，同时具有交互式服务功能，是目前用户获取信息的最基本手段。Internet 的出现产生了 WWW 服务，反过来，WWW 的产生又促进了 Internet 的发展。目前，Internet 上已无法统计 Web 服务器的数量，越来越多的组织机构、企业、团体、甚至个人，都建立了自己的 Web 站点和页面。

2. 电子邮件 E-mail

作为 Internet 用户，可以向 Internet 上的任何人发送和接收消息，同样可以包括各种形式的媒体，都可被快速传送。

3. 文件传输 FTP

FTP(File Transfer Protocol)是"文件传输协议"的缩写。FTP 服务允许用户从一台计算机向另一台计算机复制文件。在通常情况下，我们登录远程主机的主要限制就是要取得进入主机的授权许可。然而匿名(Anonymous)FTP 是专门将某些文件供大家使用的系统。用户可以通过 Anonymous 用户名使用这类计算机，不要求选定的口令。匿名 FTP 是最重要的 Internet服务之一。实际上各种类型的数据存在于某处的某台计算机上，而且都免费供大家使用。

4. 远程登录 Telnet

Telnet 是 Internet 为用户所提供的原始服务之一。Telnet 允许用户通过本地计算机登录到远程计算机中，不论远程计算机是在隔壁，还是远在千里之外。只要用户拥有远程计算机的账号，就可以使用远程计算机的各处资源，包括程序、数据库和其上的各种设备。

Telnet 目前使用得不多，主要是由于允许 Telnet 的计算机一般都为 Unix 系统，这对初学者来说是很困难的。Telnet 在 Internet 的电子公告板 BBS 中的应用相当广泛，国内比较有名的水木清华 BBS 的地址为：bbs. tsinghua. edu. cn，可以在 Windows 的开始按钮的"运行"中输入 telnet bbs. tsinghua. edu. cn 进行访问。

5. 其他 Internet 服务程序

除上面介绍的 Internet 基本服务程序外，Internet 还有另外一些服务程序，如 ARCHIE、GOPHER、WAIS 等。

（1）ARCHIE 由加拿大 MCGILL 大学开发，可自动并定期地查询大量的 Internet FTP 服务器，将其中的文件索引创建到单一的、可搜索的数据库中。该数据库可定期更新，除了接受联机查询外，许多 ARCHIE 服务还受理用户电子邮件发来的查询。

（2）GOPHER 是由美国明尼苏达大学研制的基于菜单驱动的信息查询软件。用户可以对 Internet 上的远程联机信息系统进行实时访问。

（3）广域信息服务器 WAIS 又称为数据库的数据库，是供用户查询分布在 Internet 上各类数据库的一个通用接口软件。该系统能自动进行远程查询。

6.5.6 网络安全问题

虽然网络的迅速发展给我们的生活和工作带来了极大的便利，但也带来了很多隐患。现在，随着计算机和网络的增多，给罪犯提供了更多的机会去做危及他人利益的事，涉及通过黄色网站毒害未成年人、通过木马偷盗他人的账号、通过病毒蓄意破坏他人计算机上的数据和瘫痪对方的网络等等。接下来介绍计算机病毒、越权访问、网络防火墙、加密机制、数字签名。

1. 计算机病毒

《中华人民共和国计算机信息系统安全保护条例》第 28 条对计算机病毒作了定义：计算机病毒是指编制或者在计算机程序中插入的破坏计算机功能或者破坏数据，影响计算机使用，并能自我复制的一组计算机指令或者程序代码。

计算机病毒常常会毁坏计算机上存储的数据或损害系统，甚至可以破坏你的硬件。计算机病毒具有传染性，它通常会自我复制到新的存储介质中，然后传染给使用这些介质的其他计算机，这是个人计算机出现初期病毒传播的主要途径；而今随着计算机网络的发展，Internet 的普及，病毒的传播开始主要通过网络进行，当你打开一封信件的时候，当你访问一个带有病毒脚本的网站的时候，或者因为你的操作系统没有及时修补漏洞而遭受网络病毒攻击的时候，你的计算机往往会感染上病毒。

因此要避免你的电脑免受病毒的侵袭，要注意以下几点：

（1）不要去打开陌生人的邮件，特别是那些带有附件的邮件。

（2）随时保持 Windows 更新，正因为 Windows 被广泛地使用，病毒制造者更多地利用 Windows 本身的漏洞来进行病毒的传播，请经常访问 www.windowsupdate.com 查看最近的更新，或者打开你系统的自动更新功能。如果你使用其他的操作系统如 Linux 或者 Unix 也请随时关注更新，虽然你的计算机被病毒攻击的概率要小一些。

（3）Office 升级，微软 Office 和 Windows 一样容易遭到蠕虫的攻击，而且由于 Office 并不像 Windows 那样普及，就没有那么多的地方提供对它的升级文件，用户也就不太容易找到。打开 IE（不适用于其他的浏览器），输入 office.microsoft.com/officeupdate。在这里，你能找到所有 Office 版本的升级文件，你还可以让该网站扫描你的机器，并给出你需要进行升级的列表。

（4）不要访问那些黄色和色情网站，因为在那里你的计算机感染病毒的几率将直线上升。

（5）请给你的计算机安装一个杀毒软件，国内著名杀毒软件如 360、瑞星、金山等，国外著名杀毒软件如 BitDefender（罗马尼亚）、Kaspersky（卡巴斯基，俄罗斯）、F-Secure AntiVirus（芬兰）。杀病毒软件虽然好，但是还需要随时更新病毒定义码（signatures），病毒定义码是指一些病毒的特征信息，这有点像人类的指纹，可以根据这些信息确认相应病毒。一种新的病毒出现后，除非反病毒软件厂商升级反病毒软件的病毒定义码，否则反病毒软件就不能有效发现并清除这种病毒。

2．越权访问

越权访问即未授权访问，就是未经过允许擅自使用计算机、网络和网络资源，是一个很重要的网络安全问题。为防止越权访问，就必须使用一些身份鉴定的手段，常见的如密码口令，还有如有形访问物（钥匙、访问卡等）以及一些校验生理特征（如指纹、视网膜等）的生物检测设备。

通常情况下身份的鉴定使用密码口令，比如当你登录网站收取邮件的时候需要输入密码，当你登录聊天工具如 QQ 的时候也需要输入密码，这是一种相对容易低成本的实现手段。表6.3 介绍了如何定制一个不容易被破解的口令。

表 6.3　建立好口令的策略

口令策略
• 使口令尽量长。一个 4～5 位的字符（指数字和英文字母）口令用计算机程序大概可以在 1 分钟之内破解，如果增加到 10 位字符，大约共 3700 万亿种排列可能，一台普通计算机需要 10 年时间来破解。
• 选用非常规的字母序列作为口令，不要使用英文单词，应把英文字母、数字和其他特殊符合如！@＃＄ 等混在一起使用，当然前提是你能记得住。
• 不要把你或你的孩子的姓名、你的地址、生日、电话号码或其他公共信息作为密码，这样会大大降低破解的难度。
• 对于像网上购物、论坛或者网上书店上设置的密码口令，不要和像在银行或股票交易之类的高敏感行为的密码相同，否则你将会面临很大的风险。
• 经常修改口令。

3．网络防火墙

网络防火墙就是一个位于计算机和它所连接的网络之间的硬件或软件。该计算机流入流出的所有网络通信均要经过此防火墙。防火墙的功能就是对流经它的网络通信进行扫描，这样能够过滤掉一些攻击，以免其在目标计算机上被执行。防火墙还可以关闭不使用的端口，而且它还能禁止特定端口的流出通信，封锁特洛伊木马。最后，它可以禁止来自特殊站点的访问，从而防止来自不明入侵者的所有通信。

网络防火墙具有很好的保护作用，入侵者必须首先穿越防火墙的安全防线，才能接触目标计算机。你可以将防火墙配置成许多不同保护级别。高级别的保护可能会禁止一些服务，如视频流等。防火墙有不同类型，一个防火墙可以是硬件自身的一部分，你可以将因特网连接和计算机都插入其中。防火墙也可以在一个独立的机器上运行，该机器作为其背后网络中所有计算机的代理和防火墙。最后，直接连在因特网的机器可以使用个人防火墙

由于市面上硬件网络防火墙的价格按其功能从几千到几十万甚至更高，因而对于个人用户来说通常安装个人网络防火墙软件，国内的如天网防火墙、360 安全卫士等，国外的如 Zone Alarm Pro、Norton Personal Firewall 等。

4．加密机制

由于互联网的开放性、连通性和自由性，用户在享受各类公有信息资源的同时，也存在着自己的秘密信息被他人非法获取的危险，通过设置加密机制又可以竖起一道防盗门。

衡量一个加密技术的可靠性，主要取决于解密过程需要花费多久的时间，而这取决于密钥的长度和算法。在密码学发展过程中，主要出现了以下两种形态的加密技术：

（1）对称密钥加密技术

使用相同的密钥对数据进行加密和解密，发送者和接收者用相同的密钥。

对称密钥加密技术的典型算法是 DES(Data Encryption Standard 数据加密标准)。DES 的密钥长度为 56BIT,其加密算法是公开的,其保密性仅取决于对密钥的保密。

优点是:加密处理简单,加密解密速度快。

缺点是:密钥管理困难。

(2)非对称密钥加密技术

其特点是加密和解密使用不同的密钥,即有公钥和私钥两种不同的密钥。非对称加密技术的关键是寻找对应的公钥和私钥,并运用某种数学方法使得加密过程成为一个不可逆过程,即用公钥加密的信息只能用与该公钥配对的私钥才能解密;反之亦然。

非对称密钥加密的典型算法是 RSA。RSA 算法的理论基础是数论的欧拉定律,其安全性是基于大数分解的困难性。

优点:(1)解决了密钥管理问题,通过特有的密钥发放体制,使得当用户数大幅度增加时,密钥也不会向外扩散;(2)由于密钥已事先分配,不需要在通信过程中传输密钥,安全性大大提高;(3)具有很高的加密强度。

缺点:加密、解密的速度较慢。

5. 数字签名

用于保证信息传输的完整性、发送者的身份认证、防止交易中的抵赖发生。

数字签名是非对称密钥加密技术与数字摘要技术的结合应用。数字签名技术是将摘要信息用发送者的私钥加密,与原文一起传送给接收者。接收者用发送者的公钥才能解密被加密的摘要信息,然后用 HASH 函数对收到的原文产生一个摘要信息,与解密的摘要信息对比。如果相同,则说明收到的信息是完整的,在传输过程中没有被修改,否则说明信息被修改过,因此数字签名能够验证信息的完整性。

数字签名是个加密的过程,数字签名验证是个解密的过程。

6.6　网络认证

计算机网络行业的职位有很多,从网络管理维护到网络设计,从小公司到大公司,有许多待遇较好的工作供网络专业人员选择,你可以通过认证来增加你的资历背景。

认证是求职员工用来证明自己在某个领域或方面具有一定水平的方法,也可以作为在职人员加薪或者升职的理由。

6.6.1　微软认证

微软认证考试是微软公司推出的计算机高级技术人员认证考试,是全球公认的计算机软件高级人才认证,由比尔·盖茨签发的证书在全球 90 多个国家均得到承认。微软认证证书代表着企业及个人的技术实力,其拥有者在全球各地均可享有高就业机会、高薪、相关学业免学分的待遇,甚至在北美的一些国家可以作为外来移民的技术评估标准。目前微软在我国国内有 120 多家授权考试中心,国内的微软认证有四种:微软认证产品专家(MCP)、微软认证系统工程师(MCSE)、微软认证软件开发专家(MCSD)、微软认证数据库管理员(MCDBA)。

6.6.2　思科认证

为了满足互联网的高速发展对专业工程师的需求,思科系统公司(CISCO SYSTEM INC)

于 1993 年设立了思科认证互联网工程师初级到高级的一系列课程,CCNA 为初级认证,同时有 CCNP、CCDP、CCNP Specialization、CCDP Specialization 等高级认证及 CCIE 最高级认证。整套认证主要致力于网络维护与网络设计两个方向。

6.6.3　Novell 认证考试

Novell 在 1985 年全球第一家推出 CNA(Novell 授权网络管理师)教育资格认证,并于 1990 年、1994 年先后推出了 CNE(Novell 授权网络工程师)和 MasterCNE(Novell 授权高级网络工程师),1997 年第一个推出专门针对 Internet 领域的 CIP(授权 Internet 专家),目前 Novell 的 CNE 授证已经成为 IT 行业的标准。

6.6.4　华为认证

华为认证依托处于网络技术前沿的华为网络技术和产品,为全球客户提供专业、权威的网络技术认证。华为认证是国内第一家建立国际规范的完整的网络技术认证体系,也是中国第一个走向国际市场的 IT 厂商认证。华为认证在产品和教材上都具有完全的自主知识产权,具有很高的技术含量,已成为当前权威的 IT 认证体系之一,能有效证明您所具备的网络技术知识和实践技能,帮助您在竞争激烈的职业生涯中保持强有力的竞争实力。其为客户提供了从网络工程师到网络专家的三级技术认证体系、从销售工程师到销售专家的两级销售认证体系和满足不同行业客户需求的专项认证体系。

6.6.5　软考——网络工程师

根据人事部、信息产业部文件(国人部发〔2003〕39 号),计算机软件考试(通常简称软考)纳入全国专业技术人员职业资格证书制度的统一规划。通过考试获得证书的人员,表明其已具备从事相应专业岗位工作的水平和能力,用人单位可根据工作需要从获得证书的人员中择优聘任相应专业技术职务(技术员、助理工程师、工程师、高级工程师)。计算机专业技术资格(水平)实施全国统一考试后,不再进行计算机技术与软件相应专业和级别的专业技术职务任职资格评审工作。因此,这种考试既是职业资格考试,又是职称资格考试。

网络工程师的考试目标:通过本考试的合格人员能根据应用部门的要求进行网络系统的规划、设计和网络设备的软硬件安装调试工作,能进行网络系统的运行、维护和管理,能高效、可靠、安全地管理网络资源,作为网络专业人员对系统开发进行技术支持和指导,具有工程师的实际工作能力和业务水平,能指导网络管理员从事网络系统的构建和管理工作。

习题六

一、判断题

1.甲乙两台计算机互为网上邻居,甲机把 C 盘共享后,乙机总可以存取修改甲机 C 盘上的数据。　　　　　　　　　　　　　　　　　　　　　　　　　　　　　　　　　　（　　）

2.为了能够在网上正确地传送信息,制定了一整套关于传送顺序、格式、内容和方式的约定,称为通信协议。　　　　　　　　　　　　　　　　　　　　　　　　　　　　（　　）

3. 域名地址 WWW. sina. com. cn 中,WWW 称为顶级域名。　　　　　（　　）

4. 在 Windows 的网络环境下,打印机不能共享。　　　　　　　　　（　　）

5. 网络中文件传输可用 FTP。　　　　　　　　　　　　　　　　　（　　）

6. Internet 上有许多不同的复杂网络和许多不同类型的计算机,它们之间互相通信的基础是 TCP/IP 协议。　　　　　　　　　　　　　　　　　　　　　　（　　）

7. 互联网是通过网络适配器将各个网络互联起来的。　　　　　　　　（　　）

8. 网关具有路由器的功能。　　　　　　　　　　　　　　　　　　　（　　）

9. 所谓互联网是指同种类型的网络及其产品互联起来。　　　　　　　（　　）

10. 帧是两个数据链路实体之间交换的数据单元。　　　　　　　　　（　　）

二、选择题

1. 计算机网络按地理范围来分,可分成几大类,其中 LAN 是_____。

　　A. 因特网　　　　　　B. 广域网　　　　　　C. 城域网　　　　　　D. 局域网

2. 常见的计算机局域网络的拓扑结构有以下_____几种。

　　A. 星型结构　　　　　B. 系统结构　　　　　C. 环型结构　　　　　D. 交叉结构

　　E. 关系结构　　　　　F. 逻辑结构　　　　　G. 总线结构　　　　　H. 树型结构

3. 计算机网络最突出的优点是_____。

　　A. 存储量大　　　　　B. 资源共享　　　　　C. 运算速度快　　　　D. 运算精度高

4. 通过电话线进行 ADSL 拨号上网,用户除了网卡必须使用_____。

　　A. 路由器　　　　　　B. 交换机　　　　　　C. 调制解调器　　　　D. 网卡

5. 在 Interner 上,可以利用_____方便地进行文件传输。

　　A. FTP　　　　　　　B. WWW　　　　　　　C. SMTP　　　　　　　D. TELNET

6. IP 地址是由_____组成。

　　A. 3 个点分隔着主机名、单位名、地区名和国家名

　　B. 3 个点分隔着 4 个 0~255 的数字

　　C. 3 个点分隔着 4 个部分,前两部分是国家名和地区名,后两部分是数字

　　D. 3 个点分隔着 4 个部分,前两部分是主机名和单位名,后两部分是数字

7. 在电子邮件中所包含的信息_____。

　　A. 只能是文字

　　B. 只能是文字和图形图像信息

　　C. 只能是文字和声音信息

　　D. 可以是文字、声音和图形图像等信息

8. 宁波大学内网的 IP 地址都是 10.22. xxx. xxx 的形式,请问此段地址属于 IP 地址划分中哪一类? _____

　　A. A 类地址　　　　　B. B 类地址　　　　　C. C 类地址　　　　　D. D 类地址

9. 要在因特网上实现电子邮件,所有的用户终端机都必须或通过局域网或用 MODEM 通过电话线连接到_____,它们之间再通过 Internet 相连。

　　A. 本地电信局　　　　　　　　　　　　　　B. E-mail 服务器

　　C. 本地主机　　　　　　　　　　　　　　　D. 全国 E-mail 服务中心

10. "ftp://ftp. download. com/pub/doc. txt"指向的是一个_____。

A. FTP 站点   B. FTP 站点的一个文件夹

C. FTP 站点的一个文件   D. 地址表示错误

11. ISO/OSI 是一种_____。

    A. 网络操作系统   B. 网桥

    C. 网络体系结构   D. 路由器

12. TCP/IP 是事实上的国际标准,根据网络体系结构的层次关系,其中_____使用 TCP 协议,_____使用 IP 协议。

    A. 应用层、网络层   B. 传输层、物理层

    C. 传输层、网络层   D. 链路层、物理层

13. URL 的意思是_____。

    A. 统一资源定位器   B. Internet 协议

    C. 简单邮件传输协议   D. 传输控制协议

14. 计算机网络中,数据的传输速度常用的单位是_____。

    A. bps   B. 字符/秒   C. MHz   D. Byte

15. 在 Windows 的网络方式中欲打开其他计算机中的文档时,地址的完整格式是_____。

    A. \计算机名\路径名\文档名   B. 文档名\路径名\计算机名

    C. \计算机名\路径名 文档名   D. \计算机名 路径名 文档名

16. 在 Internet 中,用于远程登录的服务是_____。

    A. FTP   B. E-mail

    C. WWW   D. Telnet

17. 计算机网络的目标是_____。

    A. 分布处理   B. 将多台计算机连接起来

    C. 提高计算机的可靠性   D. 共享软件、硬件和数据资源

18. 网络互联设备中,Hub 称为_____。

    A. 集线器   B. 网关

    C. 网卡   D. 交换机

19. 网络互联设备中,Switch 称为_____。

    A. 集线器   B. 网关

    C. 网卡   D. 交换机

20. Internet 采用的标准网络协议是_____。

    A. IPX/SPX   B. TCP/IP

    C. ARPA   D. Microsoft

21. 因特网中的域名服务器系统负责全网 IP 地址的解析工作,它的好处是_____。

    A. IP 地址从 32 位的二进制地址缩减为 8 位的二进制地址

    B. IP 协议再也不需要了

    C. 我们只要记住一个网站的域名,而不必记住 IP 地址

    D. IP 地址再也不需要了

22. 下面是某单位的主页的 Web 地址 URL,其中符合 URL 格式要求的是_____。

    A. Http//www. nbu. edu. cn   B. Http:www. nbu. edu. cn

    C. Http://www. nbu. edu. cn   D. Http:/w. nbu. edu. cn

三、填空题

1.互联网产生于 1969 年初,它的前身是_____。

2.计算机网络的功能主要体现在三个方面:_____、_____、_____。

3.发送电子邮件使用的协议是_____,接受电子邮件使用的是_____。

4.计算机网络中常见的拓扑结构有_____、_____、_____和_____。

四、问答题

1.请问 ICP 和 ISP 是指什么?

2.请问你学校机房的网络拓扑结构是何种结构?

3.请问如果你家里需要构建一个局域网,你会使用交换机、集线器还是路由器?为什么?各台计算机的 IP 地址应该如何放置?并说明理由。

4.请问路由器是否具有网关的功能?网关是否具有路由功能?

第 7 章

文字处理、计算机软件介绍

7.1　汉字的输入

长期以来汉字输入曾经是制约我国计算机使用的瓶颈。我国许多学者进行了卓有成效的研究,产生了众多的汉字输入方法。如五笔字型输入法、拼音输入法、微软拼音输入法、搜狗汉字输入法等。本书仅介绍比较典型的两类不同的汉字输入方法:微软拼音输入和五笔字型输入法。

7.1.1　微软拼音输入法

微软拼音输入法是美国微软公司开发的汉字拼音输入方法,随 Windows 中文版捆绑发行。目前最新版本是微软拼音输入法 2012。该输入法以自然语言处理技术为核心,以句子为基本单位,根据句子前后的相关属性,智能地确定输入的拼音信息,从而突破了传统中文输入法以词为单位、手工选词的障碍。微软拼音输入法具有自动组句功能,用户可随意输入不同长短的句子,连续输入相应的汉字拼音,这样既保证了用户思维的流畅,又无需人工分词,过多地查找重码,大大提高了写作的效率。

进入一种汉字输入方法是:按右 Ctrl＋空格键,就进入一种汉字输入状态,以后可按右 Ctrl＋Shift 键来切换不同的输入法。进入微软拼音输入法后,就可以输入汉字,其界面如图7.1 所示。

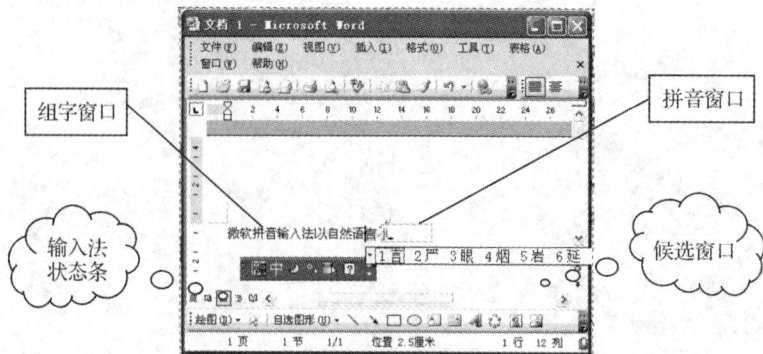

图 7.1　微软输入法示意

输入法状态条:表示当前的输入状态,可以通过单击它们来切换输入状态以及属性设置。
拼音窗口:用于显示和编辑所键入的拼音代码。

候选窗口:用于提示可能的待选词。

组字窗口:包含所编辑的语句,在光标跟随状态组字窗口表现为被编辑窗口当前插入光标后的一串带下划线的文本。

微软拼音法有多种输入状态可以设置,有全拼、双拼、模糊拼音、不完整拼音等,还可以设置光标随叫随到、语句输入等。输入时可连续地键入每个字的拼音代码,拼音与拼音之间无需空格。最后一个字的拼音总保留在拼音窗口里,您可键入空格键结束,打回车键送入编辑器的光标处。

7.1.2　五笔字型输入法简介

五笔字型输入法是由我国学者王永民发明的一种汉字输入方法,它的特点是通过对汉字的结构的划分,可以实现一种很快的汉字输入方法。

1.五笔字型输入法要点

五笔字型编码采用字根拼形输入方案,即认为所有汉字可由 130 个字根按一定规律拼合而成。比如"李"字,把它拆成"木"和"子"两个字根。在键盘上只要输入字根对应的键"s"和"b",再按空格键即可。五笔字型输入法要点有二:一是把输入的汉字拆分成基本字根,二是要记住 130 个字根所对应的 25 个键。

2.汉字基本结构

(1)五种笔划及其编码

五笔字型理论是把汉字看成由若干个字根组成的,而字根是由笔画五种组成的。笔画是在书写时一次连续写成的线条。这五种笔画是横(一)、竖(丨)、撇(丿)、捺(丶)、折(乙),其对应的编码是 1,2,3,4,5。

(2)三种字型

各字根组成汉字,其位置排列有三种类型:左右型、上下型、杂合型,其编码分别是 1,2,3。

例如:左右型:汉、洒、汀、湘

　　　上下型:字、型、李、皇

　　　杂合型:困、乘、里、连

(3)汉字的结构

一切汉字都是由字根拼合而成的,基本字根在组成汉字时,它们之间的位置关系可以分为四种类型。

单:基本字根单独成为一个汉字,如"王"、"白"、"目"、"木"等。

散:构成汉字的字根间保持一定的距离,不相连也不相交,如"汉"、"字"、"型"、"数"、"根"、"体"、"级"、"对"等。

连:或者是单笔画与一个基本字根相连,如"自(丿连目)","千(丿连十)"等;或者是把带点结构认为相连,如"术"、"太"、"义"、"头"等。

交:指由两个或多个基本字根交叉套叠构成的汉字,如"里(日土)"、"夷(一弓人)"等。

3.基本字根及字根键盘

把 130 个基本字根,按照其起笔的顺序,并考虑键盘各字母键的排列位置,分成五个大区,每区又分成五个位,加上区号位号,用 25 个代码表示,并各与一个英文字母键相对应。这样,就建立起五笔字型汉字编码方案字根总表。大家可查阅:五笔字型字根总表和键盘字根总图。

　　4.五笔字型的编码原则和取码方法

　　(1)编码原则

　　①按书写顺序,从左到右,从上到下,从内到外取码。

　　②以基本字根为单位取码。

　　③按一、二、三、末字根,最多取四码。

　　④单体结构拆分取大优先。

　　⑤末笔与字型交叉识别。

　　(2)取码方法

　　①键名汉字,输入键名汉字时,连击 4 次它们所在键的键。

　　②成字字根,取码规定为:键名代码＋首笔代码＋次笔代码,若该字根只有两个笔划,则以空格键结束。

　　③单字取码,单字的取码规则是"先拆分,后取码"。连笔结构拆分成单笔与基本字根;交叉或交连混合结构按书写顺序拆分成几个已知的最大字根。所以,原则是:能散不连,兼顾直观;能连不交,取大优先。

　　④合体字的取码,合体字取码时只要依书写顺序逐个取字根即可。

　　5.五笔字型的输入操作

　　(1)简码输入

　　五笔字型中设计了简码输入法,简码分一、二、三级,只需要分别按一、二、三字母键,再按一空格键就可以输入简码汉字。

　　(2)词语输入

　　对两字词语,各取每个字的前两个码,共 4 码组成。如"机器"拆成"木几口口",输入"smkk"。三字词,前两个汉字各取一码,最后一字取前两码,共 4 码组成。如"计算机"拆成"言竹木几",输入"ytsm",等等。

7.2　字处理软件概述

　　我们学习和工作中使用最多的软件之一就是字处理软件。字处理软件经过 30 多年的发展已经从最早的简单的字处理软件——DOS 系统的行编辑器,发展到了现在组合办公系统 Office,版本不断升级,从最早的 Office3.2,功能不断地在增加和强大。目前我们常用字处理软件有北京金山软件有限公司开发的 WPS Office;Microsoft 开发的 Office 2000、2013;Adobe 公司的 acrobat6.0,这些软件各有特长。下面我们简要介绍 Word 2003。

7.2.1　Word 2003 概述

　　Word 2003 采用了 Windows 2003 风格的界面,使用图文混排技术,给用户建立了一个功能强大、操作便捷的编辑环境。在这个环境中,用户可以轻松地处理文字、图形及数据,获得图文并茂、赏心悦目的文档。

　　Word 2003 中文版窗口主要由文本区、标题栏和菜单栏等基本要素组成,如图 7.2 所示。下面分别介绍。

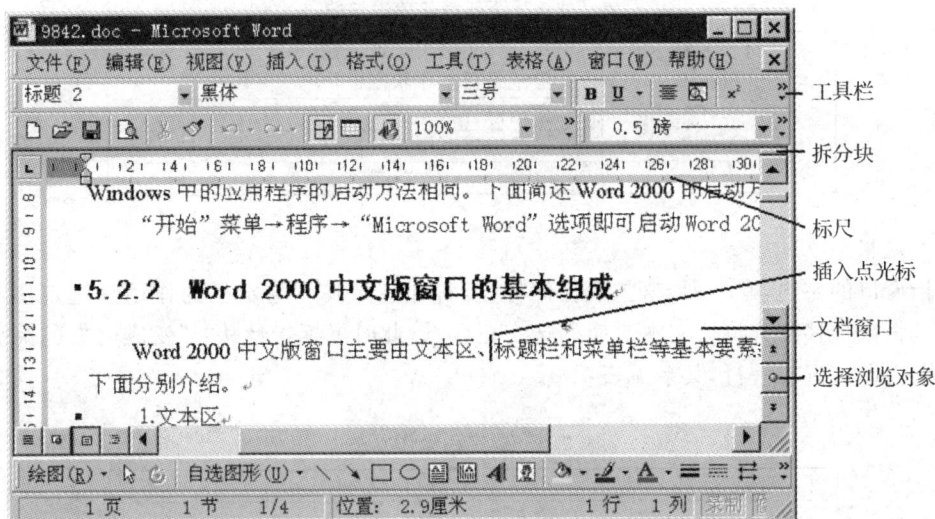

图 7.2　Word 窗口组成要素

图中标注：工具栏、拆分块、标尺、插入点光标、文档窗口、选择浏览对象

1. 文本区

文本区是 Word 窗口正中央的一块区域，占据了窗口的绝大部分面积。用于显示正在编辑的文档。图 7.2 已打开了文档 9842.doc。在文本区中，有一个闪烁的"I"形光标，称为插入点光标，用来指示用户插入（或改写）文本或字符的位置。

2. 标题栏

标题栏用来显示当前正被编辑文档的文件名。当用户初次启动 Word 时，Word 打开的是一个空白的文档窗口，其对应的文档具有一个临时的文件名"文档 1"或"文档 2"等。

3. 菜单栏

Word 2003 的菜单栏有九项菜单命令：文件、编辑、视图、插入、格式、工具、表格、窗口和帮助。可以通过打开菜单栏的每个下拉式菜单查看有关功能的内容。

4. 工具栏

工具栏包含许多按钮，每一个按钮代表一个常用的命令，只要用鼠标单击某个工具按钮，就会执行相应的操作。Word 包含多种工具栏，分别完成不同的功能。每一个工具栏都可用鼠标拖动到屏幕的任何地方，故又称为浮动工具栏。

5. 标尺

标尺分水平标尺和垂直标尺，用来查看正文的宽度和高度，以及图片、图文框、文本框、表格等的宽度和高度，还可以用来排版正文。如水平标尺可以方便地改变段落缩进，调整页边距，用鼠标设置制表位等。当用户移动插入点时，水平标尺上的缩进标记和制表位会相应变化，以反映当前段落中的格式设置。

6. 滚动条

滚动条分垂直滚动条和水平滚动条。单击滚动条中按钮可以上移或下移一页。

7. 状态栏

状态栏在 Word 窗口的底部，用于显示用户当前正在工作的信息，提供插入点位置的统计数字，以及命令简要描述等重要的状态信息。状态栏可以通过用户自定义加以显示或隐藏。其中较重要的说明如表 7.1 所示。

表 7.1　状态栏组成要素说明

状态示例	说　明
录制	宏记录器工作状态框
修订	文档修订状态框
扩展	扩展选定范围键(F8)活动状态框
改写	改写/插入方式状态框

8.选定栏

文档窗口的左边,有一列空列,无任何标记,称作选定栏。选定栏的作用是选定文本。具体操作是将鼠标移动到待选文本对应的选定栏区域(此时鼠标指针从"I"变成向右的箭头),单击鼠标左键即可选定一行,其余见表 7.2。

表 7.2　选定栏操作方法

选定范围	操　作
一行	单击鼠标左键
多行	拖动鼠标
一段	双击鼠标左键
多段	双击同时拖动鼠标
整个文档	按住 Ctrl 键后单击(或在文档中三击)

7.2.2　文档输入

1.插入点与滚动屏

输入文本前必须将插入点光标移至要插入文本的文字前,插入点光标是闪烁的"I"形。移动插入点光标可以使用键盘和鼠标两种方法。当插入点光标要移至的文字(例如"数"字)不在屏幕可视区中时,可以借助"滚动条"将相关文字移到屏幕可视区中。

2.输入文本

随着字符的输入,"I"形插入点光标会自动向右移动,当到达右边界时光标会自动移至下一行的行首,这称作自动换行。如果要开始新的段落,应按下 Enter 键,这时 Word 会自动插入一个段落标记(↵),并且将插入点光标移动到新段落的首行。段落标记是段落的标志。从一个段落标记的下一行开始直至下一个段落标记为止的文字称作一个段落。在进行格式设定时,Word 是以段落为基本单位的。

7.2.3　文档编辑

1.浏览文档

当文档文字很多时,计算机只能显示文档的一部分,这时可用鼠标或键盘方法滚动文档,达到浏览文档的目的。

2.选择文档

录入、修改和编辑文档,首先必须选取部分文档,然后进行适当的操作,见表 7.3。Word 以加亮的形式显示选取的文档。

3.插入、修改和删除

(1)插入(改写)文本

所谓插入是指文字插入指定位置,而原文字后移;改写则覆盖了后边的文字。操作过程:"设置成插入(改写)状态\移动插入点\输入文本"。

表 7.3　文本选取操作

选取项目	鼠标操作	键盘操作
单词	双击该单词	Shift＋→或 Shift＋←
一行	单击该行左边对应的选定栏	①光标移至待选行前一行行首后按 Shift＋↓ 或 ②光标移至待选行后一行行首后按 Shift＋↑
连续多行	单击并拖动该行左边对应的选定栏	选取同一行的操作
一个段落	双击该段选定栏或三击该段任意部分	光标移至段首，按 Ctrl＋Shift＋↓
连续多段	双击并拖动选定栏	光标移至第一段首，连续按键 Ctrl＋Shift＋↓
任意两指定点间内容	方法 1：单击第一指定点后按住 Shift 键，再单击第二点。 方法 2：拖动鼠标从第一点至第二指定点。 方法 3：单击第一指定点后双击扩展批示器，再单击第二点，最后按 ESC 键关闭扩展批示器。	光标移至第一指定点，然后按 Shift＋→ 或 Shift＋←；或 Shift＋↓ 或 Shift＋↑
整个文件	三击选定栏或单击编辑菜单中的全选命令	Ctrl＋A 或 Ctrl＋5(数字键盘)
一个图形	单击该图形	
页眉或页脚	在页面视图下，双击页眉或页脚	
一个竖直文本块	按住 Alt 键，然后拖动鼠标	

（2）替换文本内容

Word 提供了一种非常简便有效的修改文本的方法，可以让用户在修改文本的过程中随时替换掉不需要的文本，而且无论文本有多长，都会替换原文本，且不会影响未被选取的文本。方法如下："选取要替换的文本\键入新文本"。

（3）删除已选取的正文

①选取要删除的正文。

②按 Delete 键或 Ctrl＋V 或单击编辑菜单中的"剪切"命令。

4.输入特殊符号

Word 提供了非常简捷的方法输入特殊符号。

（1）单击插入菜单，选取符号命令，出现符号对话框，如图 7.3 所示。

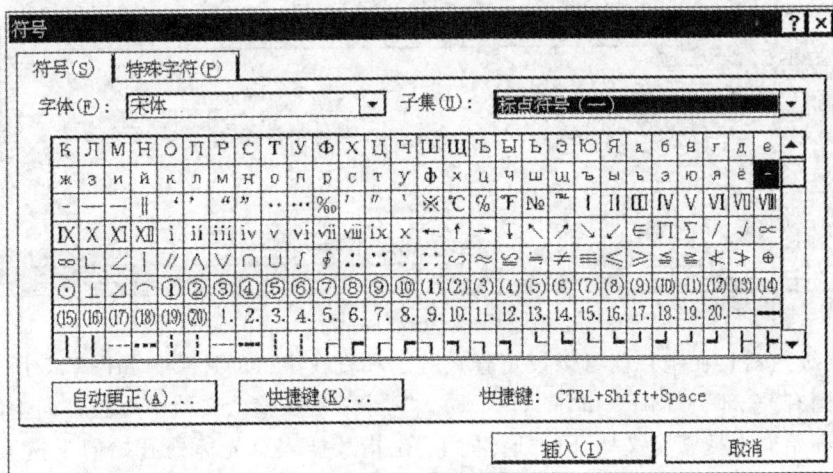

图 7.3　符号对话框

(2)在子集弹出菜单中选择所需的符号子集。

(3)双击需要的符号或单击需要的符号再单击插入按钮,所选符号就插入到文档的插入点处。

5.重复或撤销刚录入的文本

在输入文本时,可以使用下述方法之一重复或撤销刚录入的内容,以达到快速编辑的目的。

(1)菜单:单击编辑菜单中的"重复"或"撤销"命令。

(2)鼠标:单击菜单工具栏中的重复撤销按钮。

(3)键盘:Ctrl+Z(撤销)和 Ctrl+Y(重复)。

6.移动和复制

移动和复制可通过鼠标操作、常用工具栏或键盘操作完成,详见表7.4。

表 7.4　鼠标操作

步骤	移　动	复　制
1	选择欲移动的文本和图形。	
2	移动光标至选择区,使光标变成左指向的箭头。	
3	按住鼠标左键,左指向箭头上增加了一个小的虚线框和一个虚线插入点。	
4	拖动插入点到要移动的位置	按住 Ctrl 键同时拖动插入点到要移动的位置

7.查找与替换

查找和替换命令是编辑文本时非常有用的两个工具。查找用来在文档中搜索文本;替换用来在文档中搜索和替换指定的文本、格式、脚注、尾注或批注标记。具体操作如下:

(1)查找

①选择"编辑"菜单中的"查找"命令,出现查找对话框,如图 7.4 所示。

②在查找内容框中键入要查找的文本,如"Word"。

③单击"查找下一个"按钮,开始搜索,查找到的文本被加亮显示。

④可重复第③步,完成其余匹配字符的查找操作。

⑤查找完整个文档后,Word 会弹出一个消息框,告诉用户 Word 已经完成对文档的搜索。当再次单击"查找下一处"按钮时,将从头开始继续往下查找。

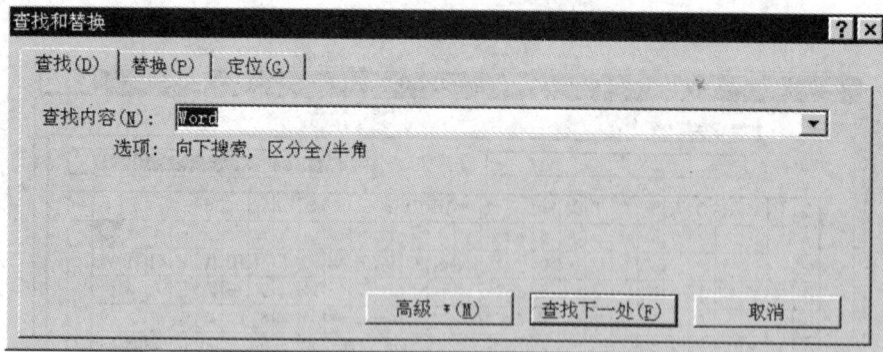

图 7.4　查找对话框

单击"高级"按钮,在查找前可以设定查找范围和查找字符的选项。如图 7.5 所示。

搜索范围有"全部"、"向上"和"向下"三种。"全部"是在整个文档中查找;"向上"是指从插入点光标处开始向上搜索至文档开始处;"向下"是指从插入点光标处开始向下搜索至文档结束处。

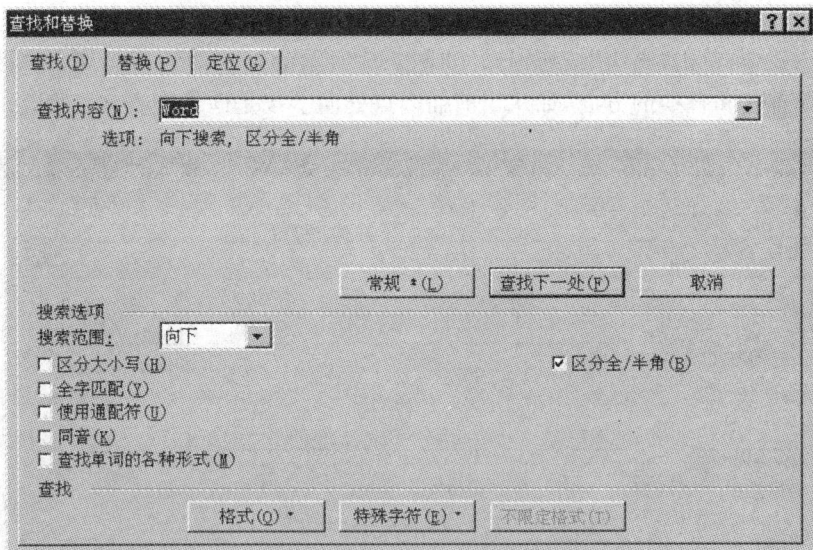

图 7.5　查找的"高级"对话框

"区分大小写"：查找大小写完全匹配的文本。

"全字匹配"：找到的文字必须和"查找内容"框中的文字完全一样。

"使用通配符"：在查找内容中使用通配符。

"同音"：查找发音相同的单词。

"查找单词的各种形式"：查找单词的所有形式，如复数、过去式和现在时等。

"区分全/半角"：查找全角、半角完全匹配的字符。

（2）替换

①选择"编辑"菜单中的"替换"命令（或按 Ctrl＋H），出现替换对话框，如图 7.6 所示。

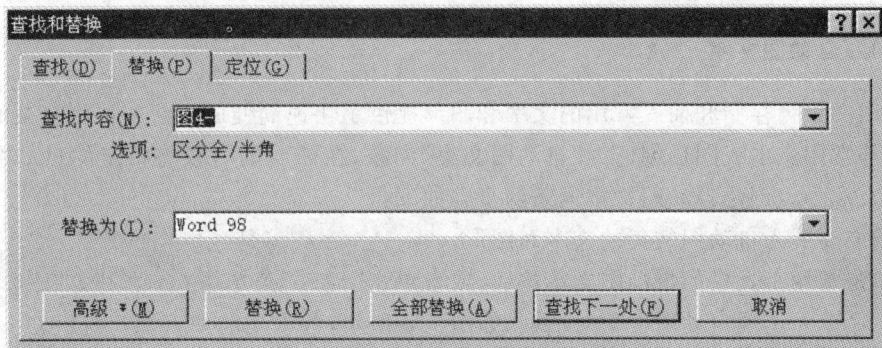

图 7.6　替换对话框

②在查找内容框中键入要查找的文本，如"Word 97"。

③在"替换为"框中键入替换后的文本，如"Word 2000"。

④单击"查找下一个"按钮，开始搜索，查找到的文本将被加亮显示。

⑤若想替换该查找到的文本，可单击"替换"按钮，查找到的文本及格式被替换。若不想替换，单击"查找下一个"按钮，Word 将继续查找下一个匹配的文本。

⑥若单击"全部替换"，Word 则自动替换找到的所有文本。

⑦查找完整个文档后，Word 会弹出一个消息框，告诉用户 Word 已经完成对文档的搜索。

当再次单击"查找下一处"按钮时,将从头开始继续往下查找,直至最初查找点。

⑧在图7.6中,单击"高级"按钮,打开如图7.7所示的替换对话框。其中,"搜索范围"列表框可以选择查找和替换的方向,如从当前插入点处向上或是向下查找和替换。

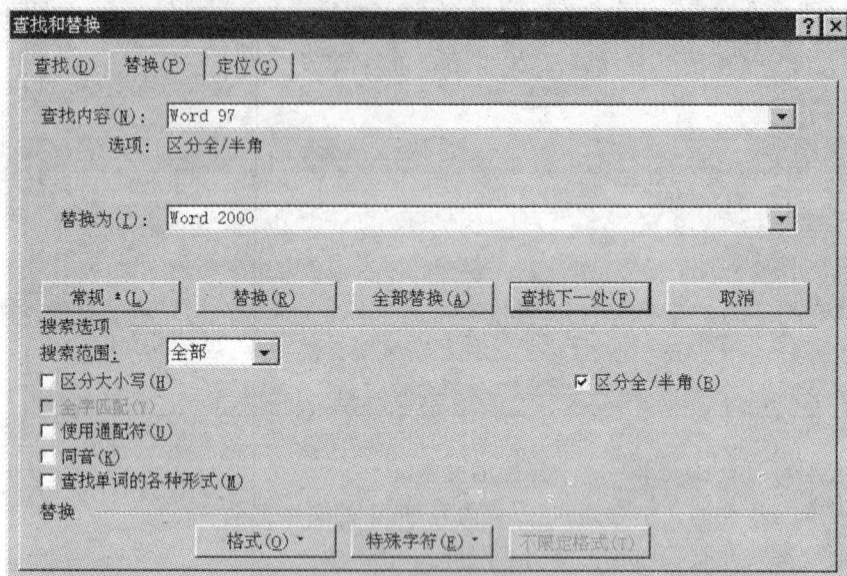

图7.7　替换对话框中的高级选项

"搜索范围"列表框右边的六个复选框可用来设置查找和替换单词的各种形式。

"不限定格式"按钮用来取消"查找内容"框与"替换为"框中的文本的格式。

"格式"按钮对应一个菜单,其中包括"查找内容"框与"替换为"框中的文本的格式。

"特殊字符"按钮对应一个菜单,从中可以选择查找或替换的一些特殊符号。

7.2.4　自动图文集

自动图文集为存储和插入常用的文本和图形提供了快速简便的方法。可将复杂的表格或商业信函等常用文本或图形创建为"自动图文集"词条,在需要的时候将指定的自动图文集词条插入到文档中。创建自动图文集词条的步骤如下:

(1)选取要放入自动图文集的文本和图形。

(2)单击常用工具栏的自动图文集按钮,或者单击"插入"菜单中"自动图文集"选项的"自动图文集"命令。出现自动图文集对话框,如图7.8所示,各项功能如表7.5所示。

(3)输入词条名,并把其他选项按钮设置成适当值。

(4)单击"添加"按钮。即建立了一个自动图文集词条。

表7.5　自动图文集对话框选项及其功能

选项名称	功　　能
预览	用于显示选取的自动图文集词条内容。
插入	插入选定的自动图文集词条内容。
添加	添加或修改自动图文集词条。
删除	删除选定的自动图文集词条。

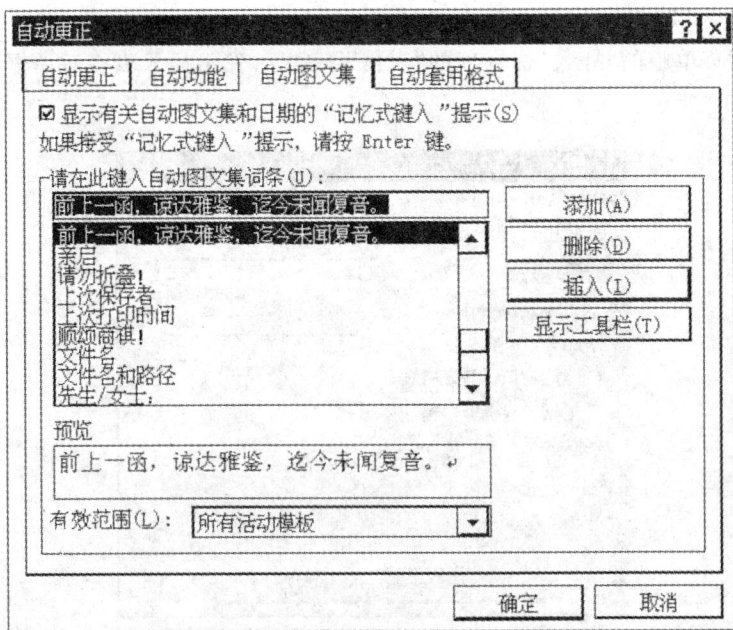

图 7.8　自动图文集对话框

7.2.5　制表及表格处理

1. 生成表格

Word 提供了快速生成表格的手段。具体做法是，首先确定要插入表格的位置，设置好插入点后有两种插入表格的方法供选择：

(1) 使用"插入表格"按钮

在"常用"工具栏中单击"插入表格"按钮，出现表格选择框，如图 7.9 所示。选择框中共有 (4 行×5 列) 20 个小格，每一小格代表一个单元格。在虚框上拖动以选定所需行数和列数 (Word 中的表格最多可有 31 列)，然后松开鼠标按钮，即得到所需要的表格。此时的表格为虚线表格，将插入点放入表格的单元格中即可输入文本。

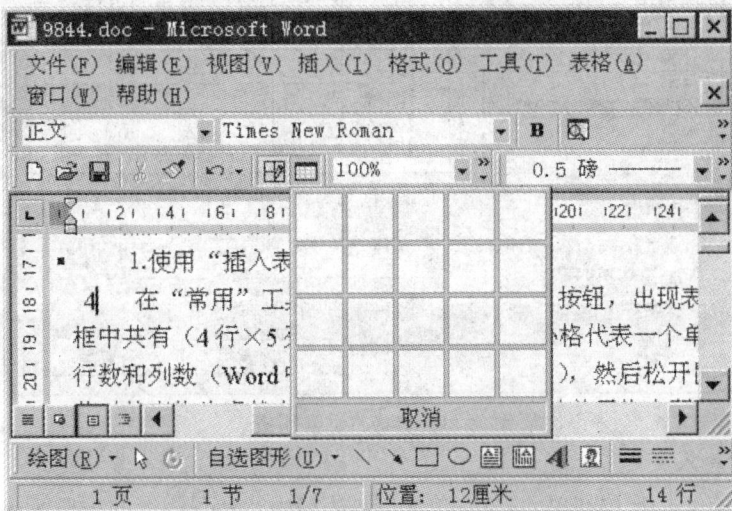

图 7.9　单击插入表格按钮打开的选择框

（2）使用"表格"菜单中的"插入""表格"命令

选择"表格"菜单中的"插入"命令项的"表格"子命令，弹出插入表格对话框后，设置相应的选项值，如图 7.10 所示。

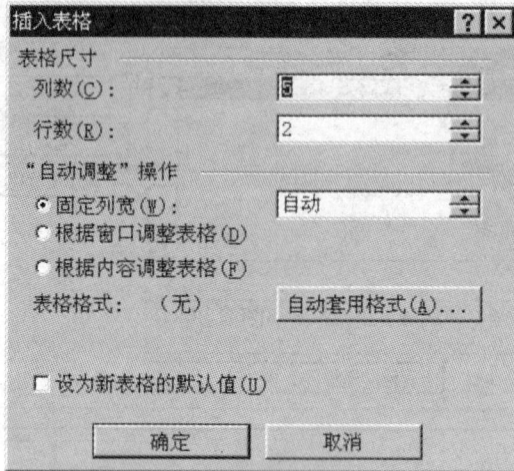

图 7.10　插入表格对话框

对话框选项含义：

"列数"：键入或选定所需列数。

"行数"：键入或选定所需行数。

"固定列宽"：键入或选定列宽。"自动"是默认值，在文件边缘之间插入相同规格的列。

"表格格式"：使用"自动套用格式"按钮时显示预先定义的格式。

"自动套用格式"：自动套用格式是预先定义的表格格式，包括对表格预先定义的边框和底纹。图 7.11 中"典雅型"的表格如"预览"中所示。

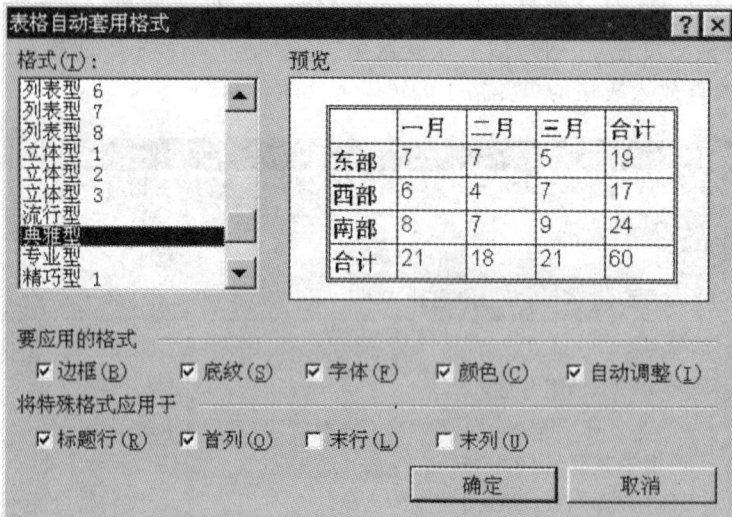

图 7.11　表格自动套用格式

2. 在表格中输入文本

首先将插入点光标定位在单元格中（单元格是表格中行和列相交的矩形区域）；然后，使用和在文档中相同的方法插入文本和图形。每个单元格中可以输入一个文字，也可以输入几段文字，

Word 会根据文本的长度自动调整单元格的大小。表 7.6 列出在表格中进行有关操作的方法。

表 7.6 表格操作汇总

功　能	操　作
移动到下一个单元格	Tab
移动到上一个单元格	Shift＋Tab
该行最后一个单元格	Alt＋End
该行第一个单元格	Alt＋Home
该列第一个单元格	PgUp 或 Alt＋9（数字小键盘）
该列最后一个单元格	PgDn 或 Alt＋3（数字小键盘）
删除一个单元格中的文本	选定该单元格后按 BackSpace 或 Delete 键
删除一表格行中的文本	选定该表格行后按 Delete 键
删除一表格列中的文本	选定该表格列后按 Delete 键

3．修改表格

修改表格主要有以下步骤；

(1)选定单元格、行或列：选定单元格、行和列有多种方法。

(2)在表格中添加单元格、行或列。

(3)删除、移动或复制单元格、行或列。

(4)改变表格尺寸，主要操作有：改变列宽；改变行高；改变个别的单元格宽度；设定整个表格的单元格间距；改变单元格中文字方向。

(5)单元格中文字的对齐方向，主要有"顶端对齐"、"居中对齐"和"底端对齐"三种。

(6)表格对齐方向，主要有"左对齐"、"居中对齐"、"右对齐"、"环绕对齐"四种。

7.2.6 排版技术

所谓排版就是对输入的文档形成一定的格式，以便为打印或激光照排作准备。排版工作的实质就是按照版面的要求对文档进行格式化，即要对字体、字形、行列间距、段落格式、分页、样式、篇眉、脚注、边界、装订线等做选定。一般的字处理软件都提供了一些基本的格式化功能，能够满足排版印刷的要求。

1．文档格式化工具

格式化文档的工具见图 7.12 格式工具栏，主要有格式化菜单、格式工具栏、快捷菜单、样式和标尺等。格式化菜单包括了常用的格式化功能，只要点击菜单栏的格式就可以看到。格式工具栏放置一些常用的格式功能按钮，可帮助用户快速格式化文档。

图 7.12 格式工具栏

样式是应用于文本的一系列格式特征，利用它只需执行一步操作就可应用一系列的格式，达到快速改变文本外观的目的。例如，设置文档标题，不必分三步设置标题格式，（即把字号设置为三号；字体设置为黑体；并使其居中），只需应用"标题"样式即可取得同样的效果。

2．字符格式化

字符格式化主要包括字形、字体和字号的设置；复制与取消字符格式；字符效果与颜色的设置,字符效果包括文本上产生删除线效果,只在编辑时才可见而打印文档时并不被打印出来的"隐藏"效果,设置上标与下标,针对英文而言的"小型大写字母"与"全部大写字"效果,其他效果,如阴影、空心、阴文和阳文等。字符间距设置,动态效果,如图 7.13(a)中"动态效果"四个字设置了"乌龙绞柱"效果。边框为文字设置边框,如图 7.13(b)所示。

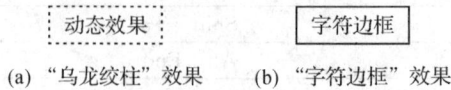

┌ ─ ─ ─ ─ ─ ─ ┐
　动态效果　　　　　　　　　┌──────┐
└ ─ ─ ─ ─ ─ ─ ┘　　　　　　│字符边框│
　　　　　　　　　　　　　　└──────┘

　　　　　(a)"乌龙绞柱"效果　　　　　(b)"字符边框"效果

图 7.13　字体动态效果

3. 段落格式化

段落是独立的信息单位,具有自身的格式特征,如对齐方式、间距和样式。每个段落的结尾处都有段落标记。段落标记不仅标明一个段落的结束,同时还带有一个段落的格式编排。删除了段落标记也就删除了段落的格式。文档中段落格式的设置取决于文档的用途以及文档的外观。通常,在同一篇文档中可以设置不同的段落格式。段落处理就是指对选定的段落进行的格式编排。包括文字对齐方式、缩进、行距调整、段落间距、制表位、底纹、项目符号和编号方式等。

4. 页面格式化

Word 对文稿的处理是以页为单位的,页与页之间以页分隔符分隔。在普通视图中,页分隔符是一条横贯屏幕的单虚线;在页面视图中,每页之间明显由一条间隔线分隔。页面格式化的内容主要包括分页、页面设置、分栏。

分页有两种分页方法:Word 自动分页和人工分页。自动分页又叫软分页,Word 根据当前页面的大小,当写满一页时,自动插入一个分页符,以便开始一个新页。人工分页又称硬分页,完全由人工操作,完成每页的设置工作。

页面设置的内容比较丰富,都集成在图 7.14"页面设置"对话框,主要包括:

(1)纸张来源:指打印机使用的纸张是从默认纸盒中取得还是手工送纸。

(2)纸张大小:允许用户选择纸张的大小。Word 提供了一系列的标准纸张,如 A4、B5 等,若这些纸张的尺寸不能满足需要,还可以在"高度"和"宽度"栏中自行输入纸张的大小尺寸。

(3)页边距:是指每页中文本与页面边界之间的距离。用户可根据实际需要调整其尺寸。

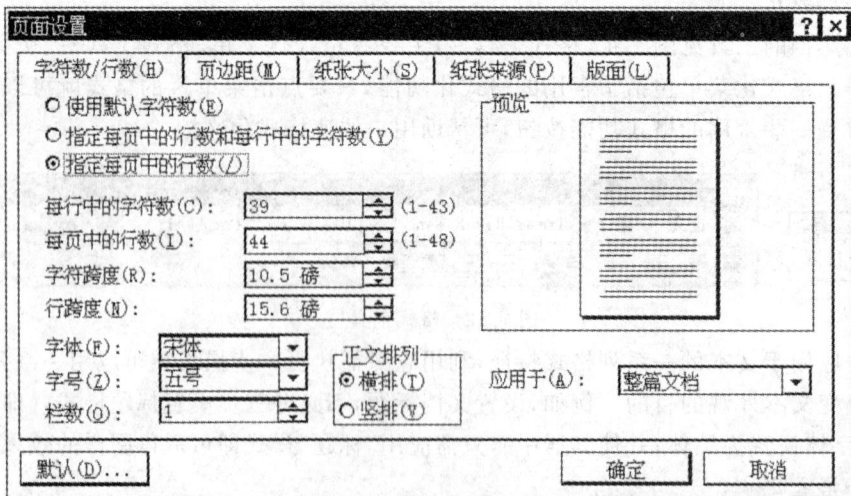

图 7.14　页面设置对话框

分栏,就是将一页的文字分为等同或不等的栏。分栏可使文档版面更生动、更具有可读性。

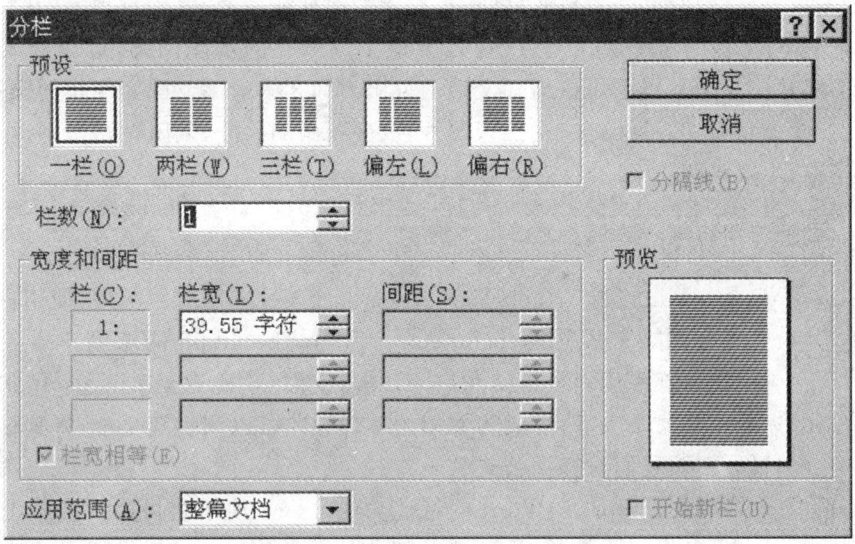

图 7.15　分栏对话框

7.2.7　绘图及图文混排

所谓图文混排,就是在文档中插入图形或图片,使文章具有更好的可读性和更高的艺术效果。Word 2003 中文版支持 OLE2.0 技术,可以在文档中链接或嵌入各种对象,如图形、图像和数据库等。在页面视图中,利用 Word 本身提供的绘图工具,可以方便地绘制直线、正方形、矩形、多边形、椭圆以及标注等多种矢量图形;同时,Word 还可以在文档中插入由其他应用程序创建的图片,如 Windows 的 PaintBrush、PhotoStyler、Lotus、Photoshop、CorelDraw 等应用程序建立的各种格式的图形文件中的图片。

1. 绘制图形

Word 2000 能够绘制多种图形,除常规的直线、箭头、矩形和椭圆等图形外,还能绘制出形状各异、大小不同的自选图形。单击视图菜单的工具栏子菜单的“绘图”命令,可打开绘图工具栏。如图 7.16 所示。

图 7.16　绘图工具栏

绘图工具栏中提供了多种绘图工具按钮,如选择对象、自由旋转、自选图形、文本框、箭头、颜色填充、艺术字和三维效果等。将鼠标指针指向工具按钮,即可显示出该工具按钮的用途。用户就可以直接在文本的插入位置绘出图形来。

2. 图文混排

Word 文档分三个层次:文本层、绘图层和文本层之下的层。

文本层:该层是用户在处理文档时所使用的层。

绘图层:该层一般在文本层之上,建立图形对象时,Word 最初是将图形对象放在该层。

文本层之下的层:这是最底层。

利用这三层,在编辑文稿时,可以根据需要将图形对象在文本层的上、下层次之间移动,也可以将某个图形对象移动到同一层中其他图形对象的前面或后面,达到意想不到的效果。

正因为 Word 文档的这种层次特性,可以方便生成漂亮的水印图案,可以嵌入图形或图画,并可将文字环绕在图形周围可以增加文档的说服力和艺术效果。图文混排的操作主要有:在文档中插入图片和剪切画;在正文中插入图片;改变图画的尺寸;编辑粘贴图画;设置图片格式;使用文本框;生成水印图案。

7.2.8 辅助应用程序

WordArt、Equation Editor 和 Graph 是 Word 提供的 3 种辅助应用程序,使用户能够在文档中加入美术字、公式和图表。WordArt,Equation Editor 和 Graph 能够创建插入或嵌入文档的对象。这些应用程序都使用对象链接和嵌入技术,或称 OLE,这是 Microsoft 制定的应用程序共享信息的标准。对象嵌入后,即成为文档的一部分。可以调整其大小,将其移动到新位置,又可以进行编辑。下面我们只介绍公式编辑器。

公式编辑器 Equation Editor 是 Word 的特色功能之一。使用它可以在屏幕上非常直观地编辑公式,在文档中加入分数、指数、积分以及其他的数学符号。Equation Editor 提供了近20 种应用格式,如上标格式、缩减指数的字体大小、对变量使用斜体格式、调整符号的间距等。Equation Editor 的使用非常简便,具体步骤如下:

(1)设置要插入公式的插入点位置。

(2)从"插入"菜单中,选择"对象"命令。

(3)选定"新建"选项卡。

(4)打开 Equation Editor 工具栏。

在"对象类型"下面,选定 Microsoft Equation 3.0,然后选择"确定"按钮。Word 显示出 Equation Editor 工具栏和菜单,如图 7.17 所示。

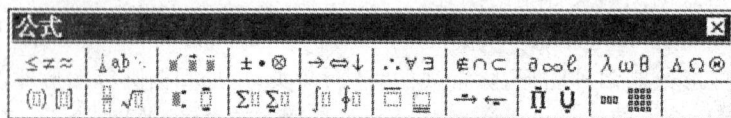

图 7.17 "公式"对话框

通过键入字母、并且从 Equation Editor 工具栏和菜单中选择运算符号以及模板来创建公式。

7.2.9 打印文档

编辑、排版好一篇文档后,就可以将它打印出来。本节主要介绍打印设置、打印预览和打印方式三个内容。

1.打印设置

打印设置主要包括打印机的选择和页面设置两项内容。一台计算机同时安装多个打印机驱动程序,并和多台打印机相连,打印前必须首先选择要使用的打印机型号。所谓页面设置主要包括纸张大小、每页行数、每行字数和页边距等内容。

2.打印预览

打印预览就是在打印文档之前真实地看到打印后的效果。预览文档有两种方法可以实现。一种是页面视图方式,Word 2000 的页面视图方式采用了所谓"所见即所得"的技术。用户在页面视图下看到的文档排版效果就是打印后的效果。在页面视图下可以调整视图的显示比例,使屏幕能够显示整页文档。另外一种是打印预览方式,有一个专门打印预览窗口,以多种方式真实地显示打印在纸上的状态。

3. 打印方式

打印文档有许多方法,本节主要介绍打印整篇文档、打印几页文档、打印选定的文本和打印多份、多篇文档等五种方法。这些都可以在图 7.18 打印对话框里设置。

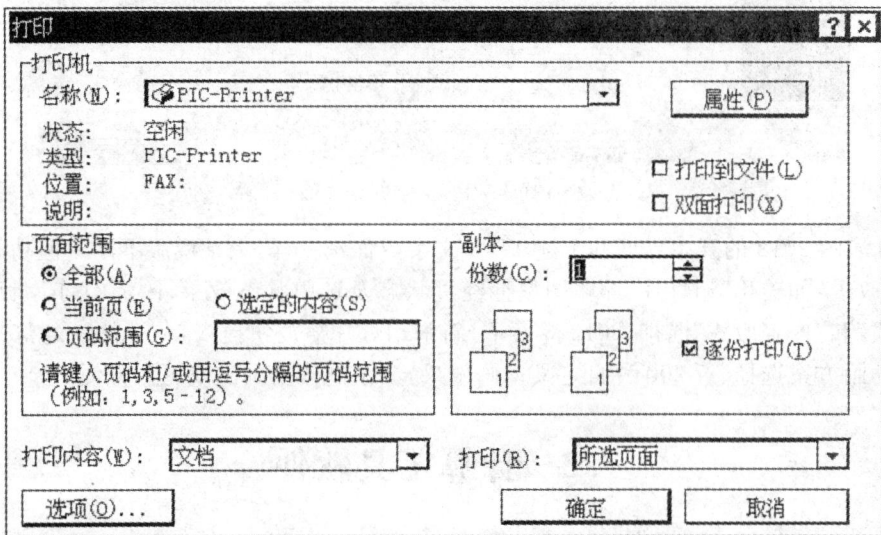

图 7.18　"打印"对话框

7.2.10　WPS Office 简介

WPS(Word Processing System),中文意思为文字编辑系统,是金山软件公司的一种办公软件。金山软件创建于 1988 年,是中国领先的应用软件产品和服务供应商之一。WPS,1988年诞生自一个叫裘伯君的 24 岁浙江年轻大学生之手。市场占有率一度超过 90%。WPS 也是国产办公软件唯一可以和微软的 Office 相媲美的办公产品。很多政府机关部门、企业都装有 WPS Office 办公软件。。

WPS Office 是一款办公软件套装,有三个办公软件 WPS 文字、WPS 表格、WPS 演示。分别对应 Microsoft Word,Excel 和 PowerPoint。WPS 内存占用低,运行速度快,体积小巧一直保持在 40MB 左右;具有强大插件平台支持,免费提供海量在线存储空间及文档模板,支持阅读和输出 PDF 文件,全面兼容微软 Office97-2010 格式(doc/docx/xls/xlsx/ppt/pptx 等)。

在 2013 年 5 月 17 日发布了 WPS2013 版本,更快更稳定的 V9 引擎,启动速度提升 25%;更方便更省心的全新交互设计,大大增强用户易用性;随意换肤的 WPS,四套主题随心切换;协同工作更简单,PC、Android 设备无缝对接。此外 WPS 还推出了 Linux 版、Android 版,是跨平台办公软件。

图 7.19 是 WPS 文字 2012 的开始界面,它的界面风格和 Microsoft 的 Office 2012 基本相同,也代表着新一代办公软件的趋势。从窗口的构成来看,界面也分为标题栏、工具栏和文字编辑区,开始文字区显示的是 WPS 的各种模版,尤其是中文稿纸设置功能,这是 Mircosoft Word所没有的,利用它你可以大大提高排版的速度,得到美丽规范的各种文本。

图 7.19　WPS 文字开始界面

　　WPS 演示 2012 的开始界面和上述 WPS 文字界面都一样,只是模版不同。但功能上有很多添加和改进,如美化"幻灯片"缩略图鼠标经过状态及选中状态效果;改进幻灯片版式,新增"文字版式"和"内容版式"混排;2012 界面下,新增幻灯片播放快捷入口(开始→幻灯),还添加了 34 种动画方案选择、近 200 种自定义动画效果,演示制作动画游戏更为方便。

7.3　计算工具软件

　　随着计算机的发展,计算工具软件也越来越多,学会使用一些常用的计算软件会给我们生活学习带来方便。计算工具类软件有通用和专用之分,通用的如计算器、电子数据表格类软件 Microsoft Excel 和中国金山公司的 Office Excel,Lotus 123 等,专用的计算软件如科学计算类软件 MATLAB、MathCAD,统计专业计算 SSPS、SAS 以及建筑结构分析、有限元计算等。本节我们仅介绍两个在大学学习中非常有用的计算软件 Excel 和 MATLAB。

7.3.1　Excel 简介

　　Excel 是一种以"表格"形式管理和分析数据的软件。它的操作对象是屏幕上的一张网格表,称为工作表。由多张工作表构成了一个工作簿。Excel 能完成对表格中数据的录入、编辑、统计、检索和打印等多项工作。利用提供的公式和函数,它还能生成图表及完成多种计算的需求。Excel 的主窗口如图 7.20 所示。它也继承了 Windows 的风格,由标题栏、菜单栏、工具栏组成。

　　1. 工作表

　　Excel 启动后,在屏幕上出现的由网格构成的表格,称为工作表。Excel 的一切操作都是在工作表上进行的。每张工作表由 256 列(从左到右编号依次为 A～Z,AA～AZ,…,IA～IV)和 65536 行(从上到下编号依次为 1～65536)构成。

　　2. 工作簿

　　工作簿是工作表的集合。一个工作簿最多可以有 255 张互相独立的工作表。

　　3. 单元格

　　工作表中的每个行、列交叉点处的小格称为单元格。

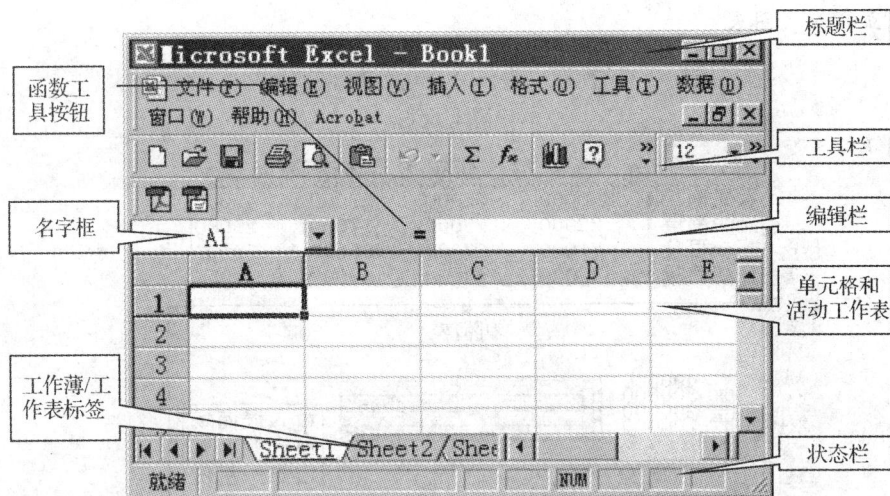

图 7.20　Excel 主窗口

4.编辑栏

编辑栏左部为名字框,该名字框中显示当前编辑的位置。编辑栏右部为编辑区,它可以编辑活动单元格的内容。

Excel 的一切操作均是围绕工作表中的单元格进行的,下面我们简要介绍其主要操作。

7.3.2　建立工作表

启动 Excel 后,一个新的工作簿文件自动打开,工作簿中的第一张工作表显示在屏幕上。这也就创建了一个工作表。Excel 中规定工作簿文件的扩展名默认为.xls。

Excel 创建操作包括创建、打开、保存工作表和在工作表中输入数据。工作表中可以输入两种类型的数据:一类是常量,可以是数字形式的,如日期、时间、货币形式、百分比等,也可以是文字形式的;另一类是公式,由一串数值、单元格地址、函数及运算符等组成,公式的输入以等号"＝"开始。

7.3.3　编辑工作表

工作表建立后,需要对单元格内的数据加以调整,其操作主要有对数据作修改、插入、删除、复制,数据的查找和替换等。

7.3.4　格式化工作表

工作表的格式化,就是调整工作表中数据的显示格式,使其更加规范、整齐。主要包括:改变行宽和列的宽度;设置数据格式,如将某些数据表示成百分数等;设置对齐方式;还可以设置"保护"卡用来对工作表或某些单元格进行保护,这些都可以在格式菜单中进行设置。

7.3.5　图表

图表是工作表数据的图形表示,它能生动、形象地表示枯燥、复杂的数据,能直观、清晰地显示出不同的数据间的差异,从而快速、简洁地说明问题,它的主要操作在插入菜单。

图表分嵌入式图表和独立式图表两种,下面分别介绍其建立过程。

1.建立嵌入式图表

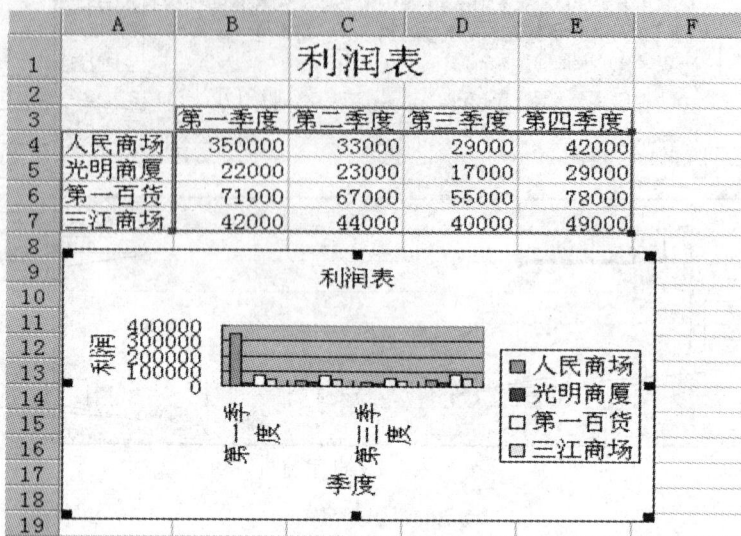

图 7.21　嵌入式图表

2.独立图表

图表工作表是独立于工作表之外的图表。它不包含在工作表之内,而被单独保存在一张工作表中。

7.3.6　公式与函数

电子表格的卓越特性就是利用公式进行数据处理。Excel 提供了丰富的功能来创建复杂的公式,并提供了大量的函数以满足运算的需求。

1.公式

Excel 中的公式由数、运算符、单元格引用和函数构成。公式输入在单元格中以等号“=”开头,输入完毕后,单元格中会显示出计算结果。例如:=SUM(A2:C2)。

2.函数

Excel 提供的函数包括:财务函数、日期与时间函数、数量与三角函数、统计函数、查找与引用函数、数据库函数、文字函数、逻辑函数、信息函数等。下面介绍 2 个常用函数及其使用方法。其余函数功能读者可以查阅 Excel 的帮助文件。

(1)求和函数 SUM

功能:求一组数值的总和

语法:SUM(number1,number2,…)

说明:Number1,number2,…为 1 到 30 个需要求和的参数,它可以是数字,也可以是单元格引用。

例 7.1　设单元格 A2:E2 包含 5,15,30,40 和 50,则:

　　　　=SUM(A2:C2)等于 50

　　　　=SUM(B2:E2,15)等于 150

（2）求平均值函数 AVERAGE

功能：求一组数值的平均值（算术平均）。

语法：AVERAGE(number1,number2,…)

说明：Number1，number2，…要计算平均值的 1～30 个参数。参数可以是数字，或者是涉及数字的名称、数组或引用。如果数组或单元格引用参数中有文字、逻辑值或空单元格，则忽略其值。

例 7.2　　如果 A1：A5 命名为 Scores，其中的数值分别为 10、7、9、27 和 2，那么：

　　　　　　　AVERAGE(A1：A5)等于 11

　　　　　　　AVERAGE(Scores)等于 11

　　　　　　　AVERAGE(A1：A5,5)等于 10

　　　　　　　AVERAGE(A1：A5)等于 SUM(A1：A5)/COUNT(A1：A5)等于 11

　　　　　　　如果 C1：C3 命名为 OtherScore，其中的数值为 4、18 和 7，那么：

　　　　　　　AVERAGE(Scores，OtherScores)等于 10.5。

3.出错信息

当 Excel 不能正确计算输入的公式时，会在单元格中显示出错信息。出错信息以"♯"开头。表 7.7 简要解释了出现错误的可能原因。

表 7.7　错误信息及出错原因

错误值	原　　因
♯DIV/0!	公式被零除
♯N/A	遗漏了函数中的一个或多个参数或引用到目前无法使用的数值
♯NAME?	在公式中输入了未定义的名字
♯NULL?	指定的两个区域不相交
♯NUM!	在数学函数中使用了不适当的参数
♯REF!	引用了无效的单元格
♯VALUE!	参数或操作数的类型有错

7.3.7　数据管理

一个 Excel 数据库是按行和列组织起来的信息的集合，其中每行称为一个记录，每列称为一个字段。创建了数据库后，可以用 Excel 所提供的数据库工具对数据库的记录进行查询、排序、汇总等数据操作。主要操作有创建数据库、记录筛选和分类汇总。Excel 的筛选功能，就是在数据库中查询满足特定条件的记录。对记录进行筛选就是允许多字段条件的组合查询。Excel 的分类汇总功能可以分类求和、求平均等。在需要时，可以移去分类汇总的结果，恢复数据表原形。要进行分类汇总，首先要确定数据表格的关键字段，并排好序。详细使用方法大家可以参考实验教程。

7.4　数学计算工具 MATLAB

日常生活中辅助我们计算，最方便的工具就是计算器。但计算器的功能十分有限，不能有效地处理大学课程中复杂计算问题。其实在大学能帮助大家解决计算问题的软件很多，只要大家有一定的专业知识和计算机的基础知识,就能够逐步自己掌握这些计算工具,从而为自己的进一步提高,奠定了基础。本节我们主要给大家介绍一款比较通用的数学计算软件。

数学处理软件通常可分为两大类:一类是数值计算型软件,如 MATLAB、Xmath、Gauss等,这类软件善长于数值计算,对处理大批数据效率高;另一类是数学分析型软件,Maple、Mathematica 等,这类软件以符号计算见长,能给出解析解和任意精确解。

7.4.1 MATLAB 简介

MATLAB(Matrix Laboratory)称为矩阵实验室。它是由美国 MathWorks 公司多年潜心研究和开发的数值计算软件,最新版本是 MATLAB2012B。MATLAB 目前为国际上最流行的科学与工程计算的软件工具,它的基本数据单位是矩阵。目前已经在大学数学、数理统计、数字信号处理、动态仿真,图像处理中得到广泛的应用,成为大学生、硕士生、博士及科研人员的有力武器。

MATLAB 全套系统分为“主包”和“工具包”。“主包”中包含了数百个核心内部函数,“工具包”又包含功能性工具包和学科性工具包。因此,使用非常方便,一般不需要像 C 语言那样编写程序,直接调用便可计算出结果。比如,矩阵方程 $Ax=b$ 求解,在 MATLAB 中只需输入命令:$x=A\backslash b$ 即可求出。

作为一种高度集成的计算机语言,它也提供了强大的科学运算、灵活的程序设计流程、高质量的图形可视化与界面设计、便捷的与其他程序和语言接口的功能。下面我们以 MATLAB7.0为例介绍一下简单使用方法。MATLAB7.0 安装好以后,启动后主界面如图 7.22 所示。

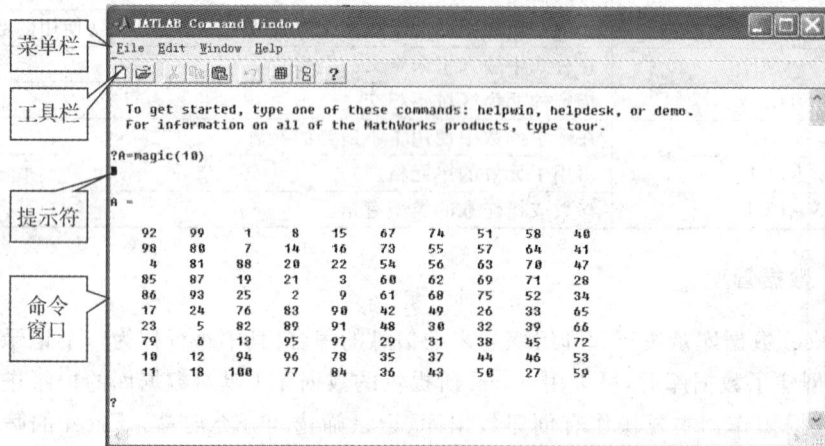

图 7.22 MATLAB7.0界面

MATLAB 启动后显示的窗口称为命令窗口,提示符为“＞＞”(也有些版本提示符用?)。一般可以在命令窗口中直接进行简单的算术运算和函数调用。如果需要重复输入一组表达式或计算比较复杂,则可以定义程序文件来执行达到目的。程序文件扩展名为“.m”,以文本文件形式保存。有两种方式运行程序文件:一是直接在 MATLAB 命令窗口输入文件名;二是选择 File→Open 打开.m 文件,弹出的窗口为 MATLAB 编辑器。这时可选择它的 Debug 菜单的 Run 子菜单运行。

MATLAB 具有语言简练,运算符、库函数极其丰富,程序的可移植性很好,图形功能强大,源程序的开放性等优点,而且具有功能强大的两类工具箱:功能性工具箱和学科性工具箱。

功能性工具箱主要用来扩充其符号计算功能,图示建模仿真功能,文字处理功能以及与硬件实时交互功能。功能性工具箱用于多种学科。而学科性工具箱是针对专业性比较强的,如控制工具箱、信号处理工具箱、通讯工具箱等。这些工具箱都是由该领域内学术水平很高的专家编写的,所以用户无需编写自己学科范围内的基础程序,而直接进行高、精、尖的研究。

　　MATLAB 的缺点是:它和其他高级程序相比,程序的执行速度较慢。由于 MATLAB 的程序不用编译等预处理,也不生成可执行文件,程序为解释执行,所以速度较慢。但另一方面这也是 MATLAB 使用方便的原因。下面的例子说明了这一特点。

　　考虑两个矩阵 A 和 B 的乘积问题,在 C 语言中要实现两个矩阵的乘积并不仅仅是一组双重循环的问题。双重循环当然是矩阵乘积所必需的,除此之外要考虑的问题很多。例如:A 和 B 有一个是复数矩阵怎么考虑;全部是实系数矩阵时又怎么管理;这样就要在一个程序中有 4 个分支,分别考虑这 4 种情况。然后还得判断这两个矩阵是否可乘。而考虑两个矩阵是否可乘也并不仅仅是判断 A 的列数是否等于 B 的行数这么简单。其中一个若为标量,则它们可以无条件地相乘。其中有标量时又得考虑实数与复数的问题等。所以说,没有几十分钟的时间,用 C 语言并不可能编写出考虑各种情况的子程序。有了 MATLAB 这样的工具,A 和 B 矩阵的乘积用 A＊B 这样简单的算式就能表示了。

　　例 7.3　矩阵生成与运算。

　　在金庸的《射雕英雄传》中有一个数学问题,黄蓉遇上神算子瑛姑,瑛姑给黄蓉出了个难题:"将一至九这九个数字排成三列,不论纵横斜角,每三字相加都是十五,如何排法? 这个问题神算子瑛姑都苦思冥想了一年,才得出答案。

　　解　下面我们用 MALAB 来解决一下。该问题用数学语言描述就是:如何生成一个 3×3 矩阵,并将自然数 $1, 2, \cdots, 9$ 分别置成这 9 个矩阵元素,才能使得每一行、每一列,且主、反对角线上元素相加都等于一个相同的数。这样的矩阵称为"魔方矩阵"。

　　用 MATLAB 的 magic() 函数,我们可以由下面的命令立即生成这样的矩阵:

```
A＝magic(3)
A＝( 8    1    6
     3    5    7
     4    9    2)
```

　　还可以由 B＝magic(10)一次生成 10×10 的魔方矩阵。如果想求出矩阵的行列式和特征值,可以分别由 det(B)与 eig(B)立即得出结果,而同样的工作在 C 下并不是很简单就可以得出的,算法选择不好,还可能得出错误的结果。

7.4.2　MATLAB 的基本使用

1. MATLAB 支持的数据类型

MATLAB 语言的赋值语句有两种:

变量名＝运算表达式

[返回变量列表]＝函数名(输入变量列表)

　　MATLAB 支持变量和常量,其中 pi 为圆周率。值得注意的是,MATLAB 支持 IEEE 标准的运算符号,如 Inf 表示无穷大,NaN(Not a Number)为 0/0,0＊Inf 或 Inf/Inf 等运算结果。MATLAB 变量名应该由字母引导,后面可以跟数字、字母或下划线等符号。MATLAB 是区分变量名字母大小写的。MATLAB 支持数据类型有：

(1)矩阵

MATLAB 最基本的数据类型是复数矩阵。输入一个复数矩阵是很简单的事，它不需要事先声明矩阵的维数。例如可以给出下面的语句：

```
>>B=[1+9i,2+8i,3+7i,4+6i,5+5i,6+4i,7+3i,8+2i,1i]
```

其中，"$>>$"为 MATLAB 的提示符。矩阵各行元素由分号分隔，而同行不同元素由逗号或空格分隔。因此，上面的命令的结果如下：

```
B=
    1.0000+9.0000i   2.0000+8.0000i   3.0000+7.0000i
    4.0000+6.0000i   5.0000+5.0000i   6.0000+4.0000i
    7.0000+3.0000i   8.0000+2.0000i   0+1.0000i
```

其中，元素 1+9i 表示复数项。类似可以输入实矩阵、向量或标量。

注意：如果赋值表达式末尾有分号，则其数据将不显示，否则将显示出全部结果。

在上述语句后再输入如下命令，则会有一个更大的矩阵

```
>>   B(2,5)=1
B=
    1.0000+9.0000i   2.0000+8.0000i   3.0000+7.0000i   0   0
    4.0000+6.0000i   5.0000+5.0000i   6.0000+4.0000i   0   1.0000
    7.0000+3.0000i   8.0000+2.0000i   0+1.0000i           0   0
```

冒号表达式是 MATLAB 里最具特色的表示方法，其调用格式为 a=s1:s2:s3;这一语句可以生成一个行向量，其中 s1 为向量的起始值，s2 为步距，而 s3 为向量的终止值。例如 S=0:.1:2*pi;将产生一个起始于 0，步距为 0.1，而终止于 6.2 的向量(pi 为 MATLAB 保留常量 π)，而不是终止于 2π。如果写成 S=0:−0.1:2*pi;则不出现错误，而返回一个空向量。冒号表达式也常用来提取矩阵元素，例如 B(:,1)将提取 B 矩阵的第 1 列而 B(1:2,1:2:3)将提取 B 的前 2 行与 1,3,5 列组成的子矩阵。在矩阵提取时还可以采用 end 这样的算符。如B(2:end,:)将提取 B 矩阵的后 2 列构成的子矩阵。

(2)多维数组

假设有 2 个 3×3 矩阵 A1，A2，则可以由下面的命令 A=cat(3,A1,A2)，建立起一个 3×3×2 的数组。大家可以实验 A1=cat(2,A1,A2)和 A2=cat(1,A1A2)将得到什么结果。对矩阵或多维数组 A 还可以使用 size(A)来测其大小，也即返回矩阵 A 的行数和列数。也可以使用 reshape()函数重新按列排列。对向量来说，还可以用 length(A)来测其长度。不论原数组 A 是多少维的，A(:)将返回列向量。

(3)字符串与字符串矩阵

MATLAB 的字符串是由单引号括起来的。可以使用下面的命令赋值：

```
>> strA='This is a string.'
```

多个字符串可以用 str2mat()函数构造出字符串矩阵。

如输入：

>>B＝str2mat(strA,'Ksa saj','Aa');

结果：

B＝
This is a string
Ksa saj
Aa

字符串变量可以由下表中的命令进行操作：

命　令	意　义	命　令	意　义
strcmp(A,B)	比较 A 和 B 字符串是否相同	findstr(A,B)	测试 A 是否为 B 的子字符串，或反过来
strrep(A,s1,s2)	在 A 中用 s2 替换 s1	length(A)	字符串 A 的长度
deblank(A)	删除 A 字符串尾部的空格	double(A)	字符串转换双精度数据

（4）单元型数据

用类似矩阵的记号将复杂的数据结构纳入一个变量之下，这种结构称为单元型数据。和矩阵中的圆括号表示下标类似，单元型数组由大括号表示下标。

>> B＝{1,'Alan Shearer',180,[100, 80, 75; 77, 60, 92; 67, 28, 90; 100, 89, 78]}
B =
　　[1] 'Alan Shearer' [180] [4×3 double]

访问单元数组应该由大括号进行，如第 4 单元中的元素可以由下面的语句得出

>> B{4}
ans =
　　100　　80　　75
　　 77　　60　　92
　　 67　　28　　90
　　100　　89　　78

（5）结构体

MATLAB 的结构体有点像 C 语言的结构体数据结构。每个成员变量用圆点号表示，如 A.p 表示 A 变量的 p 成员变量。获得该成员比 C 更直观，仍用 A.p 访问，而不用 A→p。用下面的语句可以建立一个小型的数据库。

输入：

>> student_rec.number＝1;
　　student_rec.name＝'Alan Shearer';
　　student_rec.height＝180;
　　student_rec.test＝[100, 80, 75; 77, 60, 92; 67, 28, 90; 100, 89, 78];

```
>> student_rec
      student_rec =
        number：1
        name：'Alan Shearer'
        height：180
        test：[4x3 double]
```

第二次输入 student_rec，就是输出结构体的内容，其中 test 成员为单元型数据，是一个 4×3 的矩阵，可以通过 student_rec. test 命令显示其内容。删除成员变量可以由 rmfield() 函数进行，添加成员变量可以直接由赋值语句即可。另外数据读取还可以由 setfield 和 getfield 函数完成。

（6）类与对象

类与对象是与 C++ 面向对象程序设计中的概念类似，在 MATLAB7 中作为一种数据类型。下面我们通过一个例子来体会类和对象的定义、重载函数编写等。事实上，在实际工具箱设计中，用到了很多的类，例如在控制系统工具箱（同学们在学习自动控制会遇到）中定义了 LTI（线性时不变系统）类，并在此基础上定义了其子类：传递函数类 TF，状态方程类 SS，零极点类 ZPK 和频率响应类 FR。下面我们来看一个常用的多项式类的建立问题。

如何建立自己的类？Matlab 里面不是学 C++/Java 把类用一个 class 关键字套起来，而是利用目录。在硬盘上任意一个目录下建立一个 @class-name 的目录，在里面放上一些合适的文件，这样就可以做出一个自己的类。下面我们通过建立多项式计算类来讲述类的用法。

例 7.4　建立一个多项式类，定义多项式的加、减、乘及乘方等运算和显示方式。依此建立两个多项式对象 $P(s)=x^3+4x^2-7$ 和 $Q(s)=5x^4+3x^3-1.5x^2+7x+8$，进行多项式计算。

解　①建立多项式类

其步骤如下：

第一步，定义多项类的名 polynom。以这个名在你的工作目录中建立一个子目录（用任何方法建立都可以），目录的名字前加 @。即在当前的工作目录下建立 @polynom 子目录，而这个目录无需在 MATLAB 路径下再指定。

第二步，编写一个引导函数，函数名应该和类同名。定义类的使用方法，在菜单栏点击"文件\新建\M-file"，在弹出的窗口中输入：

```
function p = polynom(a)
if nargin == 0
p. c = []; p = class(p,'polynom');
elseif isa(a,'polynom'), p = a;
else,
p. c = a(:).'; p = class(p,'polynom');
end
```

可以看出，本函数定义了三种情况加以考虑：

• 如果不给输入变量，则建立一个空的多项式；

· 如果输入变量 a 已经为多项式类,则将它直接传送给输出变量 p;

· 如果 a 为向量,则将此向量变换成行向量,再构造成一个多项式对象。

第三步,定义显示函数 display(),并对新定义的类重新定义其基本运算。

要改变显示函数的定义,则需在此目录下重新建立一个新文件 display. m 将下面 display()写入。这种重新定义函数的方法又称为函数的重载。显示函数可以如下地重载定义。

```
function display(p)
disp(' ');
disp([inputname(1),' = '])
disp(' ');
disp([' ' char(p)]);
disp(' ');
```

从上面的定义可见,显示函数要求重载定义 char()函数,用于把多项式转换成可显示的字符串。因此,再建立 char. m 文件,定义 char()函数。该函数的定义为:

```
function s=char(p)
if all (p. c==0),
      s ='0';
else
      d=length(p. c)-1;
      s=[];
      for a=p. c;
        if a~=0;
            if~isempty(s)
                ifa>0
                  s=[s, ' + '];
                else,
                  s=[s, ' - '];
                  a = -a
                end
            end
            if a~=1 | d==0,
                s=[s, num2str(a)];
                if d>0
                    s=[s, ' * '];
                end
            end
            if d>=2,
                s=[s, 'x', int2str(d)];
            elseif d==1
```

```
                s=[s 'x'];
            end
        end
      d=d-1;
      end
  end
```

仔细研究此函数，可以发现，该函数能自动地按照多项式显示的格式构造字符串。比如，多项式各项用加减号连接，系数与算子之间用乘号连接，而算子的指数由^表示。再配以显示函数，则可以将此多项式以字符串的形式显示出来。

第四步，建立双精度处理文件 double.m。双精度转换函数的重载定义是很简单的：

```
function c = double(p)
c = p.c;
```

第五步，建立加、减、乘、乘方、多项式求值运算文件：plus.m，minus.m，mtimes.m，Mpower.m，polyval.m 文件。

两个多项式相加，只需将其对应项系数相加即可。加法运算的重载定义可由下面的函数实现。注意，这里要对 plus() 函数进行重载定义：

```
function p=plus(a,b)
a=polynom(a); b=polynom(b);
k=length(b.c)-length(a.c);
p=polynom([zeros(1,k) a.c]+[zeros(1,-k) b.c]);
```

减法运算：

```
function p=minus(a,b)
a=polynom(a); b=polynom(b);
k=length(b.c)-length(a.c);
p=polynom([zeros(1,k) a.c]-[zeros(1,-k) b.c]);
```

乘法运算：

多项式的乘法实际上可以表示为系数向量的卷积，可以由 conv() 函数直接获得。故可以如下重载定义多项式的乘法运算。

```
function p=mtimes(a,b)
a=polynom(a); b=polynom(b); p=polynom(conv(a.c,b.c));
```

乘方运算：

多项式的乘方运算只限于正整数乘方的运算，其 n 次方相当于将该多项式自乘 n 次。若 $n=0$，则结果为 1。重载定义多项式的乘方运算为：

```
function p=mpower(a,n)
```

```
if n>=0, n=floor(n); a=polynom(a); p=1;
if n>=1,
for i=1:n, p=p*a; end
end
else, error('Power should be a non-negative integer.')
end
```

多项式求值问题：

可以对多项式求值函数 polyval() 进行重载定义。

```
function y=polyval(a,x)
a=polynom(a); y=polyval(a.c,x);
```

这样我们就完成多项式类的定义，之后我们就可以利用类方便地进行多项式计算了。

②建立两个多项式对象 $P(x)=x^3+4x^2-7$ 和 $Q(x)=5x^4+3x^3-1.5x^2+7x+8$，并进行多项式计算。

•建立对象，其相应的 MATLAB 语句为：

```
>> P=polynom([1,4,0,-7]), Q=polynom([5,3,-1.5,7,8])
   P =
   x^3 + 4*x^2 - 7
   Q =
   5*x^4 + 3*x^3 - 1.5*x^2 + 7*x + 8
```

•进行多项式的加、减、乘、除运算，其计算及结果如下：

```
>> P+Q
   ans =
   5*x^4 + 4*x^3 + 2.5*x^2 + 7*x + 1
>> P-Q
   ans =
   -5*x^4 - 2*x^3 + 5.5*x^2 - 7*x - 15
>> P*Q
   ans =
   5*x^7 + 23*x^6 + 10.5*x^5 - 34*x^4 + 15*x^3 + 42.5*x^2 - 49*x - 56
>> X=P^3
   X =
   x^9 + 12*x^8 + 48*x^7 + 43*x^6 - 168*x^5 - 336*x^4 + 147*x^3 + 588*x^2 - 343
>> y=polyval(X,[1 2 3 4 5 6])
   y =
   -8   4913   175616   1771561   10360232   43986977。
```

其中,X 是要计算的多项式函数;[1 2 3 4 5 6]表示分别代入 1,2,3,4,5,6 计算出的结果,比如输入 y=polyval(X,[2]),结果是 4913。

由于前面的重载定义,下面的表达式也能得出期望的结果:

```
>> P+[1 2 3]
    ans =
    x^3 + 5 * x^2 + 2 * x - 4
```

其结果表示:(x^3 + 4 * x^2 - 7)+(1 * x^2 + 2 * x +3)

使用 methods()函数可以列出一个新的类已经定义的方法函数名。

```
>> methods('polynom')
    methods for class polynom:
    char double mpower plus polyval
    display minus mtimes polynom
```

2. MATLAB 变量的代数运算

(1)MATLAB 变量的代数运算

如果给定两个矩阵 A 和 B,则我们可以用 A+B,A-B,A * B 立即得出其加、减和乘运算的结果。若这两个矩阵数学上不可以这样运算(比如阶不相同的矩阵),则将得出错误信息,并终止正在运行的程序。

在 MATLAB 下,如果 A 和 B 中有一个是标量,则可以无条件地进行这样的运算。MATLAB 不介意这些变量是纯实数还是含有虚部的复数,比如,A 是矩阵,2 是标量,A+2 表示给矩阵 A 的每个元素加 2。

矩阵的除法实际上就是线性方程的求解,如 Ax=B 这一线性方程的解即为 x=inv(A) * B,或更简单地 x=A\B。这又称为矩阵的左除,而 x=B/A 称为矩阵的右除。

方阵的乘方可以由^算符直接得出,如 A^n。用 MATLAB 这样的语言,你可以轻易地算出 A^0.1,亦即 A 矩阵开 10 次方得出的主根。

矩阵的点运算也是相当重要的。所谓点运算即两个矩阵相应元素的运算,如 A. * B 得出的是 A 和 B 对应元素的积,故一般情况下 A * B 不等于 A. * B。矩阵的点乘又称为其 Hadamard 积。点运算的概念又可以较容易地用到点乘方上,例如 A.^2,A.^A 等都是可以接受的运算式子。

Kronecker 乘积是 MATLAB 在矩阵运算中的另一个有意义的问题,用 kron(A,B)立即可以得出两个矩阵的 Kronecker 乘积。

(2)逻辑运算

MATLAB 并没有单独定义逻辑变量。在 MATLAB 中,数值只有 0 和"非 0"的区分。非 0 往往被认为是逻辑真,或逻辑 1。除了单独两个数值的逻辑运算外,还支持矩阵的逻辑运算,如 A&B,A|B,和~A 分别表示逻辑与、或、非的运算。例如,下面的 A 和 B 矩阵与运算将得出如下结果:

```
>> A=[0 2 3 4;1 3 5 0]; B=[1 0 5 3;1 5 0 5]; A&B
    ans =
    0 0 1 1
    1 1 0 0
```

（3）关系表达式与表达式函数

MATLAB 的大于、小于和等于等关系分别由＞、＜和＝＝表示。判定方法不完全等同于 C 这类只能处理单个标量的语言。MATLAB 关系表达式返回的是整个矩阵。例如，比较两个矩阵 A 和 B 是否相等，则可以给出如下命令，并得出相应的结果：

```
>> A=[0 2 3 4;1 3 5 0]; B=[1 0 5 3;1 5 0 5]; A= =B
   ans =
       0  0  0  0
       1  0  0  0
```

可以看出 A 和 B 对应元素相等的位将返回 1，否则返回 0。MATLAB 还可以用＞＝和＜＝这样的符号来比较矩阵对应元素的大小。另外，MATLAB 还提供了 all()和 any()两个函数来对矩阵参数作逻辑判定。all()函数在其中变元全部非 0 时返回 1，而 any()函数在变元有非零元素返回 1。find()函数将返回逻辑关系全部满足时的矩阵下标值，这个函数在编程中相当常用。还可以使用 isnan()类函数来判定矩阵中是否含有 NaN 型数据。如果有则返回这样参数的下标。此类函数还有 isfinite(),isclass(),ishandle()等。

（4）其他运算

MATLAB 还支持其他运算，如取整、求余数等。可以使用 rond)_,fix(),rem()等来实现。

3. MATLAB 的语句流程与控制

作为一种常用的编程语言，MATLAB 支持各种流程控制结构，如循环结构、条件转移结构、客观结构等；另外 MATLAB 还支持一种新的结构——试探结构。

（1）循环语句

循环语句有两种结构：for … end 结构和 while … end 结构。这两种语句结构不完全相同，各有各的特色。for … end 语句通常的调用格式为：

```
for 循环变量=s1:s3:s2
    循环体语句组
        end
```

其中，s1 表示初始值，s2 是终止值，s3 是步长。要注意，这里的循环语句是以 end 结尾的，这和 C 语言的结构不完全一致。

例 7.5　用 MATLAB 计算"$1+2+\cdots+100$"的值。

解　使用循环语句求解。

输入：

```
>> mysum=0;
    for i=1:1:100
      mysum=mysum+i
    end;
    mysum 回车
```

结果：

```
mysum =
    5050
```

在上面的式子中,可以看到 for 循环语句中 s3 的值为 1。在 MATLAB 实际编程中,如果 s3 的值为 1,则可以在该语句中省略,故该语句可以简化成 for i=1:100。在实际编程中,在 MATLAB 下采用循环语句会降低其执行速度,所以前面的程序可以由下面的命令来代替:i=1:100;mysum=sum(i)。在这一语句中,首先生成了一个向量 i,然后用内部函数 sum() 求出 i 向量的各个元素之和,或更简单地,该语句还可以写成 sum(1:100)。如果前面的 100 改成 10000,再运行这一程序,则可以明显地看出,后一种方法编写的程序比前一种方法快得多。

MATLAB 并不要求循环步长等间距,假设 V 为任意一个向量(如:2:3:100),则可以用 for i=V 来表示循环,这样初始值就是 2,步长就是 3,终止值 100。同样的问题在 while 循环结构下可以表示为

```
mysum = 0; i=1; while (i<=100), mysum=mysum+i; i=i+1; end
```

(2)条件转移语句

和 C 语言相象,其格式如下:

```
if 条件式 1
    条件块语句组 1
elseif 条件式 2
    条件块语句组 2
    …
    Else
        条件块语句组 n+1
    end
```

(3)开关结构

MATLAB 开关语句结构也与 C 语言类似,其基本语句结构为:

```
switch 开关表达式
    case 表达式 1
    语句段 1
    case {表达式 2,表达式 3,…, 表达式 m}
    语句段 2
    …
    otherwise
    语句段 n
end
```

注意:MATLAB 开关语句与 C 有区别,当开关表达式的值等于表达式 1 时,将执行语句段 1,执行完语句段 1 后将转出开关体,无需像 C 语言那样在下一个 case 语句前加 break 语句,所以本结构在这点上和 C 语言是不同的。

当需要在开关表达式满足某几个表达式时，执行某一程序段，则应该把这样的一些表达式用大括号括起来，中间用逗号分隔。如果前面枚举的各个表达式均不满足时，则将执行 other-wise 语句后面的语句段，此语句等价于 C 语言中的 default 语句。在 case 语句引导的各个表达式中，不要用重复的表达式，否则列在后面的开关通路将永远也不能执行。程序的执行结果和各个 case 语句的次序是无关的。事实上，这样的结构是 MATLAB 语言定义的单元结构，其具体内容大家可参考相应的教程。

(4)试探结构

MATLAB 从 5.2 版本开始提供了一种新的试探式语句结构，其一般的形式为：

```
try
    语句段 1
catch
  语句段 2
end
```

本语句首先试探性地执行语句段 1，如果在此段语句执行过程中出现错误，则将错误信息赋给保留的 lasterr 变量，并放弃这段语句，转而执行语句段 2 中的语句。这种新的语句结构是 C 等语言中所没有的。

4. MATLAB 函数编写方法与应用

学习了基本语句和控制流程语句，我们就可以写 MATLAB 的程序了。MATLAB 的程序大致分为两类：M 脚本文件(M-Script)和 M 函数(M-Function)，它们均是普通的 ASCII 码构成的文件。M 脚本文件中包含一组由 MATLAB 语言所支持的语句，它类似于 DOS 下的批处理文件，它的执行方式很简单，用户只需在 MATLAB 的提示符"＞＞"下键入该 M 文件的文件名，这样 MATLAB 就会自动执行该 M 文件中的各条语句，并将结果直接返回到 MAT-LAB 的工作空间。在例 7.4 中，我们建立的多项式类以及定义的各种运算使用的就是 M 脚本文件。

下面我们介绍 M 函数格式。MATLAB 程序设计用得最多的就是 M 函数。M 函数是由 function 语句引导的，其基本格式如下：

```
function[返回变量列表]＝函数名(输入变量列表)
    注释说明语句段,由％引导
        输入、返回变量格式的检测
        函数体语句
```

这里输入和返回变量的实际个数分别由 nargin 和 nargout 两个 MATLAB 保留变量来定义，只要进入该函数，MATLAB 就将自动生成这两个变量，不论您是否直接使用这两个变量。返回变量如果多于 1 个，则应该用方括号将它们括起来，否则可以省去方括号。输入变量和返回变量之间用逗号来分割。

注释语句段的每行语句都应该由百分号％引导，百分号后面的内容不执行，只起注释作用。用户采用 help 命令则可以显示出来注释语句段的内容。此外，正规的变量个数检测也是必要的。如果输入或返回变量格式不正确，则应该给出相应的提示。

我们通过下面的例子来演示函数编程的格式与方法。

例 7.6 假设要生成一个 n×m 阶的 Hilbert 矩阵,它的第 i 行第 j 列的元素值为 1/(i+j−1)。
要求如下:

①如果只给出一个输入参数,则会自动生成一个方阵,即 m=n;

②在函数中给出合适的帮助信息,包括基本功能、调用方式和参数说明;

③检测输入和返回变量的个数,如果有错误则给出错误信息;

④如果调用时不要求返回变量,则显示结果矩阵。

解 按上述要求,我们可以编写出如下函数:

```
function A=myhilb(n, m)
    %MYHILB a demonstrative M—function.
    % A=MYHILB(N, M) generates an N by M Hilbert matrix A.
    % A=MYHILB(N) generates an N by N square Hilbert matrix.
    % MYHILB(N,M) displays ONLY the Hilbert matrix, but do not return any
    % matrix back to the calling function
    %
    %See also: HILB.
    % Designed by Professor Dingyu XUE, Northeastern University, PRC
    % 5 April, 1995, Last modified by DYX at 21 March, 2000
    if nargout>1, error('Too many output arguments.'); end
    if nargin==1, m=n;
    elseif nargin==0 | nargin>2
    error('Wrong number of iutput arguments.');
    end
    A1=zeros(n,m);
    for i=1: n
    for j=1:m
    A1(i,j)=1/(i+j−1);
    end, end
    if nargout==1, A=A1; elseif nargout==0, disp(A1); end
```

这样规范编写的函数用 help 命令可以显示出其帮助信息:

```
>> help myhilb
    MYHILB a demonstrative M—function.
    A=MYHILB(N, M) generates an N by M Hilbert matrix A.
    A=MYHILB(N) generates an N by N square Hilbert matrix.
    MYHILB(N,M) displays ONLY the Hilbert matrix, but do not return any
    matrix back to the calling function.
    See also: HILB.
```

有了函数之后,可以采用下面的各种方法来调用它,并产生出所需的结果。

```
>> A=myhilb(3,4)
   A =
   1.0000   0.5000   0.3333   0.2500
   0.5000   0.3333   0.2500   0.2000
   0.3333   0.2500   0.2000   0.1667
>> A=myhilb(4)
   A =
   1.0000   0.5000   0.3333   0.2500
   0.5000   0.3333   0.2500   0.2000
   0.3333   0.2500   0.2000   0.1667
   0.2500   0.2000   0.1667   0.1429
>> myhilb(4)
   1.0000   0.5000   0.3333   0.2500
   0.5000   0.3333   0.2500   0.2000
   0.3333   0.2500   0.2000   0.1667
   0.2500   0.2000   0.1667   0.1429
```

5. MATLAB 工具箱编写技巧

放入一个目录中的为某种目的专门编写的一组 MATLAB 函数就可以组成一个工具箱。从某种意义上说,任何一个 MATLAB 语言的使用者都可以是工具箱的作者。在一个工具箱中,应该有一个名为 Contents.m 的文件,用来描述工具箱中所有 MATLAB 函数的名称和意义。在该文件中第 1 行应该给出该工具箱的名称,在第 2 行中给出该工具箱的版本与修改时间等信息。然后分类地给出该工具箱中各类函数的最基本功能。注意,本文件中所有的语句都应该是注释语句,由百分号％引导,空行也应该由％引导。

另外,因为 MATLAB 是一种解释性语言,所以即使在某个或某些函数中存在语法错误,但如果没执行到该语句时可能就不会发现该错误,这在一个成功的程序设计中是不能容许的。要查出某目录中所有的 M 函数语法错误,首先应该用 cd 命令进入该目录,然后运行 pcode ＊命令进行伪代码转换。因为该命令会将 MATLAB 函数转换成伪代码,而在转换过程中该程序将自动翻译每一条语句,所以一旦发现有语法错误,将会停止翻译,给出错误信息。改正了该语法错误后,再重新执行 pcode 命令,直到没有错误为止。至少这样会保证目录下所有的程序不含有语法错误。

7.4.3　高等数学常用计算实例

在大学学习中要经常遇到求微分、积分、绘制函数图像以及求解微分方程等计算问题,这些问题的手工计算也是十分麻烦的,利用 MATLAB,这些问题的解决变得轻而易举。

1. 微分

diff 函数用以计算函数的微分,相关的函数主要用法有下列 4 个:

diff(f)　返回 f 对默认独立变量的一次微分值

diff(f,$'t'$)　返回 f 对独立变量 t 的一次微分值

diff(f,n)　返回 f 对默认独立变量的 n 次微分值

diff(f,'t',n) 返回 f 对独立变量 t 的 n 次微分值

例 7.7 定义下列三个方程式,求其导数。

```
>>S1 = '6 * x^3 - 4 * x^2 + b * x - 5';
>>S2 = 'sin(a)';
>>S3 = '(1 - t^3)/(1 + t^4)';
>>diff(S1)
    ans = 18 * x^2 - 8 * x + b
>>diff(S1,2)
    ans = 36 * x - 8
>>diff(S1,'b')
    ans = x
>>diff(S2)
    ans =
    cos(a)
>>diff(S3)
    ans = -3 * t^2/(1+t^4) - 4 * (1-t^3)/(1+t^4)^2 * t^3
>>simplify(diff(S3))
    ans = t^2 * (-3+t^4-4 * t)/(1+t^4)^2
```

2. 积分

int 函数用以计算函数的积分,这个函数要找出一个表达式 F,使得 diff(F)=f。如果积分表达式 F(analytical form, closed form)不存在的话或是 MATLAB 无法找到,则 int 返回原输入的符号式。相关的函数主要用法有下列 4 个:

int(f) 返回 f 对默认独立变量的积分值

int(f,'t') 返回 f 对独立变量 t 的积分值

int(f,a,b) 返传回 f 对默认独立变量的积分值,积分区间为[a,b],a 和 b 为数值式

int(f,'t',a,b) 返回 f 对独立变量 t 的积分值,积分区间为[a,b],a 和 b 为数值式

int(f,'m','n') 返回 f 对默认变数量的积分值,积分区间为[m,n],m 和 n 为符号式

例 7.8 求下列函数的积分

```
>>S1 = '6 * x^3 - 4 * x^2 + b * x - 5';
>>S2 = 'sin(a)';
>>S3 = 'sqrt(x)';
>>int(S1)
    ans = 3/2 * x^4 - 4/3 * x^3 + 1/2 * b * x^2 - 5 * x
>>int(S2)
    ans = -cos(a)
>>int(S3)
    ans = 2/3 * x^(3/2)
```

```
>>int(S3,'a','b')
    ans= 2/3 * b^(3/2)— 2/3 * a^(3/2)
>>int(S3,0.5,0.6)
    ans= 2/25 * 15^(1/2)—1/6 * 2^(1/2)
>>numeric(int(S3,0.5,0.6))    % 使用 numeric 函数可以计算积分的数值
    ans= 0.0741
```

注:%是 MATALAB 中的注释语句符号。

3. 求解常微分方程

求解函数:dsolve('equation','condition'),其中 equation 代表常微分方程式即 $y'=g(x, y)$,以 Dy 代表一阶微分项 y' D2y 代表二阶微分项 y'',condition 则为初始条件。

例 7.9　三个一阶常微分方程和其初始条件如下,求其解。

$y'=3x^2$,　$y(2)=0.5$

$y'=2x\cos^2 y$,　$y(0)=0.25$

$y'=3y\,\mathrm{ep}^{2x}$,　$y(0)=3$

解

```
>>soln_1 = dsolve('Dy = 3 * x^2','y(2)=0.5')
    ans= x^3—7.500000000000000
>>ezplot(soln_1,[2,4])    %看看这个函数的图像
>>soln_2 = dsolve('Dy = 2 * x * cos(y)^2','y(0) = pi/4')
    ans= atan(x^2+1)
>>soln_3 = dsolve('Dy = 3 * y + exp(2 * x)','y(0) = 3')
    ans= —exp(2 * x)+4 * exp(3 * x)
```

4. 求非线性方程式的实根

求任一方程式的根有三步骤:

①定义方程,即将方程式写成 $f(x)=0$ 的形式。如将方程式 $\sin(x)=3$ 写为 $f(x)=\sin(x)-3$。

②代入适当范围的 x,y(x)值,将该函数的分布图画出,了解该方程式函数图像。

③由图决定 y(x)在何处附近(x0)与 x 轴相交,以函数 fzero('function',x0)即可求出在 x0 附近的根,其中 function 是先前已定义的函数名称。如果从函数分布图看出根不只一个,则须再代入另一个在根附近的 x0,再求出下一个根。

下面举几个例子,来说明如何求解。

例 7.10　求方程式 $\sin(x)=0$ 的根。

解　由数学知识我们知道上式的根是存在的,求根方式如下:

```
>> r=fzero('sin',3)
    %因为 sin(x)是内建函数,其名为 sin,无需定义。选择 x=3 附近求根
    r=3.1416
>> r=fzero('sin',6)    %选择 x=6 附近求根
    r = 6.2832
```

例 7.11 方程式为 MATLAB 内建函数 humps,我们不须要知道这个方程式的形态如何,不过我们可以将它画出来,再找出根的位置(图 7.23)。求根方式如下:

```
>> x=linspace(-2,3);
>> y=humps(x);
>> plot(x,y), grid;        %由图中可看出在 0 和 1 附近有二个根
>> r=fzero('humps',1.2)
   r = 1.2995
```

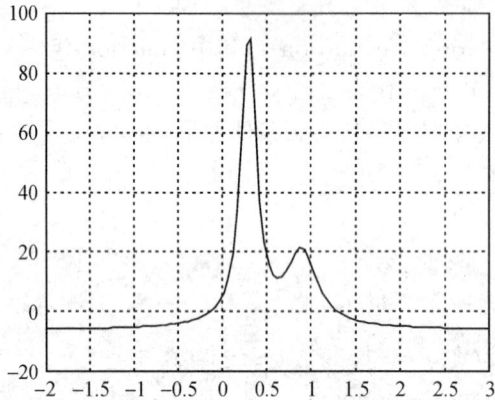

图 7.23 humps 函数图像

例 7.12 求方程 $y=x^3-2x-5$ 的根。

本方程是多项式方程,除了用 roots 函数找出它的根外,也可以用这节介绍的方法求根,注意两者的解法及结果有所不同。求根方式如下:

```
% m-function, f_1.m
function y=f_1(x)   %定义 f_1.m 函数
y=x^3-2*x-5;
>> x=linspace(-2,3);
>> y=f_1(x);
>> plot(x,y), grid    %由图中可看出在 2 和 -1 附近有两个根
>> r=fzero('f_1',2);   % 决定在 2 附近的根
   r = 2.0946
>> p=[1 0 -2 -5]
>> r=roots(p)         % 以求解多项式根方式验证
   r =
   2.0946
   -1.0473 + 1.1359i
   -1.0473 - 1.1359i
```

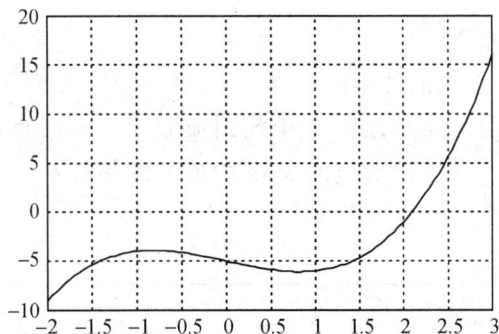

图 7.24　函数 f_1 图像

5. 线性代数方程（组）求解

设线性方程组以矩阵方式表示，即 AX＝B，其中 A 为系数矩阵，X 为未知向量，B 为常数项。由线性代数的学习，我们知道要解上述的联立方程组，我们可以利用矩阵求逆运算来解决，即是 $X＝A^{-1}*B$。求逆的 MATALAB 函数为 inv(A)，下面我们举例来说明。

例 7.13　求下面线性方程组的解：$AX＝B$，其中 $A=\begin{pmatrix} 3 & 2 & -1 \\ -1 & 3 & 2 \\ 1 & -1 & -1 \end{pmatrix}$，$B=(10\ \ 5\ \ -1)^{\mathrm{T}}$.

解

```
>> A=[3 2 -1;-1 3 2;1 -1 -1];        %将等式的左边系数键入
>> B=[10 5 -1]';                      % 将等式右边之已知项键入,B 要做转置
>> X=A\B                              % 先以左除运算求解
   X =                               % 注意 X 为行向量
   -2
   5
   6
>> C=A*X                              % 验算解是否正确
   C =                               % C=B
   10
   5
   -1
>> X= inv(A) * B;                     % 也可以逆矩阵运算求解
```

7.4.4　基本 xy 平面绘图命令

MATLAB 也可以用已画出各种函数图形以及科学计算可视化（Scientific visualization）中。下面我们简要介绍 MATLAB 基本 xy 平面及 xyz 空间的一些绘图命令，包含一维曲线及二维曲面的绘制。plot 是绘制一维曲线的基本函数，但在使用此函数之前，我们需先定义曲线上每一点的 x 及 y 坐标。

1. 一维曲线绘制

例 7.14　画出一条正弦曲线（图 7.25）。

```
>> close all；%清屏
>> x＝linspace(0，2 * pi，100)；
   %函数表示是在区间[0,2 * pi]中均匀地取 100 个点的 x 坐标
>> y＝sin(x)；   % 计算出对应的 sinx 的值 y 的坐标
>> plot(x,y)；   % 绘制在屏幕上
```

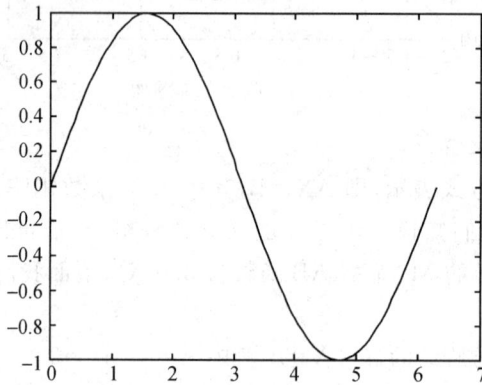

图 7.25　sin(x)函数图像

2. 二维曲线绘制

MATALAB 常用的二维绘图函数有：bar(图 7.26)长条图函数；fplot 精确绘图函数；polar 极坐标绘图函数；stairs 阶梯绘图函数；fill 实心图函数；feather 羽毛图函数；compass 罗盘图函数；quiver 向量场图函数。以下我们针对几个函数举例。

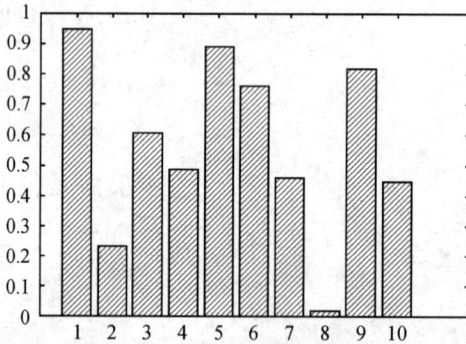

图 7.26　bar 函数图像

(1)当资料点数量不多时,长条图是很适合的表示方式：

```
>> close all；% 关闭所有的图形视窗
>> x＝1:10；
>> y＝rand(size(x))；
>> bar(x,y)；
```

(2)对于变化剧烈的函数,可用 fplot 来进行较精确的绘图(图 7.27),会对剧烈变化处进行较密集的取样,如下例：

```
fplot('sin(1/x)'，[0.02 0.2])； % [0.02 0.2]是绘图范围
```

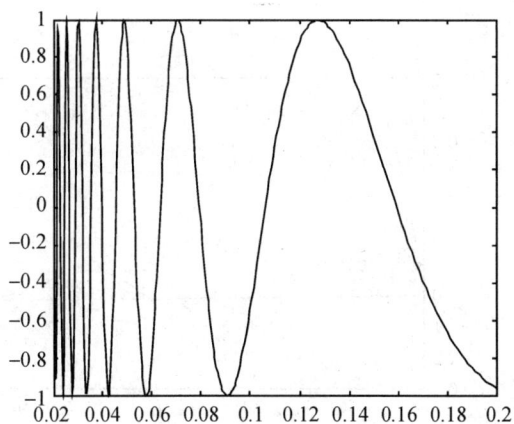

图 7.27　fplot 函数图像

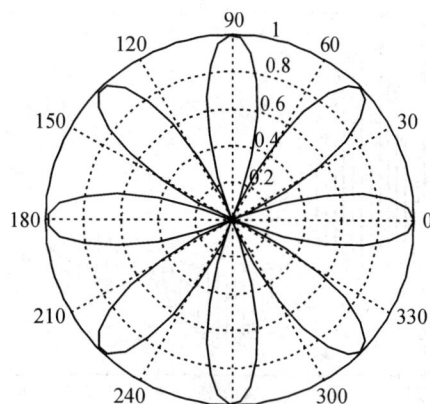

图 7.28　polar 函数图像

(3)若要产生极座标图形(图 7.28),可用 polar:

```
>> theta＝linspace(0，2 * pi);
>> r＝cos(4 * theta);
>> polar(theta，r);
```

(4)阶梯图(图 7.29),stairs 可画出阶梯图:

```
>> x＝linspace(0,10,50);
>> y＝sin(x). * exp(－x/3);
>> stairs(x,y);
```

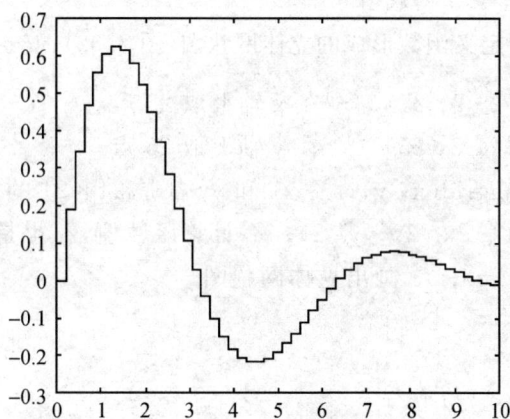

图 7.29　stairs 函数图像

(5)针状图(图 7.30),stems 可产生针状图,常被用来绘制数位讯号:

```
>> x＝linspace(0,10,50);
>> y＝sin(x). * exp(－x/3);
>> stem(x,y);
```

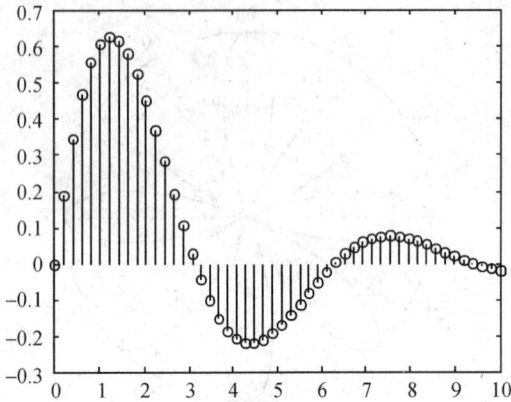

图 7.30　stem 函数图像

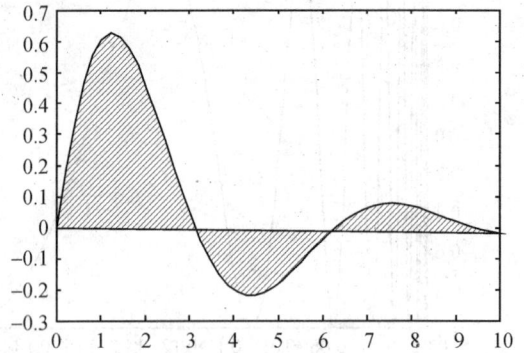

图 3.31　数码相机

(6)填充函数 fill 的使用(图 7.31)：

```
>> x=linspace(0,10,50);
>> y=sin(x). * exp(-x/3);
>> fill(x,y,'b'); % 'b'为蓝色
```

7.4.5　基本 *xyz* 立体绘图命令

在高等数学中,画出三维空间的立体图是一个非常重要的技巧。本节将介绍 MATLAB 基本 xyz 三度空间的各项绘图命令。

mesh 和 surf 是三维空间立体绘图的基本命令,mesh 可画出立体网状图,surf 则可画出立体曲面图,两者产生的图形都会依高度而有不同颜色。

1. 用 mesh()函数产生立体网状图

下列命令可画出由所定义函数形成的立体网状图(图 7.32)：

```
>> x=linspace(-2,2,25); % 在 x 轴上取 25 点
>> y=linspace(-2,2,25); % 在 y 轴上取 25 点
>> [xx,yy]=meshgrid(x, y); % xx 和 yy 都是 21×21 的矩阵
>> zz=xx. * exp(-xx.^2-yy.^2); % 计算函数值,zz 也是 21×21 的矩阵
>> mesh(xx, yy, zz); % 画出立体网状图
```

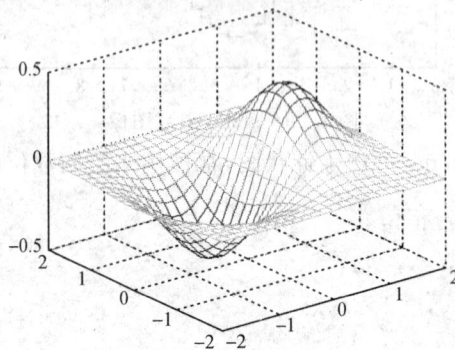

图 7.32　数码相机

2. 用 surf() 函数产生立体曲面图

surf 和 mesh 的用法类似：

```
>> x=linspace(-2, 2, 25);  % 在 x 轴上取 25 点
>> y=linspace(-2, 2, 25);  % 在 y 轴上取 25 点
>> [xx,yy]=meshgrid(x, y);  % xx 和 yy 都是 21x21 的矩阵
>> zz=xx. * exp(-xx.^2-yy.^2);  % 计算函数值,zz 也是 21x21 的矩阵
>> surf(xx, yy, zz);  % 画出立体曲面图(图 7.33)
```

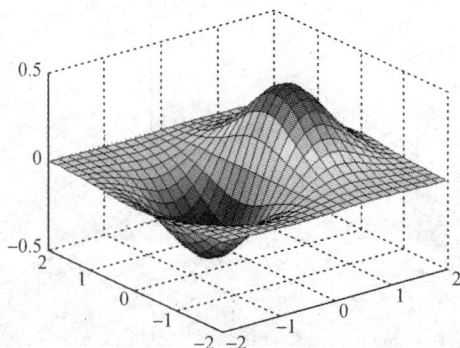

图 7.33　立体曲面图

为了方便测试立体绘图,MATLAB 提供了一个峰值 peaks 函数,可产生一个凹凸有致的曲面,包含了三个局部极大点及三个局部极小点(图 7.34)。要画出此函数的最快方法即是直接键入 peaks：

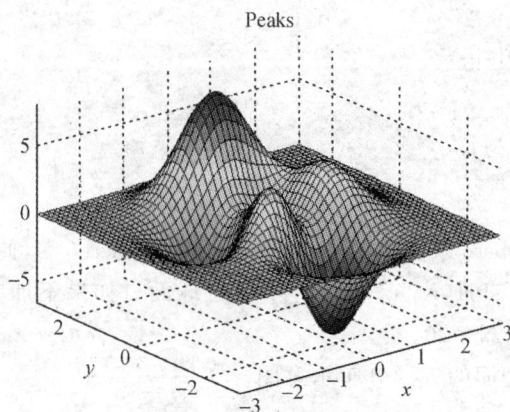

图 7.34　pesks 函数效果

3. 三维旋转体的绘制

在高等数学的学习中经常需要画出旋转图和球面图,MATLAB 专门提供了 2 个函数:柱面函数 cylinder 和球面函数 sphere,可以方便的绘制出相应的图形。

(1)柱面图(旋转图)

柱面图绘制由函数 cylinder 实现.,格式为:[X,Y,Z]=cylinder(R,N)。此函数以母线向量 R 生成单位柱面.母线向量 R 是,在单位高度上等分刻度定义的半径向量。参数 N 为旋转圆周上的分格线的条数.可以用 surf(X,Y,Z) 来表示此柱面。[X,Y,Z]=cylinder,默认 N=20 且 R=[1 1]。

例 7.15 柱面函数演示举例：

```
>> x=0:pi/20:pi*3; %设置范围[0,3*pi],增量 pi/20
>> r=5+cos(x); %定义母线向量 R
>> [a,b,c]=cylinder(r,30); %柱面函数
>> mesh(a,b,c); %绘制(图 7.35)
```

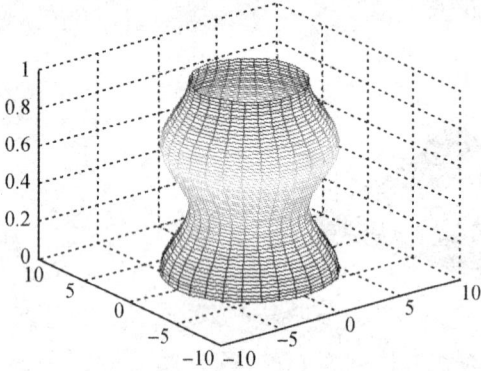

图 7.35 柱面函数效果

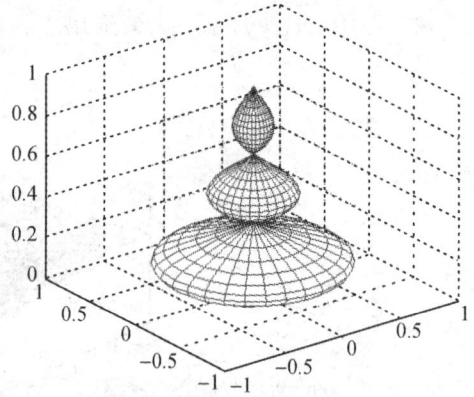

图 7.36 旋转函数效果

例 7.16 旋转柱面图演示举例：

```
>> r=abs(exp(−0.25*t).*sin(t));
>> t=0:pi/12:3*pi;
>> r=abs(exp(−0.25*t).*sin(t));
>> [X,Y,Z]=cylinder(r,30);
>> mesh(X,Y,Z)
>> colormap([1 0 0])
```

(2)球面图

球面图绘制由函数 sphere 来实现,格式为[X,Y,Z]=sphere(N),此函数生成 3 个(N+1)*(N+1)的矩阵,利用函数 surf(X,Y,Z)可产生单位球面。如果不加参数,即写为[X,Y,Z]=sphere 表示使用了默认值 N=20。

例 7.17 绘制地球表面的气温分布示意图。

```
>>[a,b,c]=sphere(40);
>>t=abs(c);
>>surf(a,b,c,t);
>>axis('equal')
%此两句控制坐标轴的大小相同
>>axis('square')
>>colormap('hot') %确定颜色方案
```

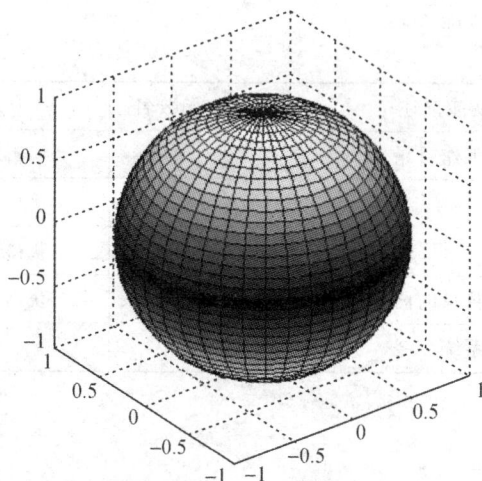

图 7.37　sphere 函数效果

7.4.6　附录

Mathlab 提供了大量的命令及函数,主要有常用命令,运算符号与特殊字符,语言结构与调试,基本矩阵及矩阵处理,特殊矩阵,数学函数,坐标转换,矩阵函数,数据分析与 Fourier 变换函数,多项式处理函数,非线性数值方法等 23 类,这里仅给出常用命令、运算符号与特殊字符的名称及功能描述。其余请查阅本书所列参考文献。

1.常用命令

(1)管理用命令

函数名	功能描述	函数名	功能描述
addpath	增加一条搜索路径	rmpath	删除一条搜索路径
demo	运行 Matlab 演示程序	type	列出 . M 文件
doc	装入超文本文档	version	显示 Matlab 的版本号
help	启动联机帮助	what	列出当前目录下的有关文件
lasterr	显示最后一条错误信息	whatsnew	显示 Matlab 的新特性
lookfor	搜索关键词的帮助	which	找出函数与文件所在的目录
path	设置或查询 Matlab 路径		

(2)管理变量与工作间用命令

函数名	功能描述	函数名	功能描述
clear	删除内存中的变量与函数	pack	整理工作间内存
disp	显示矩阵或文本	save	将工作间中的变量存盘
length	查询向量的维数	size	查询矩阵的维数
load	从文件中装入数据	who,whos	列出工作中间的变量

（3）文件与操作系统处理命令

函数名	功能描述	函数名	功能描述
cd	改变当前工作目录	edit	编辑.M 文件
delete	删除文件	mathlabroot	获得 Mathlab 的安装根目录
diary	将 Matlab 运行命令存盘	tempdir	获得系统的缓存目录
dir	列出当前目录的内容	tempname	获得一个缓存（temp）文件
!	执行操作系统命令		

（4）窗口控制命令

函数名	功能描述	函数名	功能描述
echo	显示文件中的 Matlab 中的命令	more	控制命令窗口的输出页面
format	设置输出格式		

（5）启动与退出命令

函数名	功能描述	函数名	功能描述
matlabrc	启动主程序	quit	退出 Matlab 环境
startup	Matlab 自启动文件		

2.运算符号与特殊字符

（1）运算符号与特殊字符

函数名	功能描述	函数名	功能描述
＋	加	…	续行标志
－	减	,	分行符（该行结果不显示）
*	矩阵乘	;	分行符（该行结果显示）
.*	向量乘	%	注释标志
^	矩阵乘方	!	操作系统命令提示符
.^	向量乘方	'	矩阵转置
kron	矩阵 kron 积	.'	向量转置
\	矩阵左除	=	赋值运算
/	矩阵右除	==	关系运算之相等
.\	向量左除	<>	关系运算之不等
./	向量右除	<	关系运算之小于
:	向量生成或子阵提取	<=	关系运算之小于等于
()	下标运算或参数定义	>	关系运算之大于

函数名	功能描述	函数名	功能描述
	矩阵生成	>=	关系运算之大于等于
.	结构字段获取符	&.	逻辑运算之与
.	点乘运算,常与其他运算符联合使用(如.\	|	逻辑运算之或
xor	逻辑运算之异或	~	逻辑运算之非

(2)逻辑函数

函数名	功能描述	函数名	功能描述
all	测试向量中所有元素是否为真	is*(一类函数)	检测向量状态。其中*表示一个确定的函数(如 isinf)
any	测试向量中是否有真元素	*isa	检测对象是否为某一个类的对象
exist	检验变量或文件是否定义	logical	将数字量化为逻辑量
find	查找非零元素的下标		

习题七

1.在 Word 中,可以使用"常用"工具上的"新建"来新建文档,也可以使用"文件"菜单中的"新建"命令,它们是否完全相同?

2.体会使用"Delete"键和使用退格键(Back pace)在删除未选定文本时的区别,当选定文本后,又有什么区别?

3.在输入中、英文间隔的文字时,怎样切换输入法最方便?

4.在删除已选定的文本时,使用键盘中的"Delete"和使用"编辑"菜单中的"剪切"有何异同?

5.在 Word 窗口中,如果未找到"常用"工具栏和"格式"工具栏,应怎样设置? 出现后若位置不满意,应如何移动?

6.在新建文件后,执行"文件"菜单中的"保存"命令与"另存为"命令是否相同? 在文件已保存过后,单击常用工具栏上的"保存"命令按钮,有时为什么会没有反应?

7.在 Word2003 中制作表格时,可以使用鼠标直接拖动表格的行高和列宽,在改变列宽时,是否按住"Shift"键有很大不同,操作体会其不同。

8.视图方式对表格操作也有影响,试在"页面视图"和"普通视图"下分别用鼠标改变行高和列宽,有何异同?

9.有一些数据需要分几列对齐,但又不能出现格线,能否实现?

10.在 Word2003 表格中,还具有计算的功能,试在最后添加一列"总分",求出每位学生的总分。

11.脚注和尾注有何不同?

12.使用样式来排版文档的优点是可以使文档的格式更加规范;试排版某文档,比如课本的总目录,设置标准的各级标题(利用样式中的标题排版),然后自动产生一文档目录(排版完成后,使用"插入"菜单的"索引和目录"来完成)。

13.试利用 Microsoft 公式编辑器(插入→对象→Microsoft 公式)来编辑一些公式。

14.在 Excel 中,如何将部分数据复制到另一工作表中? 能否将整张工作表的数据用"复制"、"粘贴"的方法复制到另一工作表中? 在"粘贴"前应将光标置于何处。

15.在 Excel 工作表中输入数据时,文字和数据对齐方式怎样?

16.在 Excel 中,能否将正在编辑的工作表复制或移动到另一工作簿中? 怎样操作?

17.在 Excel 中可以隐藏工作表中的"行、列",有何实际使用意义? 在进行取消隐藏操作时应注意什么?

18.在 Excel 中,清除"格式"、"内容"、及"全部"有什么不同? 清除"全部"与删除是否一样?

19.写一个 MATLAB 的函数 piFun. m 计算下列函数

$$f(n)=4*(1-1/3+1/5-1/7+1/9-1/11+\cdots)$$

其中,n 为函数的输入,表示级数的项数.输出级数和 $f(n)$。

20.试使用 MATLAB 的 lookfor 命令,找出具有下列功能的命令:(注:每一项只需找出一个相关度比较高的命令即可,类似于网上搜索资料)

a.将矩阵左右翻转(left-right flip)

b.逆矩阵(inverse matrix)的计算

c.求矩阵的秩(rank)

d.计算矩阵的行阶梯矩阵

e.计算矩阵的特征值与特征向量

21.请使用 MATLAB 的一些命令,如 sphere、cylinder、ellipsoid 画出球体、圆柱体和椭球。